长三角地区国土整治方法与技术研究

——江苏省高标准农田建设探索

金晓斌　顾铮鸣　朱凤武　周寅康　编著

科学出版社

北　京

内 容 简 介

当前百年未有之大变局加速演进，为守好"三农"基本盘、确保粮食安全底线，加强高标准农田建设至关重要。本书在分析江苏省自然资源条件和耕地利用状况的基础上，以省内不同空间尺度下的典型区域为研究对象，开展了高标准农田建设引导分区、建设范围优选、项目区关键要素优化设计、多功能利用监测与评价等研究，并围绕"江南水乡"区域特色，开展了研究成果的技术集成与应用示范，集景观优化、污染防控、实时监测为一体，总结凝练体现江南水乡特色的高标准农田建设模式。以期促进江苏省生产发展、生活富裕、生态良好的"三生"空间协调有序发展，为区域农业可持续集约化利用和现代农业发展创造条件。

本书可供国土规划、土地管理、土地整治等相关单位的科技工作者参考，也可作为高校土地资源管理、土地整治工程、城乡规划、资源与环境科学等专业的参考资料。

审图号：苏 S（2023）12 号

图书在版编目（CIP）数据

长三角地区国土整治方法与技术研究：江苏省高标准农田建设探索 / 金晓斌等编著. —北京：科学出版社，2023.5

ISBN 978-7-03-075249-9

Ⅰ.①长… Ⅱ.①金… Ⅲ.①农田基本建设－研究－江苏
Ⅳ.①S28

中国国家版本馆 CIP 数据核字（2023）第 047034 号

责任编辑：黄 梅 沈 旭 石宏杰 / 责任校对：樊雅琼
责任印制：张 伟 / 封面设计：许 瑞

科 学 出 版 社 出版
北京东黄城根北街 16 号
邮政编码：100717
http://www.sciencep.com

北京中石油彩色印刷有限责任公司 印刷
科学出版社发行 各地新华书店经销

*

2023 年 5 月第 一 版 开本：720×1000 1/16
2023 年 5 月第一次印刷 印张：16 3/4
字数：333 000

定价：159.00 元
（如有印装质量问题，我社负责调换）

前　言

习近平总书记指出："'洪范八政，食为政首。'我国是个人口众多的大国，解决好吃饭问题始终是治国理政的头等大事。"党的二十大报告中明确提出"加快建设农业强国"，要求"全方位夯实粮食安全根基，……牢牢守住十八亿亩耕地红线，……确保中国人的饭碗牢牢端在自己手中。"中国的耕地支撑着十几亿人的粮食安全，关系到中华民族的永续发展，如何管好用好耕地，始终是全局性问题。改革开放 40 多年来，随着工业化、城镇化的快速发展，消费结构的不断升级，资源环境承载能力日益紧张。面对 2035 年基本实现农业现代化的远景目标，经济发展、生态保护与粮食安全之间的权衡协同关系给耕地资源有效保护带来巨大挑战。

国土整治作为一项重要的人为土地实践活动，以统筹规划、整合资源、整体推进为原则，通过调整结构、提高效率以改善土地利用状态，成为缓解当前国土矛盾、提高耕地产能，从而保障国家粮食安全的重要手段。新时期国土整治以工程措施为实施载体，经历 20 余年的演化发展和实践转型过程，从土地开发整理、复垦到土地整治，再到国土综合整治以及全域土地综合整治，各级自然资源部门和土地整治机构以国土整治为平台推进高标准农田建设，积极探索创新国土整治工作机制和实施模式，至 2022 年已建成 10 亿亩集中连片、旱涝保收、稳产高产、生态友好的高标准农田，在促进土地节约集约利用、推进乡村综合发展和保障粮食安全等方面发挥了重要作用，进一步夯实了国家粮食安全的资源基础。与此同时，高标准农田建设仍需直面多重挑战，在建设全过程需要落实规划引领、资源整合、项目统筹等要求，回答好为何建设、在哪建设、如何建设以及建设管理等关键问题。

长三角地区是中国城镇化水平最高的地区之一，经济综合实力和要素集聚能力位于全国前列，同时也是"江南水乡"的核心区域，具有深厚的农业传统和独特的乡土景观。但是粗放的国土空间开发利用方式和有限的资源环境承载能力之间的矛盾不断加剧，区域耕地利用面临城镇建设挤占过度、后备资源接近枯竭、生态环境质量下降、格局与权属细碎化、基础设施不完备等低效利用问题，严重制约着现有耕地生产能力的可持续性。耕地不仅是保障粮食安全和推进新农村建设的资源基础，也是保障城镇发展建设的空间载体，更是加快生态文明建设和保护乡土文化特色的重要支撑。因此长三角地区耕地保护不仅要保障国家粮食安全，更要适应多元目标的需求。面对社会经济发展和耕地保护的双重压力，通过国土整治推动高标准农田建设，优化耕地利用条件、提升农业空间功能、化解空间冲突障碍、体现水乡景观特色、加强建设管理水平、实现"格局-质量-功能"全面提升，是提升长三角区域国土开发、利用、保护水平及协调人地和区域关系的重要途径。

本书依托国家科技支撑计划项目"长三角经济区基本农田建设技术研究与示范"（2015BAD06B02）和国家自然科学基金项目"长三角耕地逆集约化利用的特征、过程、影响与响应"（41971234），以江苏省不同空间尺度下的典型区域为研究对象，在分析江苏省自然资源条件和耕地利用状况的基础上，在多尺度多目标下进行江苏省高标准农田建设方向、空间布局和关键要素的优化设计，提出高标准农田多功能利用监测与成效评价框架，并选取示范区进行成果集成应用，集景观优化、污染防控、实时监测为一体，重点打造体现江南水乡特色的高标准农田建设模式。希望通过构建区域适配、工程适应、管理适用的高标准农田建设方法与技术体系，为长三角地区高标准农田实现高质量建设、高效率管理、高水平利用，逐步形成建设有效、管理有序、保护有力的高标准农田建设保护体系提供有力支撑，以期促进江苏省生产发展、生活富裕、生态良好的"三生"空间协调有序发展，为区域农业可持续集约化利用和现代农业发展创造条件。

本书由金晓斌和顾铮鸣拟定编写大纲并组织相关人员集体协作而成。具体分工如下：第1章，金晓斌、顾铮鸣执笔；第2章，顾铮鸣、刘晶、徐伟义执笔；第3章，刘晶、韩博执笔；第4章，顾铮鸣、韩博执笔；第5章，周寅康、顾铮鸣执笔；第6章，周寅康、顾铮鸣执笔；第7章，朱凤武、顾铮鸣、韩博执笔。全书最后由金晓斌、顾铮鸣统稿，应苏辰、李权荃、石师、梁坤宇协助完成了校对工作。南京大学地理与海洋科学学院部分研究生也参加了书稿讨论、图件制作和数据处理等工作，包括博士研究生范业婷、单薇、洪长桥、梁鑫源、张晓琳、李寒冰、孙瑞、刘笑杰、罗秀丽，以及硕士研究生翁睿、罗家祺、祁曌、杨帆、张辛欣、施釉超等。感谢大家的辛苦付出和凝聚的智慧！

本书在编写过程中得到了江苏省土地勘测规划院许桃元总工程师、姚新春主任等的大力支持。在相关研究中，得到了南京大学地理与海洋科学学院黄贤金教授、周生路教授，河海大学陈浮教授，中国科学院南京土壤研究所王建国教授、乔俊博士，中国矿业大学杨永均副教授等的指导和帮助。本书编写时也参考了大量国内外文献和研究成果，在此对文献作者和研究成果完成者致以衷心的感谢！

由于时间仓促，加之水平有限，书中恐有疏漏。恳切期望得到国内外专家、学者以及同行们的批评指正。

目　　录

扫码查看本书彩图

第1章　高标准农田建设形势

粮食安全是国家治理的重中之重，粮食问题在国家发展中具有重要意义。当前和今后一段时期，粮食消费结构不断升级，我国粮食需求和资源禀赋相对不足的矛盾日益凸显，加之日益纷繁复杂的外部环境，确保国家粮食安全的任务更加艰巨。高标准农田建设正是提高中国耕地生产能力、确保粮食安全的重要战略手段。随着建设工作的不断推进，高标准农田建设面临后备土地资源缺乏、生态理念有待强化、建后管护亟须加强等挑战。在新的发展阶段，高标准农田建设需要着力推进数量、质量、生态一体化建设，为保障粮食等重要农产品有效供给、促进乡村全面振兴奠定坚实基础。在本书的开篇，我们将从高标准农田的概念内涵、建设历程、建设成效、建设问题入手，逐步分析当前江苏省高标准农田建设形势。

1.1　高标准农田建设背景

1.1.1　高标准农田建设意义

"民以食为天""国以粮为本"，粮食是一个古老而年轻的话题。我国人口众多，粮食安全问题一直伴随着整个国家的发展历程。2020 年中国人口 14.12 亿，耕地面积 1.28 亿 hm^2（19.18 亿亩[①]），粮食产量 6.69 亿 t，人均粮食产量 471 kg，人均耕地面积 0.09 hm^2（1.35 亩），粮食安全形势较为严峻。工业化、城镇化的不断扩张使得耕地数量不断减少，特别是建设占用导致优质耕地数量减少；而人民生活水平提高导致包括粮食在内的农产品需求刚性增长；加之各种不利影响，保障我国粮食安全的任务十分艰巨。此外，农业生产基础设施差、耕地破碎化、土地退化等问题也制约了我国耕地资源生产能力的提升。

庞大的人口规模和粮食需求决定了立足本国耕地资源解决吃饭问题始终是发展之基，耕地保护不仅要确保数量，更要保证质量。党的十八大以来，中央明确要求确保谷物基本安全，口粮绝对安全，习近平总书记指出，要把中国人的饭碗牢牢端在自己手中。《中共中央关于制定国民经济和社会发展第十四个五年规划和二〇三五年远景目标的建议》提出"以保障国家粮食安全为底线，健全农业支持

[①] 1 亩≈666.7m²。

保护制度。坚持最严格的耕地保护制度，深入实施藏粮于地、藏粮于技战略，加大农业水利设施建设力度，实施高标准农田建设工程"的要求。对于拥有 14 亿人口的中国来说，确保国家粮食安全的核心是保障耕地的生产能力，而建设高标准农田正是提高中国耕地生产能力、确保粮食安全的重要战略手段。建设一定规模的高标准农田，形成高产、稳产、高效的耕地资源，是持续保障我国粮食安全、加快农业现代化的有效途径，对于增加耕地数量、改善耕地质量和提升生态功能等具有重要意义（刘新卫等，2012）。

党中央、国务院高度重视农田建设，加强规划引领，强化政策支持，不断加大投入，持续改善农业生产条件。党的十九大提出了实施乡村振兴战略的重大历史任务，按照《乡村振兴战略规划（2018—2022 年）》，到 2022 年我国要建成 10 亿亩高标准农田。《中华人民共和国国民经济和社会发展第十四个五年规划和 2035 年远景目标纲要》要求"十四五"末期建成 10.75 亿亩集中连片高标准农田，《全国国土规划纲要（2016—2030 年）》提出到 2030 年建成 12 亿亩高标准农田，新增建设任务十分繁重。如何高标准高质量持续有效地推进高标准农田建设、补上农业基础设施短板、增强农田防灾抗灾减灾能力、推动农业生产经营规模化专业化、促进农业农村现代化发展，不断提高粮食产量和耕地产能，成为国家需要面对的重大课题。

1.1.2　高标准农田概念内涵

耕地是农业生产的根本要素，为人类提供了绝大部分的粮食，是人类社会生产力发展的重要基础，是人类社会生存食物的基本生产基地（罗世荣和马晓龙，2007）。我国具有悠久的农耕历史，在长期农业实践中产生了大量对耕地的记载和描写。例如，《说文解字》记载："耕，犁（同'犁'）也"，意为用农具松土；《正字通》将耕地解释为"耕，治田也"。2001 年国土资源部在《全国土地分类（试行）》中，对耕地概念进行了界定："种植农作物、土地，包括熟地、新开发复垦整理地、休闲地、轮歇地、草田轮作地；以种植农作物为主，间有零星果树、桑树或其他树木的土地；平整每年能保证收获一季的已垦滩地和海涂。耕地中还包括南方<1.0 米，北方<2.0 米的沟、渠、路和田埂"。2017 年中华人民共和国国家质量监督检验检疫总局与中国国家标准化管理委员会联合发布了《土地利用现状分类》（GB/T 21010—2017），将耕地定义为种植农作物的土地，包括熟地，新开发、复垦、整理地，休闲地（含轮歇地、休耕地）；以种植农作物（含蔬菜）为主，间有零星果树、桑树或其他树木的土地；平均每年能保证收获一季的已垦滩地和海涂。在我国，耕种的农业生产用地又称农田，指可以用来种植农作物的土地（王万茂，2002）。农作物包括粮食、经济作物、油料，以及其他作物中的蔬菜、瓜果类、绿肥和饲料等作物，但不含多年生的牧草、果树等植物。

　　国外关于耕地的解释，比较具有代表性的是国际环境与发展研究所对耕地的解释，其认为："耕地含暂时种植、常年种植作物的土地，以及暂时草地、家庭菜园、商品菜园、暂时休闲地，还包括如咖啡、可可、橡胶、葡萄、果树等在不同的环境下，收获后不需要重新种植的土地，但不包括为获取薪材种植的林地"（Lin，1992；Lu et al.，2003）。其中，耕地（farmland）指种植农作物的土地，是农场范围的总称，不仅仅是耕地，还包括果园、牧地等。"arable land"指种植短期作物的土地，如供应城镇的蔬菜菜园，或家庭菜园种植的土地、短期草场，以及暂时闲置小于五年的土地。"cultivated land"则多指耕地中种植农作物的部分，也包括花卉、果园等。"cropland"指连续轮作的农用土地，与"农田"概念相对应。

　　《基本农田保护条例》中指出，基本农田是指国家按照一定时期人口和社会经济发展对农产品的需求，以及对建设用地的预测而确定的长期或一定时期内不得占用的耕地。基本农田作为耕地的一部分，是国家从战略高度出发所需要确保的耕地最低需求量，一旦划定应严格保护。《基本农田保护条例》规定，划定的基本农田应占本行政区域内耕地总面积的 80%以上，应为经国务院有关主管部门或者县级以上地方人民政府批准的粮、油、棉生产基地范围内的耕地，农业科研、教学试验田，正在实施改造计划及可以改造的中低产田、蔬菜生产基地，以及有良好水利与水土保持设施的耕地。具体数量则根据全国土地利用总体规划逐级分解下达。

　　农业部发布的《高标准农田建设标准》（NY/T 2148—2012）中关于高标准农田的定义：高标准农田是指土地平整，集中连片，耕作层深厚，土壤肥沃无明显障碍因素，田间灌排设施完善，灌排保障较高，路、林、电等配套，能够满足农作物高产栽培、节能节水、机械化作业等现代化生产要求，达到持续高产稳产、优质高效和安全环保的农田。同时国土资源部（现自然资源部）发布的《高标准基本农田建设标准》（TD/T 1033—2012）中定义：高标准基本农田是指在一定时期内，通过农村土地整治形成的集中连片、设施配套、高产稳产、生态良好、抗灾能力强、与现代农业生产和经营方式相适应的基本农田。包括经过整治后达到标准的原有基本农田和新划定的基本农田。国土资源部和农业部对高标准基本农田和高标准农田的定义存在差异，导致高标准农田建设项目缺乏统一的规划设计标准，可操作性不足，影响后续工程实施与利用管护，因此在国务院的协调下，农业部和国土资源部共同牵头发布了《高标准农田建设　通则》（GB/T 30600—2014），重新界定了高标准农田的内涵：高标准农田是指土地平整、集中连片、设施完善、农电配套、土壤肥沃、生态良好、抗灾能力强，与现代农业生产和经营方式相适应的旱涝保收，高产稳产，划定为基本农田实行永久保护的耕地。2017 年，《高标准农田建设评价规范》（GB/T 33130—2016）颁布实施，沿用了《高标准农田建设通则》中关于高标准农田的定义。

从以上定义可以看出，高标准农田的基本内涵可以归结如下。

（1）农田自然禀赋条件较高，或者经过整治能达到高标准农田建设标准；

（2）农田田块规模较大，集中连片，易于发挥规模效益；

（3）农田具备完善的基础设施和防护林网等，能保障农田具有持续稳定的生产能力和抵抗旱灾、洪涝等自然灾害；

（4）农田区位条件好，具备良好的空间稳定性，不易被建设用地占用；

（5）农田具有良好的生态环境；

（6）农田与现代农业的生产和经营方式相适应。

1.1.3　高标准农田建设内容

日前，《高标准农田建设　通则》（GB/T 30600—2022）由国家市场监督管理总局和国家标准化管理委员会发布，替换已有的《高标准农田建设　通则》（GB/T 30600—2014），于 2022 年 10 月 1 日起正式实施。根据最新《高标准农田建设　通则》（GB/T 30600—2022）、《高标准基本农田建设标准》（TD/T 1033—2012）及《全国高标准农田建设规划（2021—2030 年）》，我国高标准农田建设主要开展田块整治、土壤改良、灌溉与排水、田间道路建设、农田防护与生态环境保护、农田输配电、科技服务、管护利用八项工程，即高标准农田建设主要涉及田、土、水、路、林、电、技、管八个方面。建成的高标准农田集中连片，田块平整，配套设施完善，耕地质量等级提高，科技服务能力得到加强，生态修复能力得到提升。

1）田块整治

充分考虑水土光热资源环境条件等因素，进一步优化高标准农田空间布局。根据不同区域地形地貌、作物种类、机械作业和灌溉排水效率等因素，合理划分和适度归并田块，确定田块的适宜耕作长度与宽度。在山地丘陵区因地制宜修筑梯田，增强农田保土、保水、保肥能力。通过客土填充、剥离回填表土层等措施平整土地，合理调整农田地表坡降，改善农田耕作层，提高灌溉排水适宜性。建成后，农田土体厚度宜达到 50 cm 以上，水田耕作层厚度宜在 20 cm 左右，水浇地和旱地耕作层厚度宜在 25 cm 以上，丘陵区梯田化率宜达到 90% 以上，田间基础设施占地率一般不超过 8%。

2）土壤改良

通过工程、生物、化学等方法，治理过沙或过黏土壤、盐碱土壤和酸化土壤，提高耕地质量水平。采取深耕深松、秸秆还田、增施有机肥、种植绿肥等方式，增加土壤有机质，治理退化耕地，改良土壤结构，提升土壤肥力。根据不同区域生产条件，推广合理轮作、间作或休耕模式，减轻连作障碍，改善土壤生态环境。

实施测土配方施肥，促进土壤养分平衡。建成后，土壤 pH 在 5.5～7.5（盐碱区土壤 pH 不高于 8.5），土壤的有机质含量、容重、阳离子交换量、有效磷、速效钾、微生物碳量等其他物理、化学、生物指标达到当地自然条件和种植水平下的中上等水平。

3）灌溉与排水

完善农田灌排系统，加强水源工程建设，开展灌溉排水设施建设。按照旱、涝、渍和盐碱综合治理的要求，科学规划建设田间灌排工程，加强田间灌排工程与灌区骨干工程的衔接配套，形成从水源到田间完整的灌排体系。因地制宜配套小型水源工程，加强雨水和地表水收集利用。按照灌溉与排水并重要求，合理配套建设和改造输配水渠（管）道、排水沟（管）道、泵站及渠系建筑物，完善农田灌溉排水设施。因地制宜推广渠道防渗、管道输水灌溉和喷灌、微灌等节水措施，支持建设必要的灌溉计量设施，提高农业灌溉保证率和用水效率。倡导建设生态型灌排系统，保护农田生态环境。建成后，田间灌排系统完善、工程配套、利用充分，输、配、灌、排水及时高效，灌溉水利用效率和水分生产率明显提高，灌溉保证率不低于 50%，旱作区农田排水设计暴雨重现期达到 5～10 年一遇，1～3 d 暴雨从作物受淹起 1～3 d 排至田面无积水；水稻区农田排水设计暴雨重现期达到 10 年一遇，1～3 d 暴雨 3～5 d 排至作物耐淹水深。

4）田间道路建设

田间道路布置应按照区域生产作业需要和农业机械化要求，优化机耕路、生产路布局，整修田间道路，充分利用现有农村公路，因地制宜确定道路密度、宽度等要求。机耕路宽度宜 3～6 m，生产路宽度一般不超过 3 m，在大型机械化作业区，路面可适当放宽。合理配套建设农机下田坡道、桥涵、错车道和末端掉头点等附属设施，提高农机作业便捷度。倡导建设生态型田间道路，因地制宜减少硬化路面及附属设施对生态的不利影响。建成后，在集中连片的耕作田块中，田间道路直接通达的田块数占田块总数的比例，平原区达到 100%，山地丘陵区达到90% 以上，满足农机作业、农资运输等农业生产活动的要求。

5）农田防护与生态环境保护

根据因害设防、因地制宜的原则，对农田防护与生态环境保护工程进行合理布局，与田块、沟渠、道路等工程相结合，与村庄环境相协调，完善农田防护与生态环境保护体系。以受大风、沙尘等影响严重区域、水土流失易发区为重点，加强农田防护与生态环境保护工程建设，完善农田防护林体系。在风沙危害区，结合立地和水源条件，兼顾生态和景观要求，确定树种、修建农田林网，对退化严重的农田防护林抓紧实施更新改造；在水土流失易发区，合理修筑岸坡防护、沟道治理、坡面防护等设施，提高水土保持和防洪能力。建成后，区域内受防护农田面积比例一般不低于 90%，防洪标准达到 10～20 年一遇。

6）农田输配电

对于适合电力排灌和信息化管理的农田，铺设高压和低压输电线路，配套建设变配电设施，为泵站、机井以及信息化工程等提供电力保障。根据农田现代化建设和管理要求，合理布设弱电设施。输配电设施布设应与田间道路、灌溉与排水等工程相结合。建成后，实现农田机井、泵站等供电设施完善，电力系统安装与运行符合相关标准，用电质量和安全水平得到提高，降低农田生产成本，提高农业生产的效率和效益。

7）科技服务

建立高标准农田耕地质量长期定位监测点，跟踪监测耕地质量变化情况，推广免耕少耕、黑土地保护等技术措施，保护和持续提升耕地质量。推进数字农业、良种良法、科学施肥、病虫害综合防治等农业科技应用，科学合理利用高标准农田。建成后，田间定位监测点布设密度符合要求，农田监测网络基本完善，科学施肥施药技术基本全覆盖，良种覆盖率、农作物耕种收综合机械化率明显提高。

8）管护利用

全面开展高标准农田建设项目信息统一上图入库，实现有据可查、全程监控、精准管理、资源共享。依据《耕地质量等级》（GB/T 33469—2016）国家标准，在项目实施前后及时开展耕地质量等级调查评价。深入推进农业水价综合改革，落实高标准农田管护主体和责任，引导新型农业经营主体参与高标准农田设施运行管护，健全管护制度，落实管护资金。加强管护资金使用监管，研究制定高标准农田管护投入成本标准体系，对管护资金进行全过程绩效管理。对建成的高标准农田，要划为永久基本农田，实行特殊保护，确保高标准农田数量不减少、质量不降低。

1.2 中国高标准农田建设

1.2.1 中国高标准农田建设历程

高标准农田旨在保护最优质的耕地，受到国内外的高度重视。日本耕地资源有限，从 1899 年出台《耕地整理法》以来，陆续出台 130 多部法律，规范耕地管理（张宁宁，1999）；英国颁布《城市农村计划法》，将全国城市、农村、农地纳入总体规划，并通过土地潜力分级识别高潜力农田，对其进行严格保护（Hanna，1997）；美国在 20 世纪 60、70 年代首先提出了"重要农田"概念，界定了其内涵，从土地规划的角度来研究保护耕地问题。20 世纪 90 年代，美国颁布《联邦农业发展与改革法》，全面开展耕地保护工作。近年来，各发达国家都在通过土地整治、产权调节、配套高科技农业设施等挖掘土地潜能、促进农业生产（Rosa and Privitera，2013；Adelman and Peterman，2014）。

在我国，"基本农田"最早出自 1963 年黄河中下游水土保持工作会议上关于"建立旱涝保收、产量较高的基本农田"决议（王万茂，1996）；1988 年，我国土地史上第一块基本农田在湖北省监利县落地，拉开了基本农田划定序幕（张忠等，2014），当前基本农田保护制度已经成为我国众多耕地保护制度中主要的制度之一。《2008 年国务院政府工作报告》首次提出要"建设一批高标准农田"后，2009 年、2010 年中央一号文件、"十二五"规划纲要相继提出了高标准农田建设的相关要求。《全国高标准农田建设总体规划（2011—2020 年）》提出，到 2020 年，应建成 8 亿亩土地平整、土壤肥沃、集中连片、设施完善、农电配套、生态良好、抗灾能力强，与现代农业生产和经营方式相适应的旱涝保收、持续高产稳产的高标准农田。建设内容涉及田、土、水、路、林、电、技、管八个方面。

党中央、国务院高度重视基本农田建设工作。中共十八届三中全会审议通过的《中共中央关于全面深化改革若干重大问题的决定》指出山水林田湖是一个生命共同体，对其进行统一保护、统一修复十分必要。国务院《关于全面深化农村改革加快推进农业现代化的若干意见》（2014 年一号文件）进一步提出秉承粮食安全战略，严守耕地保护红线，划定永久基本农田，不断提升农业综合生产能力。2014 年中央经济工作会议、中央城镇化工作会议、中央农村工作会议等都就加强耕地建设、巩固农业基础地位、提高农业生产能力、促进现代农业发展提出了新的更高的要求。《全国高标准农田建设总体规划（2011—2020 年）》《全国新增 1000 亿斤粮食生产能力规划（2009—2020 年）》《全国现代农业发展规划（2011—2015 年）》《全国土地利用总体规划纲要（2006—2020 年）》《全国土地整治规划（2011—2015 年）》《全国土地整治规划（2016—2020 年）》等都对耕地和高标准农田建设提出了具体任务和要求，2020 年前，我国将建设集中连片、旱涝保收的高标准基本农田 8 亿亩，其中"十二五""十三五"期间各建成 4 亿亩。

早期高标准农田划定与建设存在"划远不划近，划劣不划优"以及"偏主观、重数量、轻质量、缺定位"的问题（冯锐，2013），随着《高标准基本农田建设标准》（TD/T 1033—2012）的正式实施，高标准基本农田建设目标日益综合，建设措施日益多样。2015 年 11 月农业部发布《耕地质量保护与提升行动方案》，提出要实现"藏粮于地"，着力提升耕地的内在质量，夯实国家粮食安全基础。2016 年中央一号文件提出，高标准农田需要做到集中连片、生态友好、旱涝保收、稳产高产。通过国家土地整治重大工程、高标准农田建设等耕地质量保护与提升工程的实施，极大地改善了农田的灌溉、交通等农田水利基础设施的条件，也使得农用地整治后的农业生产效率显著提高，这对稳定粮食生产格局、保障国家粮食安全等具有重要的现实意义。近年来，通过不断加大投入，采取多种措施，农业生产的物质基础不断得到加强。2018 年机构改革以来，农田建设力量得到有效整合，体制机制进一步理顺，各地加快推进高标准农田建设，完成了政府工作报告确定的建设任务，为粮食及重要农副产品稳产保供提供了有力支撑。

进入新时期，高标准农田建设以习近平新时代中国特色社会主义思想为指导，紧紧围绕乡村振兴、加快农业农村现代化、以推动高质量发展为主题，将提高农业综合生产能力放在更突出的位置，推动高标准农田建设提档升级、提质增效。2019 年中央一号文件提出修编全国高标准农田建设总体规划，统一规划布局、建设标准、组织实施、验收考核、上图入库。2020 年中央一号文件强调加快修编建设规划。2021 年中央一号文件要求实施新一轮高标准农田建设规划。2021 年《全国高标准农田建设规划（2021—2030 年）》进一步提出了今后一个时期高标准农田建设的总体要求、建设标准和建设内容、建设分区和建设任务、建设监管和后续管护、效益分析、实施保障等，在规划期内，各省（直辖市、自治区）集中力量建设集中连片、旱涝保收、节水高效、稳产高产、生态友好的高标准农田，形成一批"一季千斤、两季吨粮"的口粮田，满足人民粮食和食品消费升级需求，到2025 年建成 10.75 亿亩高标准农田，2030 年建成 12 亿亩高标准农田，以此稳定保障 6 亿 t 以上粮食产能。至 2035 年，绿色农田、数字农田建设模式将进一步普及，支撑粮食生产和重要农产品供给能力进一步提升，形成更高层次、更有效率、更可持续的国家粮食安全保障基础。

1.2.2　中国高标准农田建设成效

"十二五"期间，国家将高标准农田建设作为农业工作的重中之重。2011～2015 年，全国累计建成高标准农田 4 亿多亩，项目区农田生产条件明显改善，农田抗灾减灾能力显著增强，形成了一批田成方、渠相连、旱能灌、涝能排的粮食生产基地，粮食主产区亩均产能提高 10%～20%，如期完成了规划提出的中期目标，为实现粮食生产"十二连增"，促进农民增收和农业机械化发展，发挥了积极作用。"十三五"大规模推进高标准农田建设，现代农业建设取得重大进展，乡村振兴实现良好开局。粮食年产量连续保持在 6.5 亿 t 以上，农民人均收入较 2010 年翻一番多。自《全国土地整治规划（2011—2015 年）》实施以来，原国土资源部按照"划得准、调得开、建得好、管得住"的要求，连续多年实现了 1 亿亩年度建设目标，为我国粮食产量连续稳定增长提供了有力支撑。据统计，2011 年以来全国已累计建成高标准农田约 8 亿亩，配套建设了数千万的"五小水利"工程，农业生产条件显著改善，粮食保障能力和防灾减灾能力明显提高，为粮食产量实现"十七连增"提供了重要的基础支撑。2019～2020 年，农业农村部联合有关部门共安排中央补助资金 1726 亿元，支持各地建成高标准农田约 1.65 亿亩，高效节水灌溉 4585 万亩。根据中央决策部署，2021 年全国要再建设高标准农田 1 亿亩、高效节水灌溉面积 1500 万亩。

"十四五"规划提出，实施粮食安全战略，深入实施"藏粮于地、藏粮于技"，以粮食生产功能区和重要农产品生产保护区为重点，建设国家粮食安全产业带，实施高标准农田建设工程。高标准农田建设作为"十四五"规划中全面推进乡村振兴的重要内容，是推动农业转型升级、提升农业现代化水平，保障国家粮食安全的一项长期性、战略性重要举措。认真贯彻落实"藏粮于地、藏粮于技"战略，以提升粮食产能为首要目标，坚定不移抓好高标准农田建设，积极推动各地大力实施项目，持续改善农业生产条件，夯实国家粮食安全基础。截至 2020 年底，全国已累计完成《全国高标准农田建设总体规划（2011—2020 年）》确定的到 2020 年建成 8 亿亩的目标任务，为连续多年确保全国粮食产量稳定在 6.5 亿 t 以上发挥了重要支撑作用。2020 年建成高标准农田 8391 万亩，高效节水灌溉 2395 万亩，超额完成年度目标，进一步提升我国粮食保障能力，为粮食再攀新高峰提供了强有力支撑。2021 年，农业农村部联合有关部门按照"大专项＋任务清单"的管理方式，继续大力支持各地建设 1 亿亩高标准农田，统筹发展 1500 万亩高效节水灌溉。从实施效果来看，我国高标准农田建设在以下方面起到了重要作用。

（1）提高了国家粮食综合生产能力。截至 2020 年底，全国已完成 8 亿亩高标准农田建设任务。通过完善农田基础设施，改善了农业生产条件，增强了农田防灾抗灾减灾能力，巩固和提升了粮食综合生产能力。建成后的高标准农田，亩均粮食产能增加 10%～20%，稳定了农民种粮的积极性，为我国粮食连续多年丰收提供了重要支撑。

（2）推动了农业生产方式转型升级。高标准农田通过集中连片开展田块整治、土壤改良、配套设施建设等措施，解决了耕地碎片化、质量下降、设施不配套等问题，有效促进了农业规模化、标准化、专业化经营，带动了农业机械化提档升级，提高了水土资源利用效率和土地产出率，加快了新型农业经营主体培育，推动了农业经营方式、生产方式、资源利用方式的转变，有效提高了农业综合效益和竞争力。

（3）改善了农田生态环境。高标准农田通过田块整治、沟渠配套、节水灌溉、林网建设和集成推广绿色农业技术等措施，调整优化了农田生态格局，增强了农田生态防护能力，减少了农田水土流失，提高了农业生产投入品利用率，降低了农业面源污染，保护了农田生态环境。建成后的高标准农田，农业绿色发展水平显著提高，节水、节电、节肥、节药效果明显，促进了山水林田湖草整体保护和农村环境连片整治，为实现生态宜居打下了坚实基础。

（4）拓宽了农民增收致富渠道。高标准农田建设通过完善农田基础设施、提升耕地质量、改善农业生产条件，降低了农业生产成本、提高了产出效率、增加了土地流转收入，显著提高了农业生产综合效益，根据各地对高标准农田建后成效评估，建设项目完工后，平均每亩节本增收约 500 元，有效增加了农民生产经营性收入。

1.2.3　中国高标准农田建设问题

（1）建设任务十分艰巨。我国已建成高标准农田占耕地面积的比例约 40%，大部分耕地仍然存在着基础设施薄弱、抗灾能力不强、耕地质量不高、田块细碎化等问题。《乡村振兴战略规划（2018—2022 年）》提出到 2022 年建成 10 亿亩高标准农田，《中华人民共和国国民经济和社会发展第十四个五年规划和 2035 年远景目标纲要》要求"十四五"末期建成 10.75 亿亩集中连片高标准农田，《全国国土规划纲要（2016—2030 年）》提出到 2030 年建成 12 亿亩高标准农田，新增建设任务十分繁重。同时受到自然灾害破坏等因素影响，部分已建成高标准农田不同程度存在着工程不配套、设施损毁等问题，影响农田使用成效，改造提升任务仍然艰巨。

（2）建设标准偏低。过去一个时期，高标准农田建设在资金使用、建设内容、组织实施等方面要求不统一。随着高标准农田建设的深入推进，集中连片、施工条件较好的地块越来越少，建设难度不断增大，建设成本持续攀升，资金需求大、筹措难。受此影响，一些地方高标准农田建设内容不完善、工程措施不配套，一些实际建成的高标准农田项目与规定建设标准相比仍有较大差距。

（3）建后管护机制亟待健全。《国务院办公厅关于切实加强高标准农田建设提升国家粮食安全保障能力的意见》（国办发〔2019〕50 号）明确提出建立健全高标准农田管护机制，明确管护主体，落实管护责任。各地要建立农田建设项目管护经费合理保障机制，调动受益主体管护积极性，确保建成的工程设施正常运行。然而实际建设中"重建设、轻管护"现象仍然普遍存在，高标准农田建设完成并通过验收之后，存在未能有效落实管护责任、管护措施和手段薄弱，后续监测评价和跟踪督导机制不完善，日常管护不到位等问题，影响了建设成效。

（4）绿色发展需进一步加强。早期建设的高标准农田侧重产能提升而对改善农田生态环境重视不够，在高标准农田项目设计、施工各环节，未能充分体现绿色发展理念，存在简单硬化沟渠道路等影响生态环境的问题。一些高标准农田建成后，仍然沿用传统粗放的生产方式，资源消耗强度大，耕地质量提升不明显，支持现代农业绿色发展的作用未能充分发挥。

1.3　江苏省高标准农田建设

1.3.1　江苏省高标准农田建设实践

《全国农业可持续发展规划（2015—2030 年）》指出，中国东部粮食主产区应坚持生产优先，在确保粮食产能稳步提高的前提下，实现资源永续利用和生态环境友好。江苏是全国 13 个粮食主产省之一和南方最大的粳稻生产区，也是全国优质弱筋小麦生产优势区，农业在全国占有重要位置。粮食总产多年稳定在 700 亿斤左右，高标准农田建设在全国处于领先水平，实现了自我保障，为国家粮食安全做出了积极贡献。然而，人多地少的省情特点，决定了江苏省高标准农田建设必须稳定提升农业综合生产能力，大力加强农田基础设施建设，不断提升耕地质量水平，努力提高土地利用率和产出效益。为此，江苏省委、省政府认真贯彻落实中央决策部署，始终将高标准农田建设放在全省"三农"工作全局中谋划推动，坚持高标准、高质量组织实施。2011 年以来，江苏共投入财政资金约 478 亿元，改造中低产田、建设高标准农田近 2670 万亩，使高标准农田占耕地比重提高了 30 个百分点。由于高标准农田建设等重大基础工程的支撑，江苏以占全国 1.1%的土地，产出占全国 5.6%的粮食，为保障国家粮食安全做出了重要贡献。

2014 年，江苏在全国率先提出了土地综合整治理念，谋篇布局土地综合整治工作，取得了显著成效，土地整治的力度、深度均走在前列。因地制宜探索出了土地综合整治＋高标准农田建设、生态环境保护、美丽乡村建设、城乡统筹发展、脱贫攻坚 5 种整治模式，探索形成了土地综合整治的"江苏经验"。江苏省委、省政府发布 2015 年一号文件，要求大规模建设高标准基本农田，稳步推进农村土地制度改革试点，做到稳粮增收、提质增效、创新驱动。明确严格保护耕地，全面开展永久基本农田划定工作，大规模建设高标准农田，计划 2015 年新增高标准农田 150 万亩、节水灌溉农田 200 万亩。加强耕地保护，推进建设占用耕地剥离耕作层土壤再利用。在建设过程中，注重规划的预见性和前瞻性，统筹考虑城乡建设规划、土地利用总体规划、基本农田规划等，省级层面出台了《江苏省高标准农田建设规划（2010—2020 年）》《江苏省农业综合开发高标准农田建设实施规划（2013—2020 年）》等。通过分类指导，充分发挥各地资源优势、区位优势，因地制宜推动高标准农田建设。建立健全各项规章制度，保证项目决策科学化、立项程序化和管理规范化，使资金和项目管理的各个环节有章可循，确保资金规范分配、安全运行和有效使用。

2018 年，党和国家机构改革，明确农业农村部门统一履行农田建设职责，为加快高标准农田建设提供了更加有利的管理体制。江苏省委、省政府认真贯彻落实中央决策部署，将高标准农田建设放在全省"三农"工作全局中谋划推动，大规模开展高标准农田建设，深入落实"藏粮于地、藏粮于技"战略。2019年9月3日，江苏省农业农村厅农田建设监督评价处牵头印发了《江苏省高标准农田建设评价激励实施办法（试行）》，为进一步做好全省高标准农田建设评价激励工作，建立健全高标准农田建设评价激励机制提供了重要依据。2019年12月，江苏省农业农村厅出台《江苏省高标准农田建设规划（2019—2022年）》，进一步明确了高标准农田的建设目标任务。2021年4月29日，江苏省自然资源厅印发《关于规范做好国土空间全域综合整治项目涉及永久基本农田调整有关工作的通知》，在确保耕地和永久基本农田数量有增加、质量有提高、生态有改善的前提下，按照"控范围小调整、提质量优布局、护权益促振兴"的总体要求，有序推进江苏省国土空间全域综合整治项目涉及永久基本农田调整工作，通过项目实施，切实提高项目区永久基本农田保护水平。

1.3.2 江苏省高标准农田建设成效

经过多年建设，江苏省农业结构不断优化，2020年，全省高标准农田占耕地总面积比例超60%，农业综合机械化水平超84%，农业科技进步贡献率超68%。高标准农田建设取得了显著成效。

（1）提升了农田基础设施水平。2010年以来，高标准农田建设按照"灌排设施配套、土地平整肥沃、田间道路畅通、农田林网健全、生产方式先进、产出效益较高"六条标准，协同在全省大规模开展高标准农田建设，将大量的零散地、中低产田改造成旱涝保收的高产稳产田。建成后的高标准农田，有效减少旱涝渍等灾害影响，减少粮食生产损失5%～15%；显著提高耕地质量和农业科技水平，能够增加粮食产能10%～20%，提升了粮食综合生产能力，为江苏粮食连续多年的高产、稳产提供了有力保障。2011～2020年全省累计新建高标准农田近3000万亩，江苏高标准农田在耕地中占比保持全国领先。

（2）提高了农业生产效率。高标准农田建设通过水、土、田、林、路等综合治理，建成田成方、林成网、路相通、渠相连、旱能灌、涝能排、机能行的农田，提高了农业土地产出率、资源利用率和劳动生产率，推动了农业的规模化生产、机械化作业、社会化服务。通过对苏中、苏北典型项目调查表明，高标准农田建设平均新增有效耕地面积0.5%～10%，减少田间耕作成本5%～15%，农业适度规模经营比重增加30%～50%，主要粮食作物耕种收割的综合机械化率达90%，显著提升了农业的综合效益和竞争力，推动了传统农业向现代农业的转型升级。

（3）加快了农民增收步伐。通过高标准农田建设，重点建设粮食生产功能区，在稳定粮食产能基础上，积极支持优质蔬菜、经济林果及其他优势农产品等特色产业发展，建设了一批优质粮食、优质蔬菜等生产基地，为促进农民增收奠定了良好的产业基础。高标准农田建设，不仅通过提升粮食、经济等作物的生产效益，增加了农民务农收入，而且通过工程建设，扩大了农民二、三产业的就业机会，增加农民工资性收入。调查表明，项目区农民人均年收入平均增加 400 元左右。高标准农田建设在增加农民收入、促进农村地区经济社会发展方面成效明显，已经成为许多地区脱贫攻坚的重要抓手。

（4）改善了农田生态环境。高标准农田建设，优化和美化了农田空间格局，理顺了农田平面结构，改善了农田利用方式，是对山水林田湖草生态系统的修复和保护。农田灌排工程生态技术措施的推广，使农田生态友好型基础设施得到有效改善。通过农田林网建设，林网覆盖率明显提高，土壤理化性状得以改善，水土流失得到有效控制。推广良种良法、节水灌溉，农药化肥减量施用等方法手段，全省化肥使用总量和强度保持"双减"态势，农产品质量安全水平明显提高。调查显示，高标准农田建成后，亩均节水 11%～38%、节电 27%～34%、节肥 8%～23%、节药 12%～21%，显著改善了农田生态环境，减少了农业面源污染，美化了农田景观格局。

1.3.3　江苏省高标准农田建设问题

近年来江苏省高标准农田建设取得显著成效，但耕地细碎化、土壤面源污染、基础设施配套不足等问题依旧突出，农田基础设施薄弱、防灾抗灾能力不强、耕地地力整体不高的状况尚未根本改变，农业基础设施发展不平衡不充分的问题仍然存在，粮食生产安全的基础还不够稳固。

（1）高标准农田建设难度增加。江苏省是典型的农业资源约束性省份，人地矛盾非常尖锐。一方面，随着工业化、城镇化的快速推进，一些优质耕地资源不可避免地被占用，而易开发整理的耕地后备资源逐步减少，补充耕地的成本逐步提高，建设难度不断加大；另一方面，近年来已建设的高标准农田项目区大多位于基础条件相对好的区域，建设难度相对低，但随着高标准农田建设的进一步推进，必须对一些基础条件相对弱的区域进行开发，建设难度正逐渐增加。部分地区存在已建成的高标准农田质量未达标、项目区安排重叠、实际建成面积低于统计面积等问题，高标准农田建设任务依然任重道远。

（2）高标准农田建设的投入标准偏低。随着社会经济发展和农村劳动力工资不断提高，高标准农田建设成本也随之上升。尽管江苏省逐步提高高标准农田建设的投资标准，现有财政投资标准达到每亩 1750 元，但仍难以满足高标准农田建设的实际需要。加上 2010 年之前建设的高标准农田，投入标准普遍不高，一些地区的农田基础设施相对薄弱，灌排工程配套率、水资源利用率、宜机化程度不高，在一定程度上影响了项目投资效益的发挥，未能达成高标准农田建设目标。同时，部分设计未从实际出发，存在着基础设施建成后难以使用等问题。

（3）项目工程监测管护机制亟待健全。在高标准农田建设监测及成效评价方面，已有建设项目普遍存在"重建设、轻管理""重前期、轻后效"的现象。在管护责任方面，建设完成的高标准农田后续管护工作不到位。"重建设、轻管护"的现象较为普遍，田间工程设施产权不清晰、建后管护责任和措施不到位等问题突出，很大程度上限制了高标准农田功能的正常发挥，客观上要求尽快建立健全高标准农田建后工程设施管护长效机制。在管护主体层面，建设项目的多部门协调和基层管护能力亟须加强；在管护客体层面，其综合性和复杂性是建后管理利用的难点；在管护环境层面，如何健全政策支持、拓宽资金来源渠道，成为强化建后管护外部保障的重点问题。

（4）绿色发展水平亟须提升。绿色发展是加快农业现代化、促进农业可持续发展的重大举措，高标准农田应该在推进农业绿色发展中发挥重要作用。高标准农田建设过程中，一些地方生态观念淡薄，随意填埋沟渠池塘，过度硬化沟渠道路，不够注重保护农田的生态环境；高标准农田建成后，一些地方绿色发展意识不强，仍然是传统粗放的生产方式，不够重视推行农业投入产品安全无害、资源利用节约高效、生产过程环境友好等绿色生产技术，质量效益偏低、农业面源污染、生态系统退化等问题没有根本解决，高标准农田引领现代农业绿色发展的作用没有充分体现。

（5）工程实施缺乏生态设计。以统一工程建设形式和刚性工程建设标准为引导，以规整化和硬质化为目标，以高强度工程建设为手段的传统高标准农田建设，虽在稳定耕地数量、改善农业生产条件过程中发挥了积极作用，但在当前生态文明建设的要求下亟待转型。江苏省作为现代化进程与传统农业冲突极为剧烈的地区之一，通过生态型规划设计指导高标准农田建设，实现生态改善、景观提升的需求更为迫切。应当转变"硬化工程"的建设思维，注重农田生态保护及生态修复。以绿色发展引领高标准农田建设，加快构建布局合理、生态良好、灌排通畅、宜机械作业的连片高标准农田。推进高效节水灌溉工程建设，推广水肥一体化技术。突出农田生态环境保护，少硬化、少砍树、慎填塘，积极推广工程建设生态环保新材料新技术。

1.3.4　江苏省高标准农田改善方向

高标准农田建设作为一项国家战略，一直受到高度重视。进入新时期，建设不再仅追求新增耕地指标和提高耕地质量，还具有兼顾生态环境、优化国土空间开发布局、调整人地关系，落实生态文明建设、促进乡村振兴、实施山水田林湖草系统保护和治理的重要使命。江苏省作为我国经济较发达的省份之一，目前已进入以高质量为核心的发展加速期，生态环境和自然资源已经成为高质量一体化发展的重大制约和短板，耕地保护面临"三生"（生产、生活、生态）空间冲突、污染质量退化、多功能权衡等挑战。未来江苏省高标准农田必须空间上协调、生态可持续、人地关系顺畅。为实现这些目标，新时期江苏省高标准农田建设还需要在建设方向定位、建设布局与建设模式方面实现创新和突破。

1）高标准农田建设与区域发展融合

改革开放特别是党的十八大以来，长江三角洲（简称长三角）一体化发展取得明显成效，经济社会发展走在全国前列，江苏省高标准农田建设具备在更高起点上，推动区域农业生产、社会经济、生态环境向更高质量一体化发展的良好条件，也面临新的机遇和挑战，高标准农田建设需要与国土空间利用、乡村振兴、城市发展进行区域融合和空间协同。

在国土空间利用层面，到 2025 年，长三角城乡区域协调发展格局基本形成，面对国土空间长期存在建设用地与农业用地、生态用地间的利用矛盾，以及耕地保护压力大的区域现实，江苏省高标准农田建设必须要具备支持区域发展、应对生态风险的能力。鉴于此，在当前高标准农田建设中，迫切需要整合区域资源特征、生态系统服务及风险防范等内容，构建自上而下、协调统一且等级明确的绿色发展框架，进而推动人与环境、城市与乡村、各类功能用地间协调发展。

在城乡融合发展层面，到 2025 年，江苏省要形成联通中心城市、县城、中心镇、中心村的基础设施网络，加强服务半径，打造优质生活空间；面对村镇建设用地布局零散、水系分割和农地产权制度影响，农田破碎严重等问题，如何在"城镇引领、村域优化、资源优配"的城乡协调发展目标下发挥高标准农田建设的作用，成为新时期江苏省城乡空间优化重构的重要课题。

在乡村振兴战略层面，到 2025 年，长三角地区要促进农产品加工、休闲农业与乡村旅游和相关配套服务融合发展，发展精而美的特色乡村经济，打造农村宜居、宜业、宜产的"三生"空间。面对耕地非粮化与边际化利用等问题，江苏省应当通过高标准农田建设，有序推动乡村转型发展，加强区域耕地与乡村转型发展的正反馈关系，重新发现乡村价值，重塑乡村在城乡关系中的定位。

在生态环境保护层面，到 2025 年，要实现生态环境共保联治能力显著提升。跨区域跨流域生态网络基本形成，优质生态产品供给能力不断提升。面对江苏省农田非点源污染风险加剧、生态环境退化现象普遍的现状，必须要确保高标准农田的生态阻隔功能，加强国土生态分区整治，强化生态红线区域保护和修复，保障生态用地面积，统筹山水林田湖草系统治理和空间协同保护。

2）农田及建设工程生态化

传统高标准农田建设以追求新增耕地为目标，将建设活动划分为土地平整、防护林建设、灌排工程等独立的工程,在工程实施过程中,主要以经济和生产效率为目标。随着高标准农田建设的不断深入,人们不断意识到农田是一个生态系统,人类的建设工程必须遵循自然生态规律,才能充分发挥生态服务功能,提高农田的可持续性。因此,新时期江苏省高标准农田建设需要贯彻生态理念,进行统筹设计,改善农业生产条件。建设过程中需要尽可能采用生态材料及新工艺,将基础设施建设技术与非点源污染风险防控技术、生物多样性保护技术和景观再造技术有机结合起来,从而提升土壤肥力质量、控制农业面源污染、彰显区域景观特色,发挥高标准农田在生产、生活、生态等方面的综合功能,实现农业集约化生产和生态化建设的有机协调。

3)高标准农田建设综合监测评价

目前,高标准农田建设综合监测主要目的是实现项目规范化管理,主要监测实施进度、经费使用情况、工程质量、信息化水平等,现有监测对高标准农田建设全过程的生产、生活、生态状态的跟踪与评价不足。一方面,由于建设过程对区域生态环境带来一定程度的扰动,农田质量在建设前、中、后是一个变化过程,为支撑管护、评价和验收,需要持续监测。另一方面,随着高标准农田规模化经营模式不断扩大,农田监测需要实现规模化、智能化、实时化。

因此,从发展趋势来看,未来高标准农田建设综合监测评价必须将耕地质量、社会生态效应、建设工程质量纳入监测与评价体系,综合利用卫星遥感、无人机摄影、农户调查、环境监测等手段和方式进行多源数据的准确提取与融合,形成一种监测过程连续、监测时段完整、监测方法适用和监测结果有效的高标准农田监测评价技术,为高标准农田建设规划、管护、评价、验收、经营提供基础数据和科学依据。

1.4　本书研究内容

1.4.1　研究内容

本书主要以江苏省典型区域为研究对象,开展相关研究。在分析江苏省高标准农田建设条件的基础上,在多尺度多目标下进行江苏省高标准农田建设方向、空间布局和关键要素的优化设计,提出高标准农田多功能利用监测与成效评价框架,并选取示范区进行成果集成应用。鉴于此,本书从打造"山水林田湖草生命共同体"的目标出发,立足区域资源环境条件和农业生产状态,围绕"江南水乡"的区域特色,开展江苏省高标准农田建设的利用条件、布局优化、规划设计、监测评价等研究。通过研究成果的技术集成与区域示范,以进一步实现江苏省生产发展、生活富裕、生态良好的"三生"共赢和空间协调有序发展，集景观优化、污染防控、实时监测为一体，重点打造体现江南水乡特色的高标准农田建设模式，形成集规模化农业、高效农业、循环农业为一体的集中型布局高标准农田，为规模经营和现代农业发展创造条件。在此基础上选择典型示范区进行示范，以期为江苏省高标准农田建设提供支撑。本书可以概括为以下内容。

1）江苏省高标准农田建设条件分析

本书以江苏省为例，分别从自然资源、土地利用、农业生产三个方面探讨近年来江苏省土地利用变化特点，分析农田建设面临的不足与限制性条件并进行综合评价，探索高标准农田的建设要求，包括内涵理论、发展战略、实现途径等。

2）江苏省高标准农田建设方向分析

伴随着长三角经济、社会快速发展，城镇化与工业化过程不断侵占着生产空间与生态空间，土地资源的高强度开发与激烈竞争加剧了土地利用功能矛盾与冲突，导致区域用地功能紊乱，威胁国土空间格局健康发展。本书结合区域资源环境特点和区域发展状况，有针对性地提出高标准农田建设的优化方向、建设途径，并针对具体的障碍因素提出优化策略。

3）江苏省高标准农田空间布局优化

本书针对江苏省高标准农田建设中存在的规模布局不稳、质量效益下降和管理难度加大等问题，开展高标准农田空间布局优化研究。以打造"三生"空间有序、基础设施完善、农田功能复合、乡村景观融合的江南水乡田园综合体，促进乡村土地利用多功能转型，推动乡村振兴。

4）江南水乡地区高标准农田优化设计

本书从江南水乡高标准农田建设优化定位、方向、内涵出发，以统筹经济发展与耕地保护为目标，结合区域发展目标与实现路径，在项目区尺度，结合景观生态学理论，针对具体问题，基于 GIS 和 RS 技术，设计了江南水乡生态型土地整治规划思路，提出了项目区地块优化方案；在项目区建设上，本书根据已有基本农田建设规程和规范，并结合江南水乡特色，对项目区内主要要素提出优化建议。

5）高标准农田监测与评价

针对江苏省高标准农田建设存在的"重建设、轻管理""重前期、轻后效"等问题，从监测目标、监测内容和监测方法三个方面，围绕"三生"目标，对高标准农田建设"前-中-后"进行评价。研究内容包括建前风险评估、施工建设、资源效益、景观变化、建后管护等要素。

6）高标准农田建设示范

本书基于江南水乡地区自然条件与社会经济发展现状，集成高标准农田建设多目标协同地块优选与规划设计等研究，开展技术示范，通过在不同项目区开展的整治分区、生态修复与建设实践，研究技术的适用性与推广的可行性，通过示范改进整合，形成可推广的建设模式与技术集成方式。

1.4.2　研究目标

研究从打造"山水林田湖草生命共同体"的目标出发，立足区域资源环境条件和农业生产状况，围绕"江南水乡"区域特色，开展江苏省高标准基本农田建设的多目标协同地块优选技术、基于规模化经营的基本农田质量提升技术及基本农田多功能评价与利用技术等关键技术的研究。通过研究成果的技术集成与区域示范，以进一步实现江苏省生产发展、生活富裕、生态良好的"三生"共赢和空间协调有序发展，重点打造体现江南水乡田园特色、集成农田污染防控与治理、融合质量与生态监测评价为一体的区域高标准农田建设模式，形成综合规模化农业、高效农业、循环农业的集中型布局高标准农田，为规模经营和现代农业发展创造条件。

本章主要参考文献

冯锐. 2013. 基于区域差异的县域高标准基本农田建设时序研究. 北京：中国地质大学.

国家发展改革委. 2013. 全国高标准农田建设总体规划（2011—2020 年）. https://www.ndrc.gov.cn/xxgk/zcfb/ghwb/201402/P020190905497732952346.pdf[2021-12-21].

国家统计局. 2021. 中国统计年鉴 2021. 北京：中国统计出版社.

国土资源部. 2012. TD/T 1033—2012 高标准基本农田建设标准. 北京：中国国家标准化管理委员会.

国土资源部. 2017. GB/T 21010—2017 土地利用现状分类. 北京：中国国家标准化管理委员会.

国土资源部. 2022. GB/T 30600—2022 高标准农田建设 通则. 北京：中国国家标准化管理委员会.

国务院. 1998. 基本农田保护条例. http://www.gov.cn/zhengce/2020-12/26/content_5574284.htm[2021-12-21].

国务院. 2017. 全国国土规划纲要（2016—2030 年）. http://www.gov.cn/xinwen/2017-02/04/content_5165429.htm[2021-12-21].

国务院. 2018. 国家乡村振兴战略规划（2018—2022 年）. http://www.gov.cn/zhengce/2018-09/26/content_5325526.htm[2021-12-21].

国务院. 2020. 中共中央关于制定国民经济和社会发展第十四个五年和 2035 年远景目标的建议. http://www.gov.cn/zhengce/2020-11/03/content_5556991.htm[2021-12-21].

黄季焜. 2021. 对近期与中长期中国粮食安全的再认识. 农业经济问题，1：19-26.

江苏省农业农村厅. 2019. 江苏省高标准农田建设规划（2019—2022 年）. http://coa.jiangsu.gov.cn/module/download/downfile.jsp?classid=0&filename=fcd2643b7f744509b73e1320d79585ed.pdf[2021-12-21].

刘新卫，李景瑜，赵崔莉. 2012. 建设 4 亿亩高标准基本农田的思考与建议. 中国人口·资源与环境，22（3）：1-5.

罗世荣，马晓龙. 2007. 论我国农民耕作权保护. 法制与社会，12：697-698.

农业部. 2012. NY/T 2148—2012 高标准农田建设标准. 北京：中国国家标准化管理委员会.

农业农村部. 2021. 全国高标准农田建设规划（2021—2030 年）. http://www.moa.gov.cn/hd/zbft_news/qggbzntjsgh/

xgxw_28866/202109/P020210916554589968975.pdf[2021-12-21].

王万茂. 1996. 土地利用规划学. 北京：中国大地出版社.

王万茂. 2002. 论土地科学学科体系建设. 中国土地科学，5：4-13.

张宁宁. 1999. 日本土地资源管理一瞥. 中国土地科学，1：45-47.

张小丹. 2020. 县域尺度耕地安全评价研究. 北京：中国地质大学.

张忠，雷国平，张慧，等. 2014. 黑龙江省八五三农场高标准基本农田建设时序分析.经济地理，34（6）：155-161.

自然资源部. 2017. GB/T 33130—2016 高标准农田建设评价规范. 北京：中国国家标准化管理委员会.

Adelman S，Peterman A. 2014. Resettlement and gender dimensions of land rights in post-conflict Northern Uganda. World Development，64：583-596.

Hanna K S. 1997. Regulation and land-use conservation：A case study of the British Columbia agricultural land reserve. Journal of Soil and Water Conservation，52（3）：156-170.

Lin J Y. 1992. Rural reforms and agricultural growth in China. Economic Review，8（2）：34-35.

Lu C H，Ittersum M K，Rabbinge R. 2003. Quantitative assessment of resource-use efficient cropping systems：A case study for Ansai in the Loess Plateau of China. European Journal of Agronomy，19（2）：311-326.

Rosa D L，Privitera R. 2013. Characterization of non-urbanized areas for land-use planning of agricultural and green infrastructure in urban contexts. Landscape and Urban Planning，109（1）：94-106.

第 2 章　江苏省概况与高标准农田建设基底条件

随着社会经济快速发展和建设用地扩张，耕地资源数量减少、质量降低、利用低效等问题已成为阻碍江苏省农业可持续发展的核心问题之一。面对经济持续快速增长、统筹城乡发展、乡村振兴等社会经济发展趋势及对土地资源利用优化的新要求，耕地资源保护与利用战略必须坚持以严格保护耕地、集约利用土地为准则，探索与区域经济社会发展相适应的土地利用优化配置的新机制、新模式和新路径。因此江苏省高标准农田建设优化必须结合区域资源环境、农业开发利用等现状分析和评价，明确当前建设所面临的形势与所需解决的重点问题。本章通过解析江苏省耕地利用格局变化、利用特征和存在问题，有利于提升江苏省高标准农田建设过程中不同要素的协同效应与整体实施功效认知，实现以农业供给侧结构性改革为核心目标的可持续集约化农业系统转型，构建具有区域特色的高标准农田建设理念、思路与路径，实现高质量、可持续的耕地资源有效配置。

2.1　江苏省概况

2.1.1　自然资源条件

江苏位于中国大陆东部沿海中心，长江下游，东濒黄海，东南与浙江和上海毗邻，西接安徽，北接山东，介于 30°45′N～35°20′N、116°18′E～121°57′E 之间，总人口 8029.3 万，地区生产总值 11.27 万亿元（2020 年），是长三角地区的重要组成部分，其行政区划如图 2-1 所示。江苏地处亚热带向暖温带的过渡区，气候温和，雨量适中。无霜期达 200～240d，年平均气温 13.2～16℃，年平均日照 2042～2203 h，年降水量为 782～1150 mm，但时空分布不均，全年 70%左右的降水量集中在汛期 5～9 月。

江苏跨江滨海，湖泊众多，水网密布，海陆相邻，根据江苏省自然资源厅的数据，江苏省总面积 10.72 万 km²，占全国的 1.12%（表 2-1）。江苏省平原、水域、低山丘陵面积分别占 69%、17%、14%。土地资源以平原为主，资源自然属性好，全省平原大多土层深厚，肥力中上，适合于耕作业发展。人均土地面积、耕地面积均远低于全国平均水平，人多地少，土地负载率、产出率较高。

图 2-1 江苏省行政区划图

表 2-1 江苏省第三次国土调查土地利用现状

一级地类	面积/万 hm²	占全省面积比例/%	二级地类	面积/万 hm²	占全省面积比例/%	占一级地类面积比例/%
耕地	409.89	38.51	水田	283.84	26.67	69.25
			水浇地	74.87	7.03	18.26
			旱地	51.18	4.81	12.49
园地	23.04	2.16	果园	12.45	1.17	54.04
			茶园	1.98	0.19	8.59
			其他园地	8.61	0.81	37.37
林地	78.71	7.40	乔木林地	25.22	2.37	32.04
			竹林地	2.62	0.25	3.33
			灌木林地	0.84	0.08	1.07
			其他林地	50.03	4.70	63.56
草地	9.36	0.88	其他草地	9.36	0.88	100
湿地	42.72	4.01	森林沼泽、灌木沼泽和沼泽地	0.08	0.01	0.19
			沿海滩涂	38.39	3.61	89.86
			内陆滩涂	4.25	0.40	9.95

续表

一级地类	面积/万 hm²	占全省面积比例/%	二级地类	面积/万 hm²	占全省面积比例/%	占一级地类面积比例/%
城镇村及工矿用地	209.83	19.71	城市	46.36	4.36	22.09
			建制镇	44.78	4.21	21.34
			村庄	110.47	10.38	52.65
			采矿用地	5.54	0.52	2.64
			风景名胜及特殊用地	2.68	0.25	1.28
交通运输用地	36.55	3.43	铁路用地	1.67	0.16	4.57
			轨道交通用地	0.22	0.02	0.60
			公路用地	19.32	1.82	52.86
			农村道路	14.08	1.32	38.52
			机场用地	0.33	0.03	0.90
			港口码头用地	0.89	0.08	2.44
			管道运输用地	0.04	0.00	0.11
水域及水利设施用地	254.26	23.89	河流水面	62.50	5.87	24.58
			湖泊水面	60.40	5.67	23.76
			水库水面	4.45	0.42	1.75
			坑塘水面	76.77	7.21	30.19
			沟渠	39.07	3.67	15.37
			水工建筑用地	11.07	1.04	4.35

2.1.2 社会经济发展

江苏省下辖 13 个设区市，96 个县（市、区），其中农业县（市、区）76 个。截至 2020 年，全省常住总人口 8477.26 万人，实现地区生产总值 11.27 万亿元。江苏以占全国 1.1% 的土地、5.8% 的人口，创造了全国 5.6% 的粮食产量、10.3% 的生产总值和 9.6% 的财政一般预算收入，为全国发展大局做出了重大贡献（江苏省统计局，2021）。

根据历年江苏省统计年鉴，自 2000 年以来，江苏省总人口呈增长态势，2000～2020 年，江苏省总人口由 7304.36 万增长至 8477.26 万，20 年间增长了 16.06%（表 2-2）。2020 年，江苏省城镇人口 6225.86 万人，城镇化率 73.4%，按照城镇化进程三阶段理论，这意味着江苏省整体步入了成熟的城镇化社会（王书明和郭起剑，2018）。同时江苏省各市城镇化水平仍不均衡，苏南、苏中、苏北三大区域的城镇化率由南向北递减，2020 年，苏南城镇化率为 82.3%，苏中为 70.0%，苏北为 64.1%。统计数据显示，江苏省存在较大的土地人口承载压力。人均耕地可以反映土地资源的人口承载状况，人均耕地面积越少，耕地保护需求越迫切。截至江苏省第三次国土调查（简称"三调"）结束时点，江苏省人均耕地面积为 0.051 hm^2（0.76 亩）。

伴随社会经济的快速发展与区域资源环境特点变化，江苏省逐步实现了从最初以片面追求经济效益为目标向注重农业-经济-生态协调发展的区域可持续发展转型。在"一带一路"倡议，以及长江经济带建设、长三角区域发展一体化等国家战略的支持和引导下，江苏省面临区位优势独特、经济腹地广阔、人力资本雄厚等发展形势与机遇，同时也面临资源约束趋紧、耕地保护不足、生态环境退化等危机与挑战。因此，如何在有限的国土空间资源下，认识区域发展差异、挖掘区域发展潜力，协调农业-经济-生态协调发展之间的矛盾冲突，成为新时期江苏省实现社会经济可持续发展的必由之路。

表 2-2　江苏省人口数量统计表

地区	2000 年			2009 年			2020 年		
	总人口/万人	城镇人口/万人	城镇人口比重/%	总人口/万人	城镇人口/万人	城镇人口比重/%	总人口/万人	城镇人口/万人	城镇人口比重/%
南京市	612.62	435.53	71.1	771.31	595.14	77.2	931.97	808.95	86.8
无锡市	508.66	296.3	58.3	619.57	419.82	67.8	746.40	617.94	82.8
徐州市	891.4	298.18	33.5	868.19	425.85	49.1	908.39	596.18	65.6
常州市	377.63	203.73	53.9	445.18	272.27	61.2	527.96	406.90	77.1
苏州市	679.22	387.73	57.1	936.95	620.73	66.3	1274.96	1041.90	81.7
南通市	751.29	251.98	33.5	713.37	375.95	52.7	772.80	544.36	70.4
连云港市	456.99	128.03	28.0	444.65	193.20	43.4	460.10	283.05	61.5
淮安市	503.82	144.85	28.8	481.49	207.52	43.1	455.92	299.40	65.7
盐城市	794.65	282.98	35.6	748.18	346.41	46.3	671.06	430.22	64.1
扬州市	458.85	195.9	42.7	449.55	237.81	52.9	456.10	323.97	71.0
镇江市	284.49	143.45	50.4	306.94	184.01	59.9	321.10	255.11	79.4
泰州市	478.58	188.61	39.4	466.61	237.97	51.0	451.68	307.41	68.1
宿迁市	506.16	128.97	25.5	472.51	178.14	37.7	498.82	310.47	62.2
全省	7304.36	3086.24	42.3	7724.50	4294.82	55.6	8477.26	6225.86	73.4

2.1.3 农业发展特点

江苏省处于东亚季风气候区，处在亚热带和暖温带的气候过渡地带，四季分明，降水集中，雨热同季，光热充沛。地形以平原为主，地势低平，湖泊众多，水网密布，生态类型多样，农业生产条件得天独厚，素有"鱼米之乡"的美誉，是中国农业发达的省份之一，也是中国的粮食主产区。2020 年粮食播种面积 5.4 万 km^2，粮食总产量为 3.73×10^7 t，占全国的 5.5%，位居全国第五位，人均粮食产量 440 kg，农业机械总动力 5214.83 万 kW，农业机械化水平达 83%。其主要农作物有水稻、小麦、油菜、玉米、花生和大豆等，主要熟制为一年一熟、一年两熟（水稻-小麦连作、水稻-油菜连作为主）。江苏省农业区划可以分为太湖农业区、宁镇扬丘陵农业区、沿江农业区、沿海农业区、里下河农业区和徐淮农业区六片区。

太湖农业区位于江苏省东南部，北以沿江农业区为界，西和西南基本上以 10 m 等高线与宁镇扬丘陵农业区为界，包括吴江、吴中、相城、昆山、常熟、锡山、惠山、滨湖、武进、金坛等县（市、区）。本区地处北亚热带南部，水热条件良好。地势平坦，湖泊河道纵横交错，河网密度大，水资源丰富。本区是长三角经济最发达的地域，人多地少，城镇密集，农业现代化水平较高，农业种植以水稻、油菜、设施蔬菜、特色果茶为主。土壤基础地力和产出能力总体较高，由于区内工农业生产发达，耕地不同程度受到工业点源、农业面源和城乡生活垃圾等污染。

宁镇扬丘陵农业区位于江苏省西南部，北以淮河为界，南部及西部与浙江、安徽省接壤，东以 10 m 等高线与里下河、沿江和太湖农业区为邻。主要包括句容、高淳、溧水、江宁、六合、浦口、溧阳、宜兴、丹徒、丹阳、仪征、盱眙等县（市、区）。该区地貌类型比较复杂，低山、丘陵、岗地、冲沟和河湖平原交错分布。该区南北狭长，气候差异明显，光能和降水等资源由南至北递减，全区年均气温 14.6～16℃，年降水量 930～1150 mm，春季多连阴雨天气；5 月中旬至 6 月中旬常有初夏旱，6 月下旬至 7 月上旬是梅雨期，以后伏旱明显，伏、秋旱对农业造成的损失最大。本区主要种植粮、油、果、茶，低产土壤面积较大。

沿江农业区地处长江两岸，以江北为主。江南部分主要包括扬中、太仓、江阴、张家港、新北等县（市、区）；江北部分主要包括靖江、泰兴、高港、海陵、如皋、海门、通州、启东、如东、邗江、广陵等县（市、区）。该区属北亚热带湿润气候区，气候温和湿润，但有时受台风袭击。全区平均日照 2040～2282 h，年平均气温 15.7～16.6℃，无霜期 240 d 左右，≥10℃积温 5000～5332℃，10～20℃安全生长期 170～175 d，积温 4000～4130℃，水热条件优越，加之以平原为主的地貌，适宜发展农耕作业，农业生产以种植业为主，农作物结构以粮油（菜）棉为主，是稻油（菜）棉的生态适宜区，适合以双季稻为主的多熟高产作物，是全省重要的粮棉油产区。

沿海农业区位于江苏省东部，东临黄海，西界串场河，南与如皋、如东接壤，北至苏北灌溉总渠。区内地势低平，海拔为 2～3 m，属于亚热带气候。年平均气温 13.9～14.6℃，全年日照时数 2052～2362 h，自南向西递增。本区水热条件较好，但常有台风、冰雹、暴雨等灾害性天气，土壤存在有机质与养分含量低、土壤结构差、耕作层浅薄等问题。由于过境排水多，而拦蓄利用能力小，本区水资源相对缺乏。

里下河农业区位于江苏省境内中部，处于江淮之间。北以灌溉总渠为界，东至通榆运河和串场河，南至老通扬运河，西靠丘陵边缘。全区包括兴化、宝应的全部和建湖、高邮、盐城郊区、阜宁大部分，东台、大丰、海安、泰县、泰州、江都、淮安、洪泽、金湖等县（市、区）的一部分。区内微地貌分化比较显著，可分为高亢平原、水网平原、低洼圩区和湖沼泽等不同类型，海拔在 6～10 m。该区光能资源优于太湖地区，热量资源好于徐淮地区，雨量较为适中，气候温和湿润，年日照时数为 2130～2360 h，由西南向东北逐渐增多，是全省光能资源的高值地区之一。里下河农业区年平均气温在 14～15℃，平均降水量在 894～1042 mm。区内光、热、水资源配合较好，有利于水稻特别是中稻的生长发育，农作物熟制以一年两熟为主，是全省优质粮油和特色水生蔬菜生产的重要基地。

徐淮农业区位于淮河、苏北灌溉总渠以北，包括北部的沂河、沭河洪积、冲积平原和东部的滨海沉积平原，是全省面积最大、人口最多而人口密度较低的农业区。本区地处暖温带，水热条件稍次于其他农区，但光照条件好，多春旱、夏涝、秋旱。以黄泛平原为主，地势平坦，土层深厚。本区降水少、蒸发大，水资源主要依靠骆马湖、洪泽湖及京杭运河的联合调度与多级补水。本区是全省相对人少地多的地区，种植业占全区农业总产值的比重较大，是全省重要的粮、油、特色蔬菜、果品生产基地，但低产土壤面积较大，灌溉水源保证率低。

2.2　江苏省耕地利用基本特征

2.2.1　数量结构特征

根据第三次国土调查结果，江苏省耕地 409.89 万 hm^2，园地 23.04 万 hm^2，林地 78.71 万 hm^2，草地 9.36 万 hm^2，湿地 42.72 万 hm^2，城镇村及工矿用地 209.83 万 hm^2，交通运输用地 36.55 万 hm^2，水域及水利设施用地 254.26 万 hm^2。

2000 年以来，随着工业化、城镇化进程的不断推进，江苏省土地利用结构发生了较大变化。本书基于遥感影像解译数据，对江苏省土地利用变化情况（2000 年、2010 年、2020 年）进行分析，结果表明：①2000～2010 年，耕地、林地、草地面积减少显著，建设用地面积有较大增加，水域面积有所增加；②2010～2020 年，耕地、林地持续减少，建设用地增长趋势开始减缓，水域面积增长迅速（表 2-3）。

表 2-3 江苏省土地利用面积统计表

地类	2000 年面积 /hm²	2010 年面积 /hm²	2010 年相对于 2000 年面积变化率/%	2020 年面积 /hm²	2020 年相对于 2010 年面积变化率/%	总变化率/%
耕地	6982316	6401250	−8.32	6251437	−2.34	−10.47
林地	339965	316138	−7.01	310768	−1.70	−8.59
草地	148125	98196	−33.71	107920	9.90	−27.14
水域	1107937	1254512	13.23	1546356	23.26	39.57
建设用地	1466225	2005553	36.78	2143075	6.86	46.16
未利用地	1638	2084	27.23	2243	7.63	36.94

从土地利用总体格局来看，2000～2020 年江苏省土地利用总体格局基本稳定，耕地面积始终在 60%以上；其次是建设用地，建设用地面积在 2010 年之后突破20%；水面面积占比始终在 10%以上，林地、草地、未利用地占比变化不显著。各年份土地利用结构见图 2-2～图 2-4。

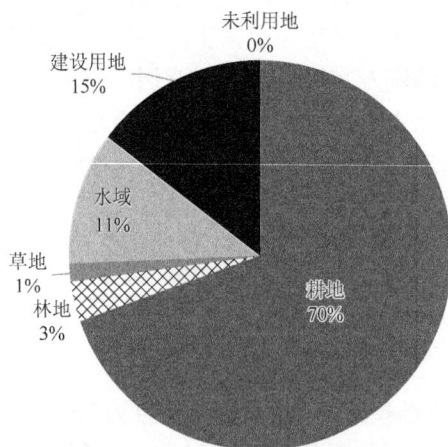

图 2-2 江苏省 2000 年土地利用结构

未利用地
0%

建设用地
20%

水域
12%

草地
1%

林地
3%

耕地
64%

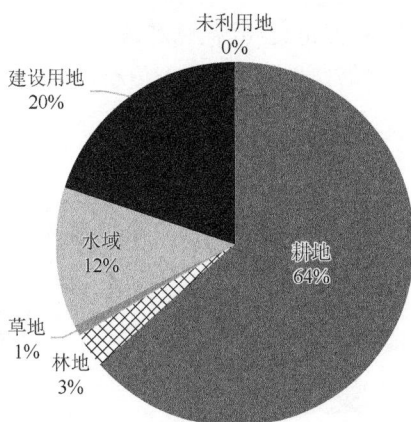

图 2-3　江苏省 2010 年土地利用结构

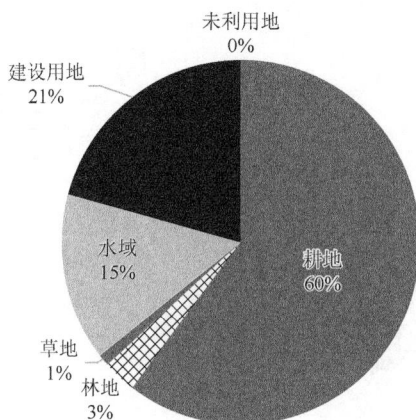

未利用地
0%

建设用地
21%

水域
15%

草地
1%

林地
3%

耕地
60%

图 2-4　江苏省 2020 年土地利用结构

　　根据典型年份（2000 年、2010 年、2020 年）土地利用数据，在市级尺度下对各土地利用类型进行汇总统计（图 2-5 和图 2-6），结果如下：①2020 年，耕地资源在盐城、徐州和南通分布较多，分别为 1176654 hm²、749235 hm²、711579 hm²，在无锡、镇江和常州分布较少。②林地资源主要分布在南京、徐州和无锡，面积分别为 68032 hm²、46123 hm²、45318 hm²；在南通、扬州和泰州分布较少，面积分别为 307 hm²、341 hm²、2566 hm²。③草地超过 10000 hm² 的城市为盐城、淮安和南通，面积分别为 46325 hm²、13408 hm²、13632 hm²；泰州、无锡、常州草地面积不足 1000 hm²。④苏州市水域面积最为广阔，面积为 308562 hm²，淮安市水域面积第二，为 161839 hm²，连云港水面面积最小，为 45437 hm²。⑤滩涂滩地在淮安、扬州、盐城分布最广，面积分别为 29755 hm²、23971 hm²、65538 hm²；

南京的滩涂滩地最少，为 822 hm²。⑥徐州和苏州的建设用地面积最广，分别为 263485 hm²、245562 hm²；镇江建设用地面积最小，为 83572 hm²。⑦各市未利用

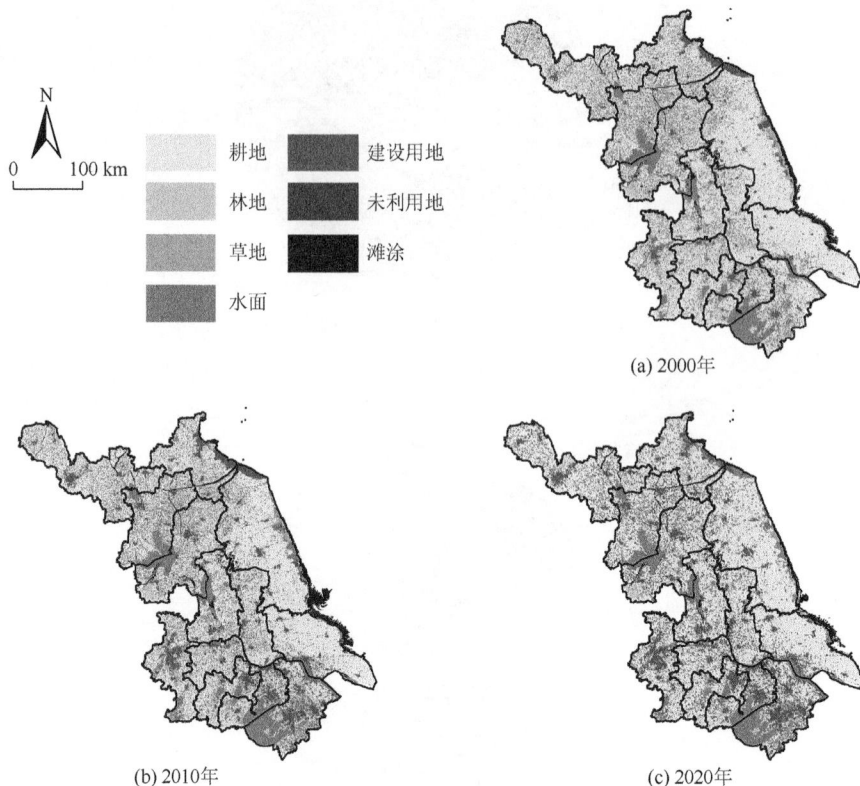

(a) 2000年

(b) 2010年

(c) 2020年

图 2-5　江苏省土地利用布局图

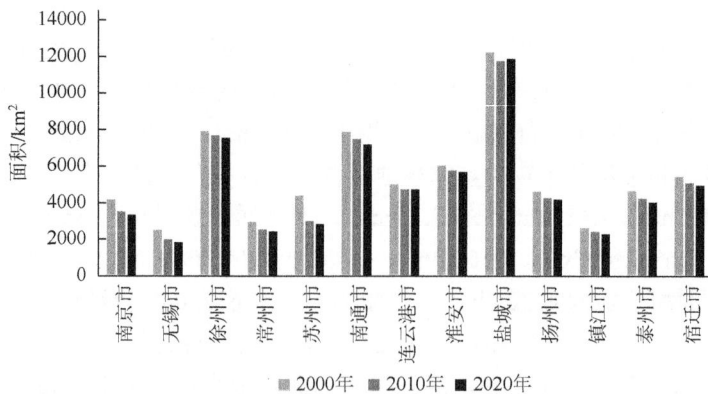

图 2-6　江苏省各市耕地面积变化统计图

地面积均较少，主要分布在常州、南京、苏州、镇江、徐州，其余各市未利用地面积均不足 1000 hm²。

从耕地分布变化情况来看，2000～2020 年江苏省内各市耕地均为下降态势。2000～2010 年各市耕地数量减少迅速，2010 年之后减少速度有所缓解，其中盐城在 2010 年之后耕地面积有所回升。盐城 2000 年滩涂面积为 86438 hm²，2020 年减少至 65538 hm²，一定程度上表明盐城的耕地补充主要依靠沿海滩涂开发。

2.2.2　质量等级特征

基于江苏省 2018 年度耕地质量评价更新成果，计算江苏全省耕地平均质量等别。结果如表 2-4～表 2-6 所示，江苏省耕地的平均自然等为 6.18 等，平均利用等为 6.07 等，平均经济等为 7.60 等，3 个类型的耕地质量等别均属于中高等，自然等与利用等等别相近且等级较高。

表 2-4　江苏省各市耕地自然等等别　　　　（单位：hm²）

地区	5 等地	6 等地	7 等地	总计
南京市	20265.99	320690.78	51837.23	392794.00
无锡市	1559.82	189353.46	1116.84	192030.12
徐州市	30195.71	690256.95	139943.22	860395.88
常州市	1373.79	228498.98	10614.21	240486.98
苏州市	6102.17	235421.95	5094.46	246618.58
南通市	29057.45	597214.55	66074.88	692346.88
连云港市	71768.20	394171.89	71223.19	537163.28
淮安市	785.65	494197.49	209046.86	704030.00
盐城市	333.01	764206.14	461426.46	1225965.61
扬州市	8632.46	421225.67	11618.24	441476.37
镇江市	21206.03	219106.44	7070.79	247383.26
泰州市	19550.12	417007.93	17592.64	454150.69
宿迁市	0.00	394463.21	239739.09	634202.30
总计	210830.40	5365815.44	1292398.11	6869043.95

表 2-5　江苏省各市耕地利用等等别　　　　（单位：hm²）

地区	4 等地	5 等地	6 等地	7 等地	8 等地	总计
南京市	0	46590.05	294123.56	52080.4	0	392794.01
无锡市	0	30316.39	161036.85	676.88	0	192030.12

续表

地区	4 等地	5 等地	6 等地	7 等地	8 等地	总计
徐州市	0	42693.66	730573.15	86996.07	133	860395.88
常州市	0	72407.42	165417.17	2662.39	0	240486.98
苏州市	0	84821.64	156082.85	5714.08	0	246618.57
南通市	0	85704.58	573844.16	32798.14	0	692346.88
连云港市	0	120068	343297.02	73798.26	0	537163.28
淮安市	0	28074.31	463590.3	212176.2	189.19	704030.00
盐城市	0	6674.18	809133.71	407630.99	2526.73	1225965.61
扬州市	0	43887.82	372110.39	25478.16	0	441476.37
镇江市	2535.74	17568.59	222113.42	5165.5	0	247383.25
泰州市	0	92062.54	351820.17	10267.98	0	454150.69
宿迁市	0	0	393537.11	239224.65	1440.54	634202.30
总计	2535.74	670869.18	5036679.86	1154669.7	4289.46	6869043.94

表 2-6　江苏省各市耕地经济等等别　　　　（单位：hm^2）

地区	6 等地	7 等地	8 等地	9 等地	总计
南京市	0	177435.28	214648.02	710.7	392794.00
无锡市	3215.51	127736.62	61077.99	0	192030.12
徐州市	0	259785.96	571017.03	29592.88	860395.87
常州市	7979.37	182838.31	49542.07	127.22	240486.97
苏州市	31580.86	159334.51	55703.2	0	246618.57
南通市	1944.72	515797.01	169265.81	5339.34	692346.88
连云港市	48982.47	274890.64	207703.51	5586.65	537163.27
淮安市	1573.3	274334.34	399975.12	28147.24	704030
盐城市	1056.06	271020.42	905408.34	48480.79	1225965.61
扬州市	0	223239.77	217400.82	835.77	441476.36
镇江市	5952.46	102910.17	138405.62	115.01	247383.26
泰州市	21254.02	302065.23	130831.44	0	454150.69
宿迁市	0	167806.23	419995.29	46400.78	634202.3
总计	123538.77	3039194.49	3540974.26	165336.38	6869043.90

由图 2-7 可以看出，江苏省 3 种质量等级较高的耕地主要分布在中心城市周边，质量等级较低的耕地主要分布在沿海地区及苏中、苏北地区。耕地自然等分

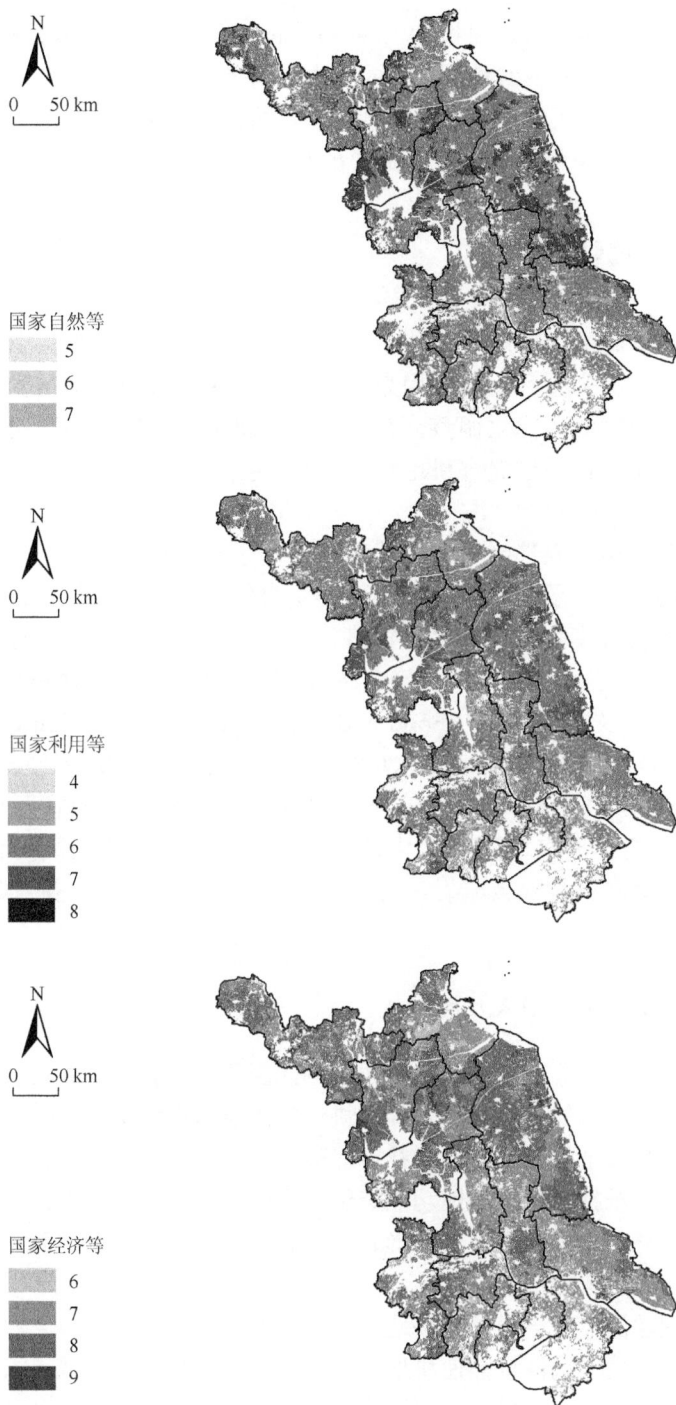

国家自然等
5
6
7

国家利用等
4
5
6
7
8

国家经济等
6
7
8
9

图 2-7　江苏省耕地质量等别

布在 5～7 等，6 等地最多，面积为 1.29×10^6 hm²，占全省耕地总面积的 78.12%；利用等分布在 4～8 等，6 等地居多，面积为 5.04×10^6 hm²，占全省耕地总面积的 73.32%；经济等分布在 6～9 等，8 等地居多，面积为 3.54×10^6 hm²，占全省耕地总面积的 51.55%。总体来看，中等质量耕地面积较大且占比较高。

2.2.3　利用格局特征

耕地利用格局是指耕地要素的布局，是区域内光、温、水、土等要素组成的不同的土地资源类型和土地利用方式，反映了区域耕地利用结构和空间分布状况。耕地利用格局的优化调整，有利于促进耕地资源的集约利用和可持续发展。高标准农田建设通过促进耕地集中连片，提高耕作便利性、优化耕地利用格局。

耕地细碎化是与农地经营规模化相对应的耕地利用格局，是许多国家农业发展中存在的主要问题之一，主要表现为受自然环境、人口压力、土地制度等限制，耕地地块规模狭小、形状不规整、权属分散，制约土地规模化、集约化经营。截至"三调"结束时点，江苏省人均耕地面积仅为 0.051 hm²（0.76 亩），低于联合国粮食及农业组织（Food and Agriculture Organization of the United Nations，FAO）确定的 0.053 hm²（0.8 亩）警戒线。随着社会经济的快速发展及建设用地规模进一步扩张，江苏省耕地保护及粮食安全面临严峻考验。因此，如何通过高标准农田建设优化耕地利用格局、改善耕地细碎化状况、提高耕地质量、保障粮食安全成为新时期江苏省实现社会经济可持续发展的必由之路。

1. 耕地利用格局一般尺度特征

耕地资源作为农业生产活动的物质基础，因不同社会群体（政府、农户等）对耕地资源价值、功能认知导向差异，耕地资源兼具以稳定粮食生产、维持社会稳定、保障粮食安全等为主的宏观社会保障功能及以满足农户生存发展需求为主的微观农户生计维持功能。耕地功能定位的空间层次性与差异性在一定程度上决定了耕地细碎化的内涵特征、表现形式等具有空间尺度差异，进而对指导区域高标准农田建设产生差异影响。

个体微观层面，农户通过在耕地资源进行劳作获取农产品，经营权属状况、经济产出价值等资产属性特征使耕地资源成为满足农户生存发展需求、获取经济收益的基础物质资料，农户更加关注耕地资源的经济产出功能与自身生计维持功能。基于农户的生产、生计需求导向，微观视角下的耕地细碎化主要表现为由土地产权制度、农村土地调整等引起的地块权属细碎及在此基础上导致的耕地经营细碎等。基于微观（农户）视角的耕地细碎化分析可为土地整治项目的田块规划、设施布局、权属调整、组织实施等提供决策参考。区域尺度下，耕地资源作为农业生产发展的关键要素，在稳定粮食生产格局、发展现代农业、维持社会稳定、保障粮食安全等方面发挥重要作用，其社会保障功能的发挥与区域耕地资源禀赋（数量、规模等）、空间属性（空间格局、集聚程度等）、利用属性（生产便利程度、设施完备程度等）等特征密切相关。区域尺度下的耕地细碎化主要体现为由自然或人为因素引起的耕地资源状况、空间分布格局及社会经济发展产生的资源集聚水平、设施完善状况等方面的细碎分异。区域尺度的耕地细碎状况可为因地制宜地识别区域耕地资源问题、引导区域高标准农田建设分区、确定重点建设方向等发挥指导作用。

　　有鉴于此，本书基于刘晶等（2019）的观点，认为耕地细碎化是在自然环境限制、人为利用不当、土地利用制度不完善等因素的影响下而出现的耕地规模偏小、分布零散、形状不规整、权属分散，限制土地规模化、集约化、专业化经营的现象。在明确耕地细碎化空间尺度特征的基础上，从资源规模性、空间集聚性和生产便利性三方面构建耕地细碎化空间测度评价体系；以中国工业化和城市化发展的前沿地区、城镇扩张与耕地保护的激烈冲突区——江苏省为例，基于耕地细碎化的不同属性特征的地域分异特点，明确不同类型分区耕地利用格局特征，以期为因地制宜地指导区域高标准农田建设提供有益借鉴。

2. 评价指标体系及指数构建

　　目前，学术界主要采用单一指标法或综合评价法对微观（农户）及中观（县域）尺度的耕地细碎化进行度量。但受细碎化内涵多尺度特征及数据获取等因素的影响，现有研究指标多借助景观格局指数表征，一定程度上存在评价指标单一、内涵指示性不足等缺陷。本研究在明确耕地细碎化空间尺度特征的基础上，结合耕地细碎化与土地整治机理解析，从资源规模性、空间集聚性、利用便利性三方面构建宏观尺度下的耕地细碎化评价指标体系（表 2-7）。

表 2-7　耕地细碎化评价指标体系

目标层	准则层	指标层	量化方法	指标含义及说明
耕地细碎化	资源规模性	斑块数量（NP）	由统计软件计算	表征一定区域范围内的耕地斑块数量
		耕地总面积（LA）	$LA = LA_1 + LA_2 + \cdots + LA_i$	表征一定区域范围内的耕地规模

续表

目标层	准则层	指标层	量化方法	指标含义及说明
耕地细碎化	资源规模性	斑块密度（PD）	$PD = N/A$	N 表示耕地斑块数量；A 表示单位面积
	空间集聚性	聚集度（AI）	$AI = \left(1 + \sum\limits_{i=1}^{N} \dfrac{P_i \ln P_i}{2 \ln N}\right) \times 100$	表征一定区域范围内耕地斑块的空间集聚程度；P_i 表示耕地斑块 i 的周长
		平均最近距离（MNN）	$MNN = \sum\limits_{i=1}^{m} \dfrac{w_i}{m}$ $m = \dfrac{n(n-1)}{2}$	表征一定区域范围内耕地斑块的平均距离；w_i 表示斑块间的距离，m 表示斑块的组合数，n 表示斑块数量
		边界密度（ED）	$ED = P/A$	表征一定区域范围内耕地斑块的分隔程度；P 表示耕地斑块总周长
	利用便利性	地块通达度（LC）	$LC = F_r/A$	表征一定区域范围内耕地的地块通达状况；F_r 表示农村道路一定缓冲区范围内的耕地面积
		形状规整度（AWMSI）	$AW = \sum\limits_{i=1}^{n} \left(\dfrac{0.25 P_i}{\sqrt{A_i}} \times \dfrac{A_i}{A}\right)$	A_i 表示斑块面积；A 表示景观总面积
		设施完备度（FC）	$FC = H_p/A$	表征一定区域范围内单位耕地面积的农业基础设施配套状况；H_p 表示基础设施用地面积

为在宏观尺度下全面反映不同属性特征下的耕地细碎化差异，在对耕地的资源规模属性、空间集聚属性及利用便利属性进行分维测度的基础上，进一步构建耕地细碎化指数，以分析区域耕地细碎化的地域分异特征。耕地细碎化指数的计算方法见式（2-1）。

$$CLFI = NSC \times W_{NSC} + SAC \times W_{SAC} + UCC \times W_{UCC} \tag{2-1}$$

式中，CLFI 为耕地细碎化指数；NSC、W_{NSC} 分别为资源规模性指数及权重；SAC、W_{SAC} 分别为空间集聚性指数及权重；UCC、W_{UCC} 分别为利用便利性指数及权重。其中 NSC、SAC、UCC 分析过程依据公式如下。

$$NSC = \sum_{i=1}^{Z} (W_i \times S_{ij}) \tag{2-2}$$

$$SAC = \sum_{i=1}^{P} (R_i \times T_{ij}) \tag{2-3}$$

$$UCC = \sum_{i=1}^{M} (Q_i \times Y_{ij}) \tag{2-4}$$

式中，$W_i(i = 1, 2, 3, 4)$ 为资源规模属性下指标 i 权重；S_{ij}（$i = 1, 2, 3, 4$；$j = 1, 2, 3, \cdots, n$）为评价单元 j 第 i 个指标的计算值；$R_i(i = 1, 2, 3)$ 为空间集聚属性下指标 i 权重；T_{ij}（$i = 1, 2, 3$；$j = 1, 2, 3, \cdots, n$）为评价单元 j 第 i 个指标的计算值；$Q_i(i = 1, 2, 3, 4, 5)$ 为利用便利属性下指标 i 权重；Y_{ij}（$i = 1, 2, 3, 4, 5$；$j = 1, 2, 3, \cdots, n$）为评价单元 j 第 i 个指标的计算值。

3. 耕地利用格局空间分异特征

1) 资源规模性分析

耕地细碎化是一种与土地规模化、集约化经营相悖的土地利用现象，其直观表现是地块规模较小、地块零散、形状不规整。一定区域的耕地规模状况能够在一定程度上反映区域耕地细碎化程度，耕地的规模性主要体现在耕地面积、数量、密度等方面。因此，选取斑块数量、耕地总面积、斑块密度等指标表征耕地规模性。耕地斑块数量越多，耕地细碎化程度越高；耕地总面积越小，耕地细碎化程度越高；耕地斑块密度越大，耕地细碎化程度越高。通过专家打分法对表征规模性的指标赋权重，同时基于 ArcGIS 工具，在乡镇尺度用自然断点法将耕地斑块规模性程度分为 4 个等级，如表 2-8 所示，分别为 I 类（0.180～0.584）、II 类（0.584～0.633）、III 类（0.633～0.681）、IV 类（0.681～0.934）。

表 2-8　耕地细碎化资源规模性的等级划分标准

等级	统计标准	资源规模性范围
I	低	[0.180，0.584]	[0，0.388]
II	较低	(0.584，0.633]	(0.388，0.491]
III	较高	(0.633，0.681]	(0.491，0.594]
IV	高	(0.681，0.934]	(0.594，1.000]

结果显示，江苏省耕地细碎化的资源规模属性空间差异显著，总体呈现出苏北—苏中—苏南逐级递减的空间分异格局（图 2-8）。耕地资源规模性指数 NSC 最大值为 0.934，最小值为 0.180，均值为 0.633。全省耕地的资源规模属性处于低、较低、较高、高等级的乡镇占比分别为 27.29%、17.06%、20.73%和 34.92%。耕地资源规模属性介于 0.180～0.584，处于低等级的乡镇为 379 个，主要分布于南京、镇江、无锡、南通、扬州及常州等西南低山丘陵区及沿海平原区。其中，南京、扬州、镇江及南通市域范围内耕地资源规模属性处于低等级的乡镇分别为 47 个、53 个、35 个和 79 个，占比分别为 69.12%、55.79%、57.38%和 54.48%；耕地资源规模属性介于 0.584～0.633，处于较低等级的乡镇共计 237 个，主要分布于扬州北部、泰州南部、盐城西部等里下河平原、沿江平原及沿海平原区，占比分别为 26.32%、26.50%和 23.70%；耕地资源规模属性介于 0.633～0.681，处于较高等级的乡镇共计 288 个，主要分布于扬州北部、苏州中西部、泰州中部、淮安东部及北部等环太湖平原区及徐淮平原东南部；耕地资源规模属性介于 0.681～0.934，处于高等级的乡镇共计 485 个，主要分布于徐州、连云港、宿迁及淮安等徐淮平原大部分及里下河平原西部和东部地区。其中，连云港、宿迁、徐州

市域范围内资源规模属性处于高等级的乡镇分别为 79 个、88 个和 99 个，占比分别为 72.48%、75.86%和 70.21%，区域耕地资源规模性较好，农业优势明显。

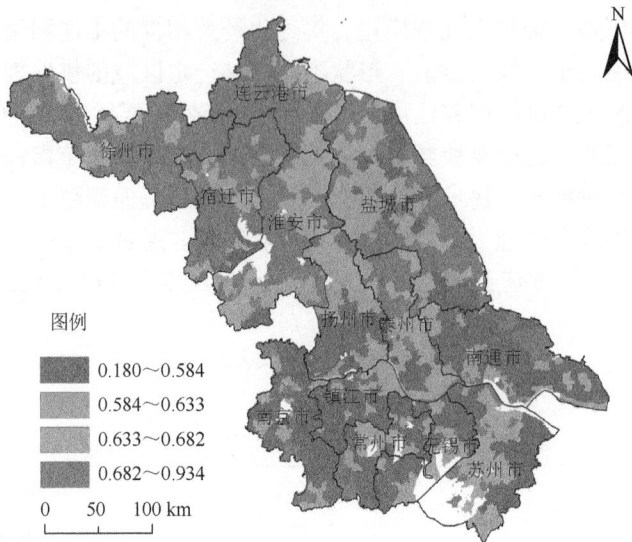

图 2-8　江苏省耕地细碎化资源规模性分布图

2）空间集聚性分析

耕地细碎化造成地块零散、分散，难以实现规模化经营。耕地细碎化程度越严重，耕地斑块越分散，集聚性越差。耕地的集聚状况能够在一定程度上反映耕地的细碎化状况，因此选取聚集度、平均最近距离、边界密度等指标表征耕地的空间集聚性。耕地聚集度越高，耕地分布越集中，耕地细碎化程度越低；相邻耕地之间的平均最近距离越小，耕地细碎化程度越低；边界密度越小，耕地细碎化程度越低。通过对表征集聚性的评价指标赋权重，在乡镇尺度将耕地斑块集聚性程度划分为 4 个等级，如表 2-9 所示，分别为 Ⅰ类（0.266～0.690）、Ⅱ类（0.690～0.732）、Ⅲ类（0.732～0.774）、Ⅳ类（0.774～0.959）。

表 2-9　耕地细碎化空间集聚性的等级划分标准

等级		统计标准	空间集聚性范围
Ⅰ	低	[最小值，均值−0.5 标准差]	[0.266，0.690]
Ⅱ	较低	（均值−0.5 标准差，均值]	（0.690，0.732]
Ⅲ	较高	（均值，均值＋0.5 标准差]	（0.732，0.774]
Ⅳ	高	（均值＋0.5 标准差，最大值]	（0.774，0.959]

由图 2-9 可知，江苏省耕地空间集聚性较高，但区域差异明显，总体而言，苏北和苏中高于苏南地区。空间集聚性指数 SAC 最大值为 0.959，最小值为 0.266，均值为 0.732。全省耕地空间集聚属性处于低、较低、较高、高等级的乡镇占比分别为 24.48%、16.99%、22.89%和 35.64%。耕地空间集聚性介于 0.266～0.690，处于低等级的乡镇共计 340 个，主要分布于南京、镇江西部、扬州西南部、苏州东部及南部等地区，地形以低山丘陵及环太湖平原为主。其中，南京、常州、苏州市域范围内，耕地空间集聚属性处于低等级的乡镇分别为 50 个、35 个和 53 个，占比达 73.53%、60.34%和 58.24%，耕地空间布局分散，集聚性较差；耕地空间集聚性介于 0.690～0.732，处于较低等级的乡镇共计 236 个，主要分布于镇江、无锡西部、苏州西部及南通南部等地区，占比分别为 31.18%、32.89%、23.08%和36.55%；耕地空间集聚性介于 0.732～0.774，处于较高等级的乡镇共计 318 个，主要分布于江苏中部的盐城、扬州中东部、泰州南部等沿海沿江平原及里下河平原地区，区域耕地空间集聚性较高；耕地空间集聚性介于 0.774～0.959，处在高等级的乡镇共计 495 个，主要集中在徐州、淮安、宿迁及连云港等徐淮平原及里下河平原地区。其中，宿迁、连云港及徐州市域范围内耕地空间集聚性处于高等级的乡镇分别为 91 个、77 个和 99 个，相应占比达 78.45%、70.64%和 70.21%，区域耕地空间分布集中，连片度高，发展规模农业优势显著。

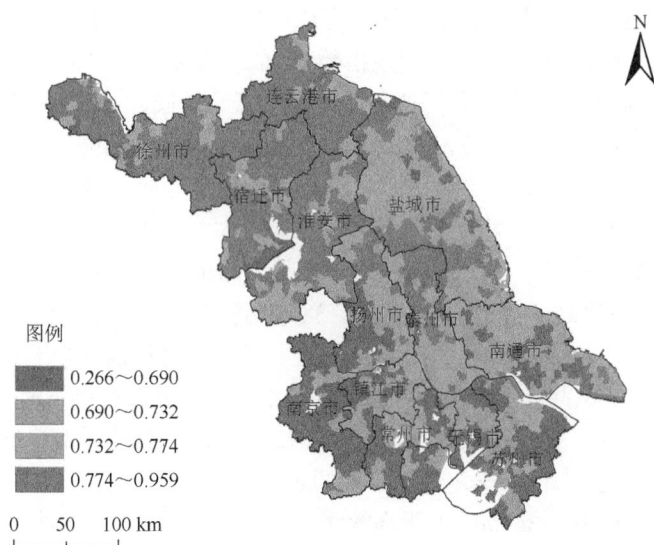

图 2-9　江苏省耕地细碎化空间集聚性分布图

3）利用便利性分析

耕地细碎化除了造成地块规模偏小、地块分散、形状不规整等问题以外，也会影响土地的流转，限制土地的规模化、集约化生产，导致农业生产经营便利性降低。耕地的便利性主要体现在距农村居民点、城镇或城市的距离及田间道路、沟渠等农用设施的便利程度等方面。因此，选取地块通达度、形状规整度、设施完备度等指标表征从事农业生产活动的便利程度。耕地地块通达度越高，表示便利性越好，耕地细碎化程度越低；耕地形状规整度指数越大，表明耕地的形状越规则，耕地细碎化程度越低；耕地设备完备度越大，农业生产活动越便利，耕地细碎化程度越低。通过对表征便利性的评价指标赋权重，在乡镇尺度将耕地斑块便利性程度划分为 4 个等级，如表 2-10 所示，分别为 I 类（0.009～0.321）、II 类（0.321～0.392）、III 类（0.392～0.463）、IV 类（0.463～0.750）。

表 2-10　耕地细碎化利用便利性的等级划分标准

等级	统计标准	利用便利性范围
I	低	[最小值，均值−0.5 标准差]	[0.009，0.321]
II	较低	（均值−0.5 标准差，均值]	(0.321，0.392]
III	较高	（均值，均值＋0.5 标准差]	(0.392，0.463]
IV	高	（均值＋0.5 标准差，最大值]	(0.463，0.750]

　　江苏省耕地资源的生产利用便利程度总体呈现与耕地规模状况及集聚状况相反的格局特征（图 2-10）。利用便利性指数 UCC 最大值为 0.750，最小值为 0.009，均值为 0.392。全省耕地生产利用便利程度处于低、较低、较高、高等级的乡镇占比分别为 23.54%、24.62%、27.29% 和 24.55%，两极分化明显，地域差异较大。耕地生产利用便利程度介于 0.009～0.321，处于较低等级的乡镇共计 327 个，主要集中在镇江西部、南通南部、泰州北部及盐城大部分地区。其中镇江、南通、泰州及盐城市域范围内，利用便利程度处于低等级的乡镇分别为 26 个、58 个、45 个和 87 个，占比达 42.62%、40.00%、38.46% 和 50.29%，区域农业基础设施建设较为滞后，生产利用便利程度较低；耕地生产利用便利程度介于 0.321～0.392，处于较低等级的乡镇共计 342 个，分布较为分散，主要分布在里下河平原及沿海平原等地区；耕地生产利用便利程度介于 0.392～0.463，处于较高等级的乡镇共计 379 个，相对集中分布在淮安东北部、南通东北部、徐州中东部地区；耕地生产利用便利程度介于 0.463～0.750，处于高等级的乡镇共计 341 个，多地处环太湖平原、宜溧低山丘陵和沿江平原，集中在无锡、南京北部、南通西部、连云港北部、宿迁东北部及扬州大部分地区。其中，连云港、无锡及扬州市域范围内耕地生产利用程度处于高等级的乡镇分别为 41 个、25 个和 54 个，相应占比达 37.61%、32.89% 和 56.84%，区域农业基础设施配套完善，农业生产、经营利用的便利程度高。

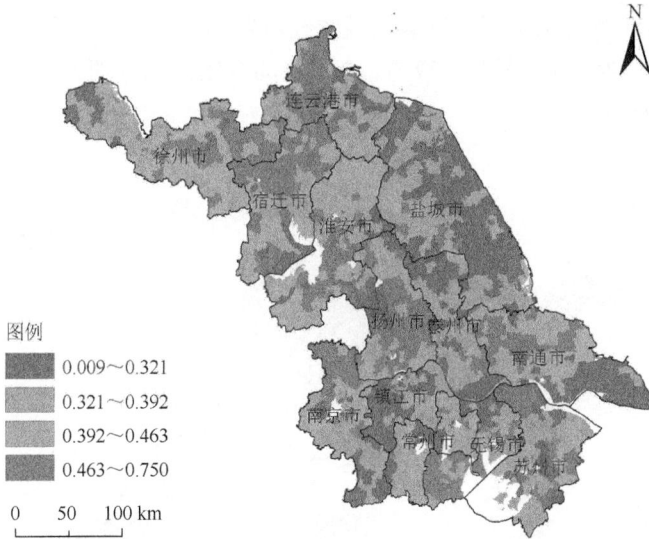

图 2-10　江苏省耕地细碎化利用便利性分布图

4）耕地细碎化综合分析

在单指标评价与组合指标评价基础上，进一步分析江苏省土地细碎化的程度及分布状况。综合考虑耕地资源规模性、空间集聚性、利用便利性，基于 ArcGIS 工具，用自然断点法将耕地细碎化程度分为 4 个等级，如表 2-11 所示，分别为 I 类（0.256～0.376）、II 类（0.376～0.408）、III 类（0.408～0.440）、IV 类（0.440～0.693）。类别越高（即数值越高）表明细碎化程度越严重。

表 2-11　耕地细碎化综合等级划分标准

等级		统计标准	资源规模性范围	空间集聚性范围	利用便利性范围	耕地细碎化范围
I	低	[最小值，均值−0.5 标准差]	[0.180，0.584]	[0.266，0.690]	[0.009，0.321]	[0.256，0.376]
II	较低	（均值−0.5 标准差，均值]	(0.584，0.633]	(0.690，0.732]	(0.321，0.392]	(0.376，0.408]
III	较高	（均值，均值 + 0.5 标准差]	(0.633，0.681]	(0.732，0.774]	(0.392，0.463]	(0.408，0.440]
IV	高	（均值 + 0.5 标准差，最大值]	(0.681，0.934]	(0.774，0.959]	(0.463，0.750]	(0.440，0.693]

通过上述分析，江苏省耕地细碎化整体分布状况如图 2-11 所示，在对资源规模性、空间集聚性及利用便利性进行分项测度的基础上，集成测算江苏省耕地细碎化指数。通过测算，乡镇尺度下，江苏省耕地细碎化整体呈现由北向南逐渐加重趋势，耕地细碎化指数（CLFI）最大值为 0.693，最小值为 0.256，均值为 0.408，全省耕地细碎化地域分异规律显著。从空间分布上看，江苏省耕地细碎化指数呈现从北到南逐渐增加的空间格局特征，表现为北部的低值聚集区和西南部的高值

聚集区，这与江苏省由南至北逐级递减的经济发展格局基本一致。从各等级乡镇的数量结构看，处于低、较低、较高、高等级的乡镇占比分别为31.22%、21.45%、15.98%和30.45%。

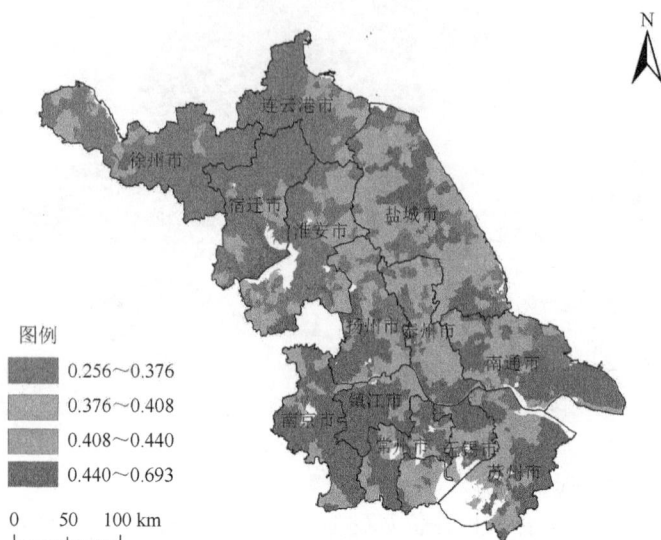

图2-11　江苏省耕地细碎化整体分布状况

　　耕地细碎化指数介于 0.256～0.376，处于低等级的乡镇共计 446 个，集中分布于徐州、宿迁、连云港及淮安中部等地区，地形以平原为主，区域耕地规模性较好、空间分布集聚、细碎化程度低，农业生产的机械化、规模化、产业化经营优势明显；耕地细碎化指数介于 0.376～0.408，处于较低等级的乡镇共计 298 个，主要分布于淮安、扬州、泰州及盐城西北部等地区；耕地细碎化指数介于 0.408～0.440，处于较高等级的乡镇共计 222 个，空间分布相对分散，主要分布于常州、无锡、泰州南部、盐城中部、南通北部、苏州中部及镇江东部等地区；耕地细碎化指数介于 0.440～0.693，处于高等级的乡镇共计 423 个，集中分布于南京南部、镇江西南部、扬州西北部、宿迁南部、南通东南部及苏州中东部等地区，地形以低山丘陵、沿海平原及环太湖平原为主，区域经济发展水平较高，但耕地分布较为分散、破碎，集聚性较弱，耕地规模性较低，细碎化程度较高，农业生产的规模化、机械化发展优势不足。

2.2.4　产能效益特征

　　耕地产能是指耕地在一定条件下的粮食等作物产出能力，通常分为耕地理论产能、可实现产能和实际产能（伍育鹏等，2008）。耕地理论产能主要是指在理想的光、温、水条件下的生产潜力，是特定区域耕地产能的极大值，是产能的上限，在现实社会中无法实现；耕地可实现产能则是在理论产能的基础上加入土壤因素后的产出能力，该产能低于理论产能，同时与社会经济条件密切相关；耕地实际产能则是指在当前的社会经济条件下已经取得的产出能力，一般以标准粮单产或总产来表示，耕地产能受自然条件和社会经济发展水平的双重因子制约。20 世纪60～70 年代，国际生物学计划（International Biological Programme，IBP）在全球范围内对作物产量进行了一次大规模的测定和普查，建立了基于作物产量与环境因子关系，用于估算作物生产力的经验或机理数学模型，并逐步形成了利用机理模型估算作物生产潜力的基本思路。随着对作物生长机理的深入研究，人们将作物生长机理模型应用于产能估算，从作物生产潜力入手构建作物产量预测模型，分析作物在光、温、土、气、水等自然要素不同条件下的生产能力。目前耕地产能监测和估算的方法有基于统计模型的估产方法、基于遥感信息的估产方法、基于作物生长模型的估产方法和基于作物生长模型与 GIS 等遥感数据相结合的估产方法等。

随着遥感技术的快速发展，遥感影像的时空分辨率有了较大的提升，高时空分辨率的遥感影像可以客观、准确、快速地反映大范围的地面信息，目前已被广泛应用于作物估产和长势监测。农作物遥感估产的常见做法是建立基于植被指数的遥感估产模型，利用遥感影像光谱信息反演植被指数，然后建立植被指数与产量的关系模型，从而得到最终的粮食产量。植被指数是对植被浓密程度和生长状况的一种体现，利用植被指数可以进行有效植被信息的提取。植被指数种类繁多，而归一化植被指数（NDVI）和增强型植被指数（EVI）在作物估产和监测方面的应用最为广泛和有效，其与农业产能之间的显著相关性也已被国内外学者广泛证明。然而，当前的耕地产能遥感监测和估算大多是针对特定区域下的特定作物类型进行建模，而不同区域具有不同的环境特点，这就使得建立的估算模型缺乏普适性和推广性。此外，目前有关耕地产能估算和变化的研究大多是针对耕地整个生产过程，并未考虑耕地在不同熟制、不同生产阶段下的产能变化。一定数量和质量的耕地是保障粮食安全的前提，探究耕地在不同熟制下的产能变化及潜力特征，对提升江苏省耕地产能、开展高标准农田建设和监测以及保障粮食安全等具有重要理论指导意义和实践应用价值。

1. 耕地产能研究思路

EVI 在一定程度上可以反映作物的生长情况，且相关研究（Ding et al.，2015）表明作物在关键生育期的生长情况决定了作物的最终产量。因此，本研究以作物处于其生长关键期的时长即最优生长时长（most active days，MAD）表征作物产量即耕地产能，通过 MAD 的变化反映研究区耕地产能的变化情况及其潜力特征。此外，考虑到不同作物类型的 MAD 不具有可比性和可加性，加之当下缺乏较高精度的作物分类成果，故本书设定了研究的前提假设，即在研究时段内，江苏省主要作物类型未发生改变。如此一来，耕地复种指数变化区域不在本次研究考虑范围。因此，本书研究重点在于利用作物 MAD 探究 2001~2017 年江苏省复种指数不变区域下耕地在不同熟制下的产能变化情况及其潜力特征。

本研究思路如图 2-12 所示。首先，利用 MODIS 反射率数据，结合土地利用数据，得到研究区耕地 EVI 数据，接着利用 S-G 滤波方法对 EVI 数据进行去噪，重建作物 EVI 生长曲线；其次，考虑到气候因素对作物产量可能产生的影响，本研究采用移动窗口法，以 7 年为移动窗口，对 EVI 曲线进行滑动平均处理（T_1：2001~2007 年；T_2：2002~2008 年；…；T_{11}：2011~2017 年，共 11 期）；再次，基于作物 EVI 生长曲线，利用二次差分法提取 11 期耕地复种指数（multi-cropping index，MCI），进一步确定研究区复种指数未变化区域；最后，利用阈值法提取复种指数不变区域下作物 MAD，结合 MCI 和 MAD 的变化探究江苏省耕地产能变化的空间格局与潜力特征。

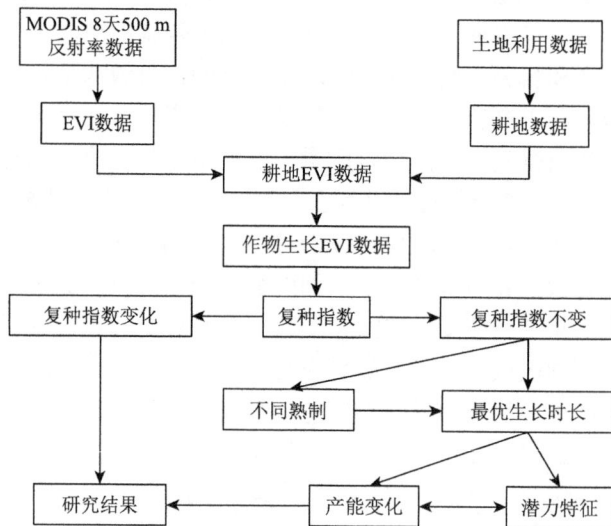

图 2-12　耕地产能评估研究思路

2. 耕地产能评估方法

1）复种指数提取

EVI 数据在采集与处理过程中会受到各种因素的干扰，从而造成 EVI 曲线季节变化不明显，需对数据进行去噪重建。针对 EVI 去噪平滑的方法有多种，研究参考丁明军等（2015）的研究成果，采用 S-G 滤波对 EVI 曲线进行平滑重构。同时，进一步采用移动窗口法对 EVI 曲线进行滑动平均处理，得到平滑后的 EVI 生长曲线。根据平滑后的 EVI 生长曲线与复种指数的关系，可知复种指数就是 EVI 曲线的波峰频数，采用二次差分法进行波峰频数的提取。每一个像元的 EVI（V_{EVI}）曲线可视为若干个元素的离散点序列。二次差分法原理如下：首先，由式（2-5）计算相邻 EVI 之差，得到序列 S_1；接着由式（2-6）判断 S_1 中数据的符号，若为正则记为 1，为负则记为 -1，得到序列 S_2；最后求 S_2 前后元素之差。式中，i 代表序列中第 i 个元素。作物生长曲线的波峰出现在序列 S_3 中元素值为 -2 且前后元素值皆为 0 的位置。

$$S_{1i} = V_{EVIi} - V_{EVIi-1} \tag{2-5}$$

$$S_{2i} = \begin{cases} -1, & S_{1i} < 0 \\ 1, & S_{1i} > 0 \end{cases} \tag{2-6}$$

$$S_{3i} = S_{2i+1} - S_{2i} \tag{2-7}$$

由于该方法提取复种指数时易受"干扰峰"（包括：EVI 值波动形成的"峰"，生长季之外的"峰"等）的影响，为了减少复种指数提取误差，本研究中波峰的 EVI 数值要大于 0.32，且以 EVI 最大值为年内主峰，次峰与主峰之间的时间间隔需大于 40 天（即 5 个 8 天合成的 EVI 数据），同时限定峰值出现的时间需在 3～10 月。

2）最优生长时长提取

基于作物 EVI 生长曲线，采用阈值法逐个像元提取作物最优生长时长，其算法原理如下：首先，根据复种指数，确定生长周期个数；对某一生长周期，将 11 期（$T_1 \sim T_{11}$）作物生长曲线上的所有 EVI 值从小到大排序，将处于整个数据序列 80% 位置上的 EVI 值作为阈值 P；接着将 T_1 时段作物生长曲线上的 EVI 值逐个与阈值 P 进行比较，若 EVI 值大于阈值 P，则 MAD 累加 1，如此反复，直到 T_1 时段内所有 EVI 值全部完成比较，得到 T_1 时段作物 MAD，如此循环，直至 T_{11}。计算公式如下：

$$MAD = \sum_{i=1}^{n} 1\{y(x,i) > P\} \tag{2-8}$$

式中，y 为 EVI 值；x 为研究期数，即 $T_1 \sim T_{11}$；i 为天数；n 为一年的天数即 365；P 为阈值。

3）耕地产能变化分析

基于提取的作物 MAD，采用简单差值法和一元线性回归方法分析 2001～2017 年江苏省耕地产能变化过程和变化趋势。

简单差值法，是将单个像元不同时期的 MAD 值进行相减，利用 MAD 值之间的差值来衡量变化的大小，其能够直接反映耕地产能的变化过程与特征，计算公式如下：

$$D_{ij} = \text{MAD}_{ij}^{T_{n+1}} - \text{MAD}_{ij}^{T_n} \tag{2-9}$$

式中，D_{ij} 为第 i 行第 j 列像元的 MAD 差值；$\text{MAD}_{ij}^{T_{n+1}}$ 为第 i 行第 j 列像元 T_{n+1} 时期的 MAD 值；$\text{MAD}_{ij}^{T_n}$ 为第 i 行第 j 列像元 T_n 时期的 MAD 值，$n = 1, 2, 3, \cdots, 11$。

本研究采用一元线性回归方法反映江苏省耕地产能在 17 年内的变化趋势，将单个像元上 11 个 MAD 值进行线性拟合，以拟合方程的斜率 Slope 表征产能的变化趋势，Slope 为正表示产能上升，Slope 为负表示产能下降，其绝对值越大，产能的变化越剧烈。同时，利用 MAD 序列与时间序列的 Pearson 相关关系（P 值）的显著性表示产能变化趋势的显著性，本书以 $P < 0.05$，视为有统计学意义，即 $P < 0.05$ 表示产能显著变化，$P > 0.05$ 表示产能无显著变化。

结合一元线性拟合方程斜率 Slope 和变化趋势的显著性检验 P 值，本书将产能变化分为三类即产能显著上升（Slope > 0，$P < 0.05$），产能稳定（$P > 0.05$），产能显著下降（Slope < 0，$P < 0.05$）。

4）耕地产能潜力空间估算

（1）产能提升区潜力空间估算。

本研究以 $T_1 \sim T_{11}$ 时段内作物 MAD 平均值表征耕地产能平均水平，以 $T_1 \sim T_{11}$ 时段内作物 MAD 最大值表征耕地最大可实现产能，产能提升区潜力空间是指 $T_1 \sim T_{11}$ 时段内平均产能相较于最大可实现产能的差值与平均产能之间的比值，即

$$潜力空间 = \frac{|\text{MAD}_{\text{max}} - \text{MAD}_{\text{mean}}|}{\text{MAD}_{\text{mean}}} \times 100\% \tag{2-10}$$

式中，MAD_{max} 为 $T_1 \sim T_{11}$ 时段内耕地最大可实现产能；MAD_{mean} 为 $T_1 \sim T_{11}$ 时段内耕地平均产能。

（2）产能下降区潜力空间估算。

以 $T_1 \sim T_{11}$ 时段内作物 MAD 最大值表征耕地最大可实现产能，T_{11} 时段作物 MAD 表征实际产能。产能下降区潜力空间是指 T_{11} 时段实际产能相较于最大可实现产能的差值与最大可实现产能之间的比值，即

$$潜力空间 = \frac{|\text{MAD}_{T_{11}} - \text{MAD}_{\text{max}}|}{\text{MAD}_{\text{max}}} \times 100\% \tag{2-11}$$

式中，MAD_{max} 为 $T_1 \sim T_{11}$ 时段内耕地最大可实现产能；$\text{MAD}_{T_{11}}$ 为 T_{11} 时段耕地产能。

3. 耕地产能变化结果

1）复种指数变化分析

基于上述复种指数提取方法，得到 2001～2017 年 11 期江苏省耕地复种指数。

为了进一步获取 11 期复种指数中的不变区域，本研究将每期复种指数下各熟制单独提取（一年一季、一年两季），得到各熟制的 11 期图像；然后，在 ArcGIS 10.2 中分别对各熟制的 11 期图像求其交集，得到各熟制在 2001～2017 年的复种指数不变区域；最后，将各熟制不变区域进行镶嵌处理，得到复种指数不变区域，进而确定复种指数不变区域下的作物熟制，结果如图 2-13 所示。

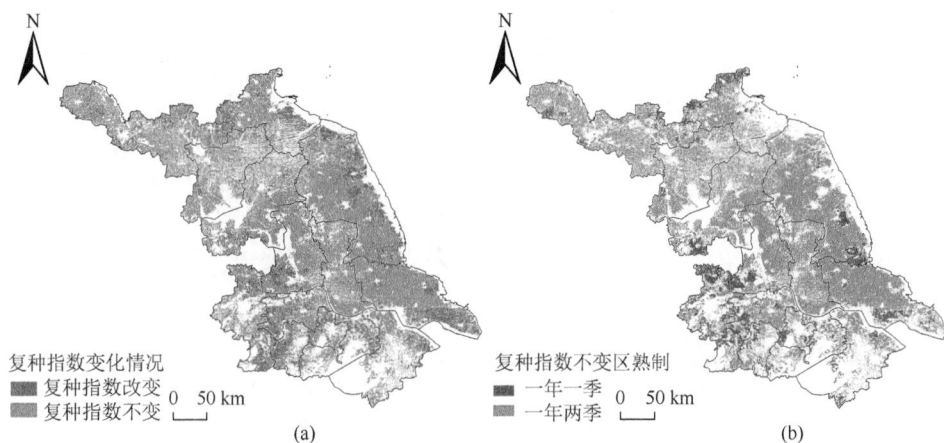

图 2-13　2001～2017 年江苏省复种指数变化空间分布图

2001～2017 年江苏省耕地复种指数大部分地区未发生明显变化，复种指数变化区域主要集中于苏南及东部沿海地区；经统计发现，耕地复种指数不变区占总耕地面积的 83.8%，复种指数变化区占 16.2%；就复种指数不变区而言，其主要熟制为一年一季和一年两季，其中以一年两季为主，一年一季作物主要分布于苏南地区及连云港市北部地区；经统计，熟制为一年两季的耕地占总耕地面积的 68.7%，占复种指数不变区耕地总面积的 82%；熟制为一年一季的耕地占总耕地面积的 15.1%，占复种指数不变区耕地总面积的 18%。综上可知，2001～2017 年江苏省超过 80%的耕地复种指数未发生变化，熟制以一年两季及一年一季为主。

2）单季作物产能变化与潜力特征分析

在确定复种指数不变区域的基础上，基于 EVI 生长曲线提取单季作物 MAD，得到 2001～2017 年 11 期单季作物 MAD 的空间分布（图 2-14），苏南地区单季作物产能普遍高于苏北地区。

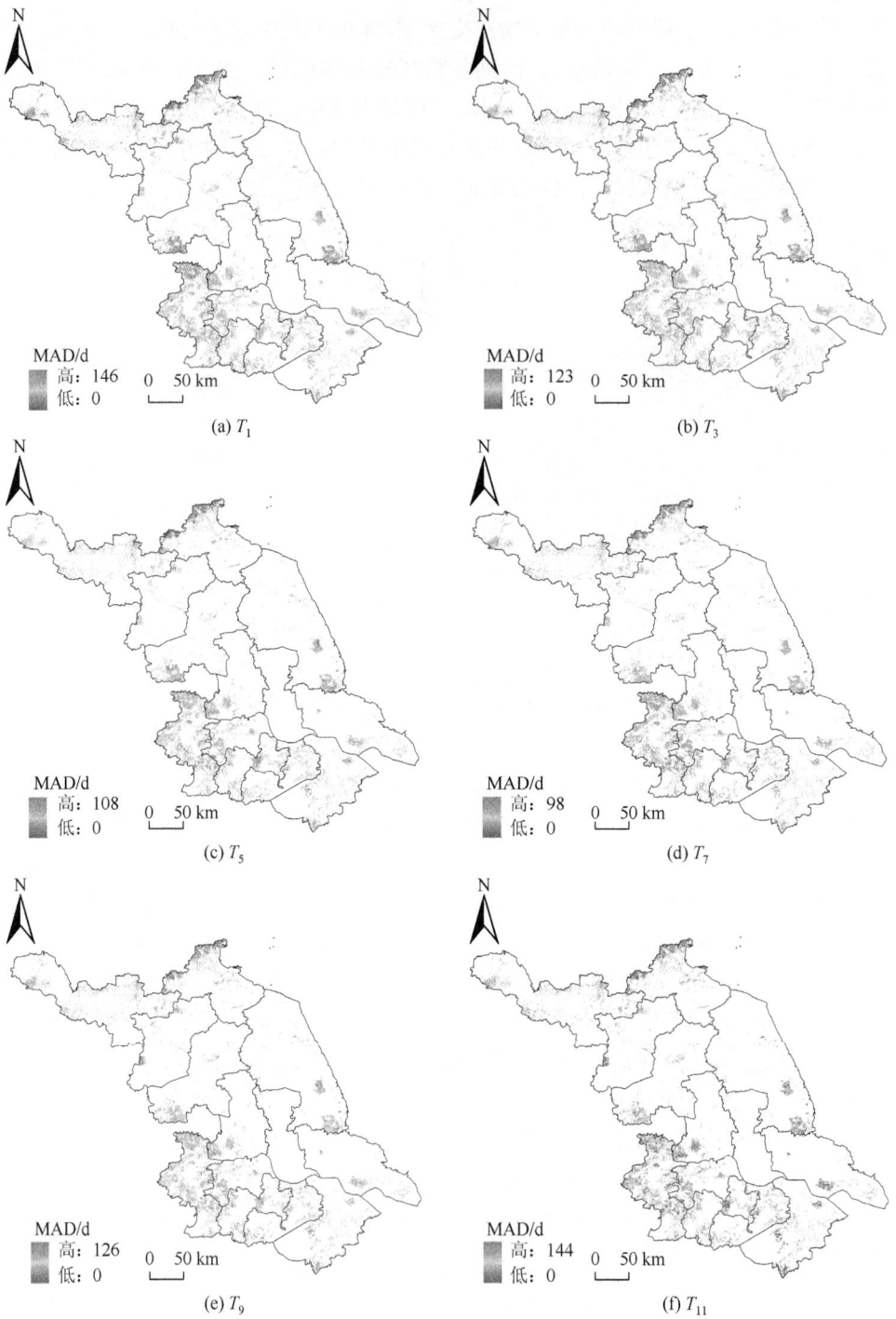

图 2-14　复种指数不变区域下单季作物 MAD 空间分布图

为进一步分析 2001~2017 年江苏省单季作物产能变化过程，采用简单差值法，将 11 期单季作物 MAD 两两作差（P_1: T_2-T_1; P_2: T_3-T_2; …; P_{10}: $T_{11}-T_{10}$; 共 10 期），结果如图 2-15 所示。从 MAD 变化的空间分布可知，单季作物产能下降区主要分布于苏南地区。与此同时，对 MAD 变化值进行统计分析，得到作物产量变化情况。

2001~2017 年江苏省大部分单季作物产能呈下降趋势，产能下降区面积占单季作物耕地总面积的平均比例超过一半，为 60%，P_7~P_{10} 产能波动趋于平稳。除 P_2、P_3、P_6 三期，其余七期产能下降区面积占比均超过单季作物总耕地面积的一半，其中 P_9 最大，为 69.7%；P_{10} 次之，为 69.2%。

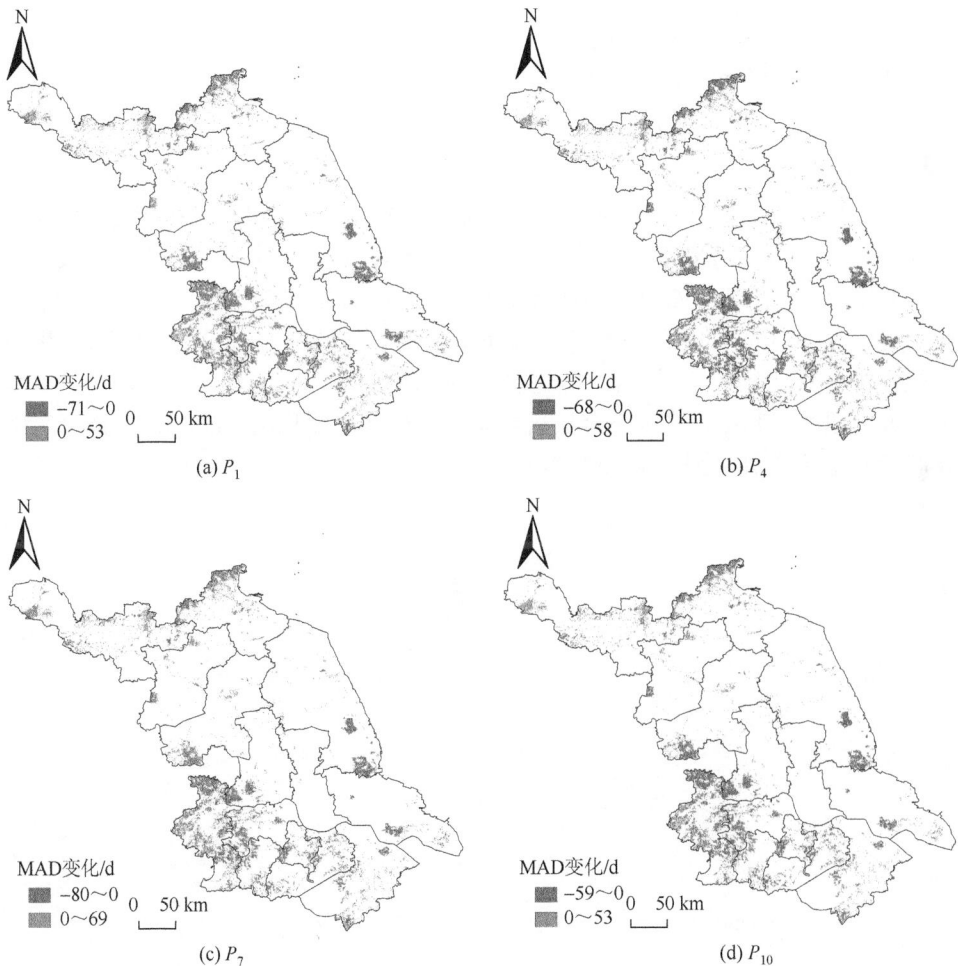

(a) P_1　　　(b) P_4　　　(c) P_7　　　(d) P_{10}

	P_1	P_2	P_3	P_4	P_5	P_6	P_7	P_8	P_9	P_{10}
MAD减少/%	−58.4	−48.8	−44.4	−67.9	−69.3	−45.3	−62.5	−65.1	−69.7	−69.2
MAD增加/%	41.6	51.2	55.6	32.1	30.7	54.7	37.5	34.9	30.3	30.8

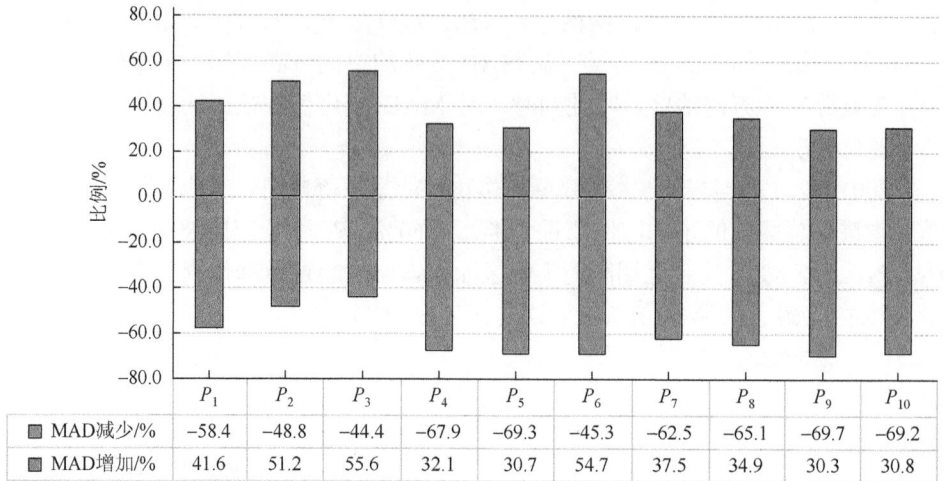

图 2-15 复种指数不变区域下单季作物 MAD 变化过程及统计图

为深入探究 2001～2017 年江苏省复种指数不变区域下单季作物产能总体变化情况，采用一元线性回归方法，结合拟合方程斜率 Slope 和显著性检验 P 值反映产能的变化趋势，其结果如图 2-16 所示。经统计，拟合方程 Slope［图 2-16（a）］为正的耕地占 34.1%，负值占 65.9%；就显著性而言［图 2-16（b）］，67.8% 的耕地产能发生显著变化；单季作物产能变化如图 2-15（c）所示，产能下降区主要集中于苏南地区，其中，产能下降区占单季作物耕地总面积的 46.5%，产能上升区及产能稳定区分别占 21.3%、32.2%。

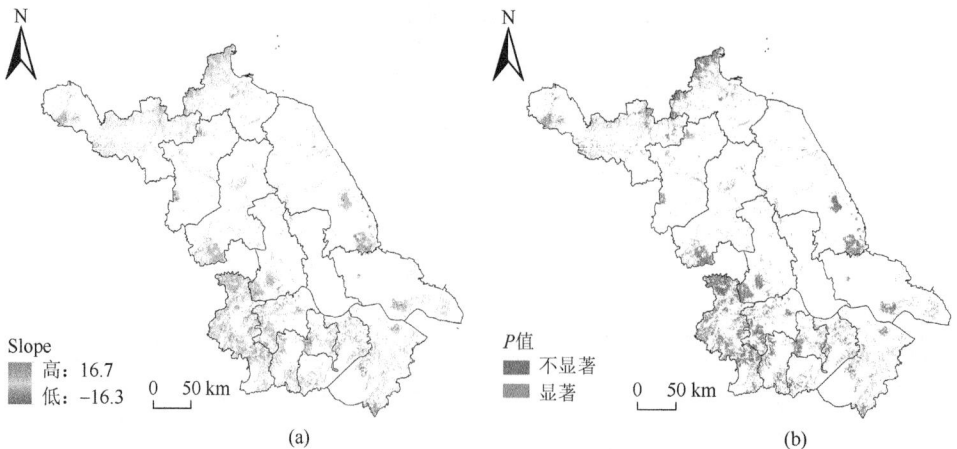

(a)

(b)

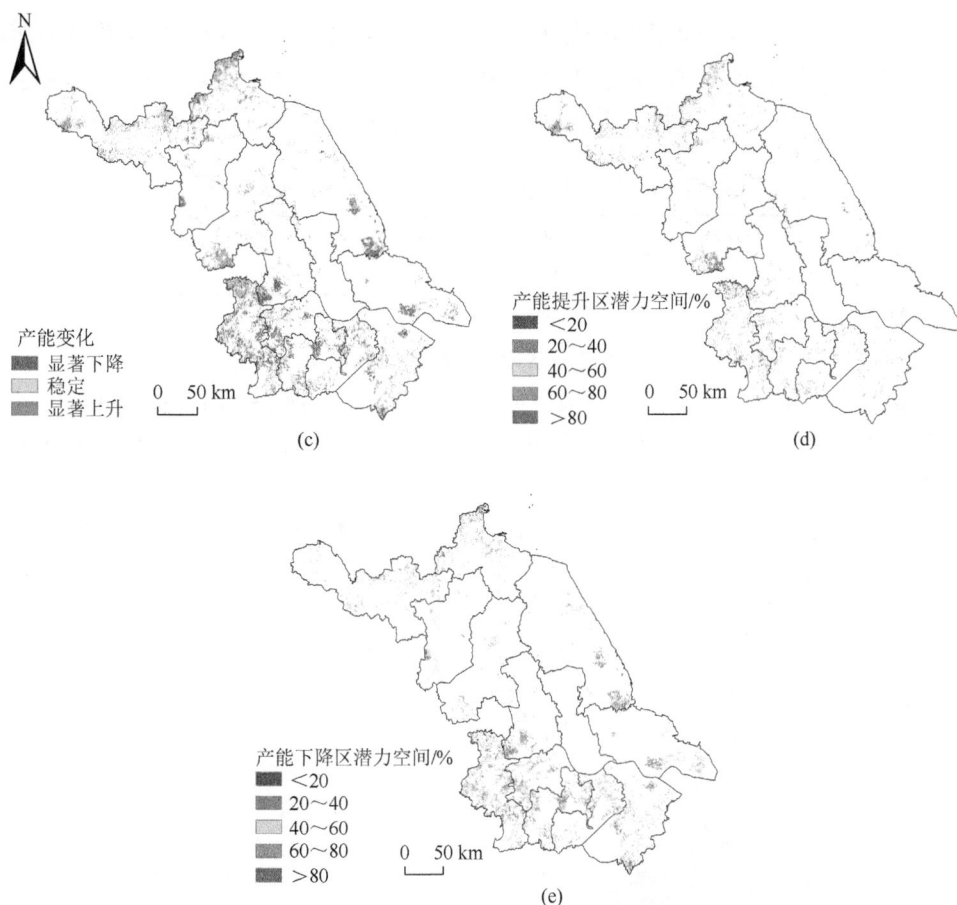

图 2-16　单季作物 MAD 线性拟合斜率、显著性、产能变化及其潜力空间

　　针对产能上升区和下降区，本研究采用上述潜力空间测算方法，对 2001～2017 年江苏省复种指数不变区域下单季作物产能潜力空间进行估算，同时，依据自然断点法将产能上升区及下降区潜力空间划分为 5 个等别，其潜力空间分布如图 2-16 （d）、（e）所示。同时，进一步对其潜力空间进行统计分析，得到不同潜力空间下的耕地占比（表 2-12 和表 2-13）。单季作物产能提升潜力空间介于 0～40% 的耕地占比最大为 77.2%，潜力提升空间大于 80% 的耕地占 4.2%。

表 2-12　单季作物产能提升区潜力空间统计表　　　　（单位：%）

潜力空间	<20	20~40	40~60	60~80	>80
耕地占比	39	38.2	14.2	4.4	4.2

由表 2-13 可知，单季作物产能潜力空间大于 20% 的耕地占单季作物总耕地面积的 95.5%，其中潜力空间介于 40%~60% 的占比最大，为 27.1%，潜力空间大于 80% 次之，为 26.3%。由此表明，江苏省单季作物产能仍具有较大的可提升空间。

表 2-13 单季作物产能下降区潜力空间统计表　　　　　（单位：%）

潜力空间	<20	20~40	40~60	60~80	>80
耕地占比	4.5	22.6	27.1	19.5	26.3

3）双季中第一季作物产能变化与潜力特征分析

基于复种指数不变区域，利用 EVI 生长曲线提取 2001~2017 年江苏省双季中第一季作物 MAD（图 2-17）。由图可知，双季中第一季作物产能整体呈不断上升趋势。

采用简单差值法，将 11 期双季中第一季作物 MAD 两两作差，进一步明晰 2001~2017 年江苏省双季中第一季作物产能变化过程（图 2-18）。同时，对 MAD

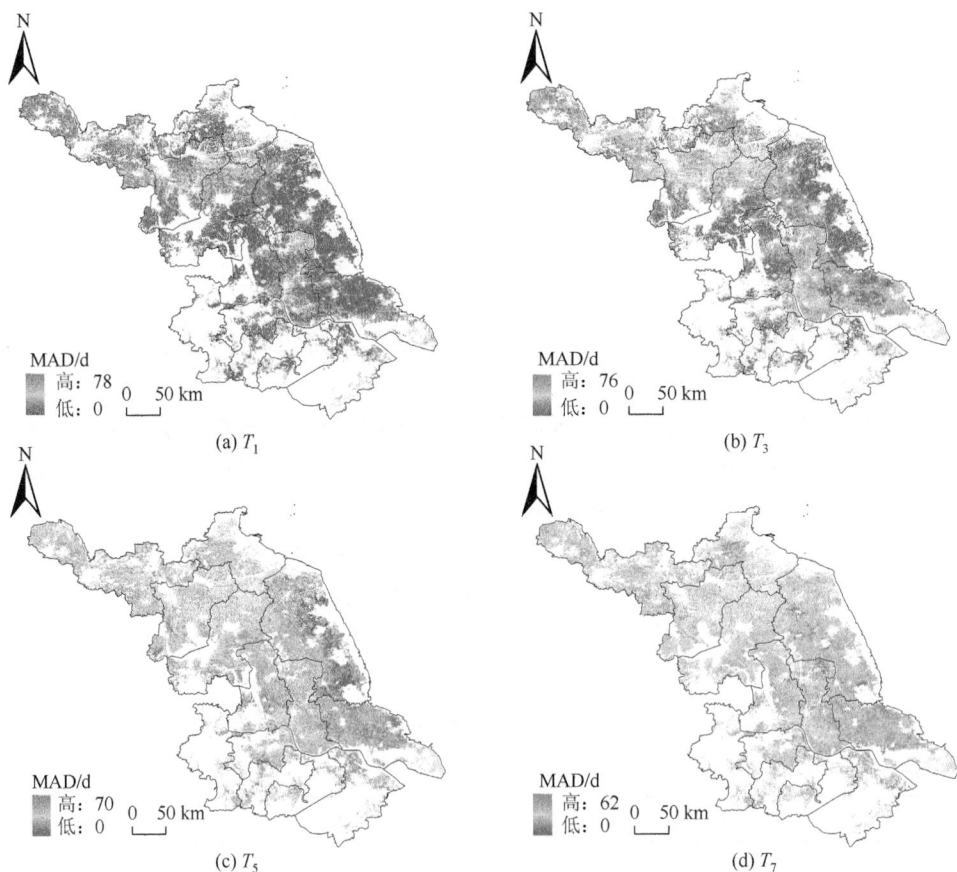

MAD/d
高：78
低：0　　0　50 km

(a) T_1

MAD/d
高：76
低：0　　0　50 km

(b) T_3

MAD/d
高：70
低：0　　0　50 km

(c) T_5

MAD/d
高：62
低：0　　0　50 km

(d) T_7

(e) T_9

(f) T_{11}

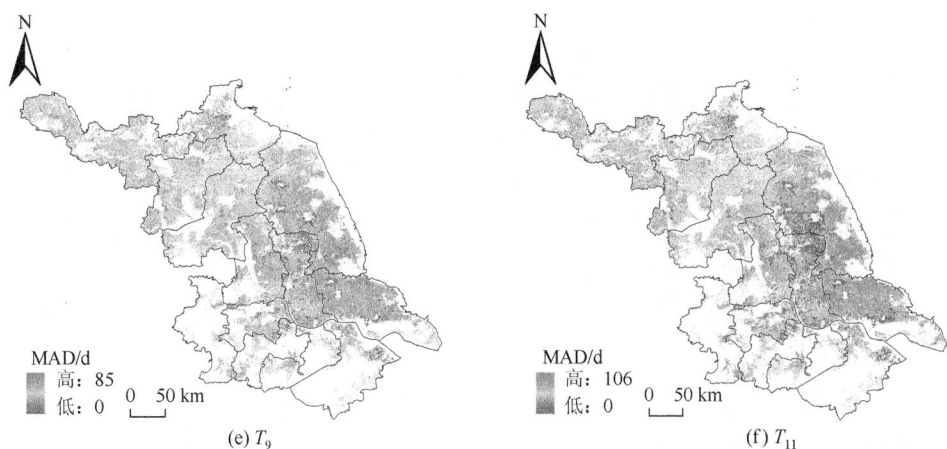

图 2-17　复种指数不变区域下双季中第一季作物 MAD 分布图

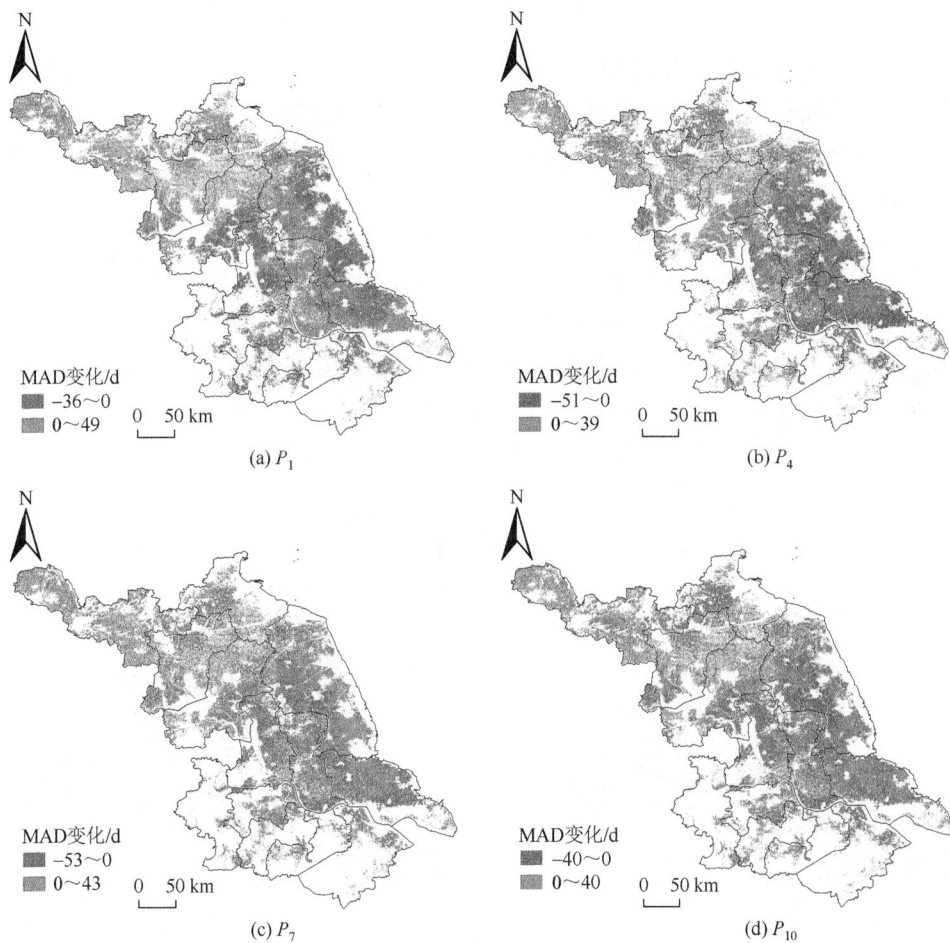

(a) P_1

(b) P_4

(c) P_7

(d) P_{10}

	P_1	P_2	P_3	P_4	P_5	P_6	P_7	P_8	P_9	P_{10}
■ MAD减少/%	−49.7	−45.4	−35.8	−44.9	−26.5	−33.1	−41.6	−53.9	−50.1	−53.3
■ MAD增加/%	50.3	54.6	64.2	55.1	73.5	66.9	58.4	46.1	49.9	46.7

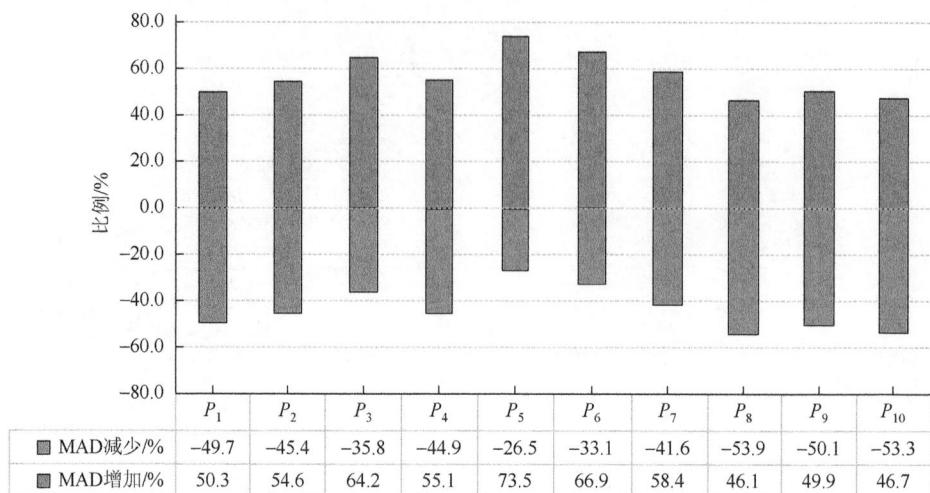

图 2-18　双季中第一季作物 MAD 变化过程及其统计图

变化值进行统计分析，得到 MAD 增减情况。由图可知，产能下降区耕地占双季作物耕地总面积的平均比例达 43.4%，其中 P_8 最大，为 53.9%，P_{10} 次之，为 53.3%。近三期（$P_8 \sim P_{10}$）MAD 变化趋势较为稳定，但 MAD 下降区面积均超过耕地总面积的一半。

采用线性回归分析方法，进一步探究双季中第一季作物产能总体变化趋势，结果见图 2-19。经统计，Slope［图 2-19（a）］为正的耕地占 81.7%，负值占 18.2%，负值区域主要分布于苏中地区；由图 2-19（b）可知，大部分耕地产能发生显著变化，其面积占比 82.7%；双季中第一季作物产能变化情况如图 2-19（c）所示，产能下降区主要集中于苏中的泰州及其周边地区。经统计，产能下降区、产能稳定区及产能上升区分别占双季作物耕地总面积的 10.7%、17.3% 和 72.0%。

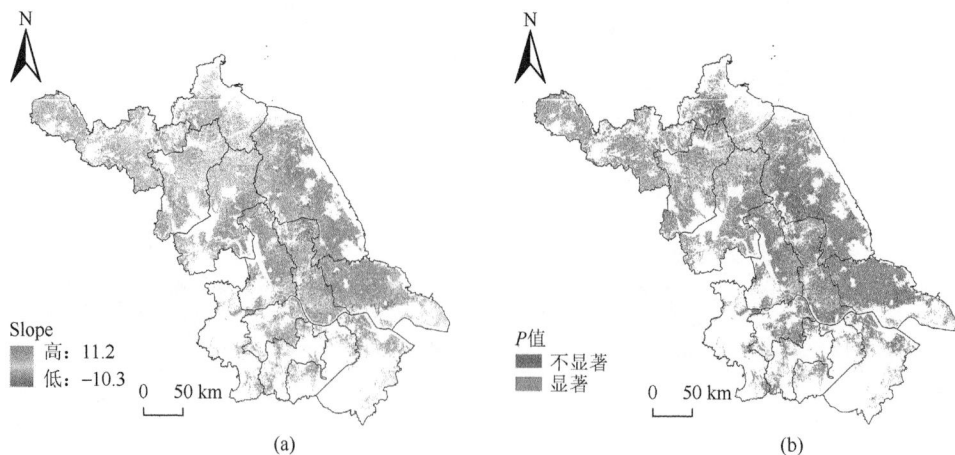

(a)

(b)

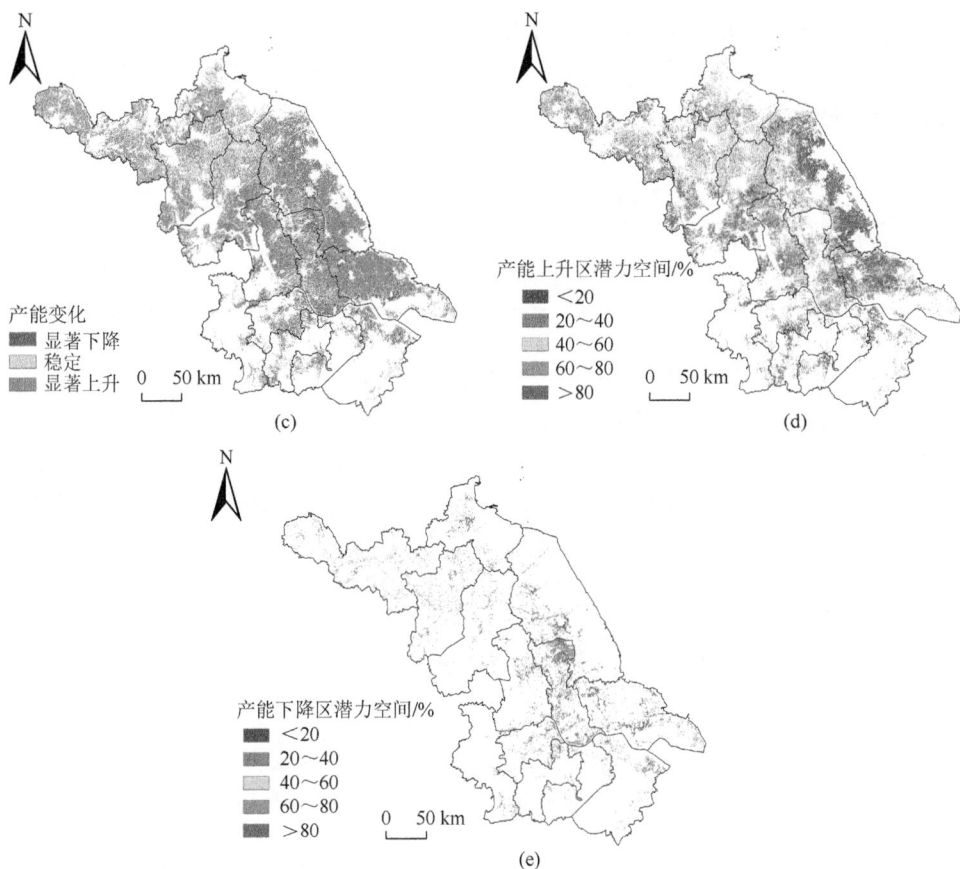

图 2-19　双季中第一季作物 MAD 线性拟合斜率、显著性、产能变化及其潜力空间

双季中第一季作物产能潜力空间分布如图 2-19（d）、（e）所示，从图中可以看出，2001～2017 年江苏省双季中第一季作物产能具有较大潜力空间。进一步对其潜力空间进行统计分析，统计结果见表 2-14 和表 2-15。由表 2-14 可知，双季中第一季作物产能提升潜力空间大于 40%的耕地占比达 88%，其中潜力空间大于 80%的耕地占比最大，为 34.4%。由此表明，江苏省双季中第一季作物产能具有显著提升。

表 2-14　双季中第一季作物产能上升区潜力空间统计表　　　（单位：%）

潜力空间	<20	20～40	40～60	60～80	>80
耕地占比	1.5	10.5	24.8	28.8	34.4

由表 2-15 可知，双季中第一季作物产能下降区潜力空间大于 20%的耕地占双

季作物耕地面积的 99.5%，其中，潜力空间大于 80% 的耕地占比达到 78.1%，其主要分布于泰州周边地区。由此表明，江苏省双季中第一季作物产能具有较大的潜力可提升空间。

表 2-15　双季中第一季作物产能下降区潜力空间统计表　（单位：%）

潜力空间	<20	20~40	40~60	60~80	>80
耕地占比	0.5	4.6	8.8	8.0	78.1

4）双季中第二季作物产能变化与潜力分析

采用相同方法，基于 EVI 生长曲线提取 2001~2017 年江苏省双季中第二季作物 MAD（图 2-20）。由图可知，双季中第二季作物 MAD 空间分布具有明显变化规律，其产能低值区前期主要集中于苏北地区，而后低值区逐渐南移至苏中及苏南地区。

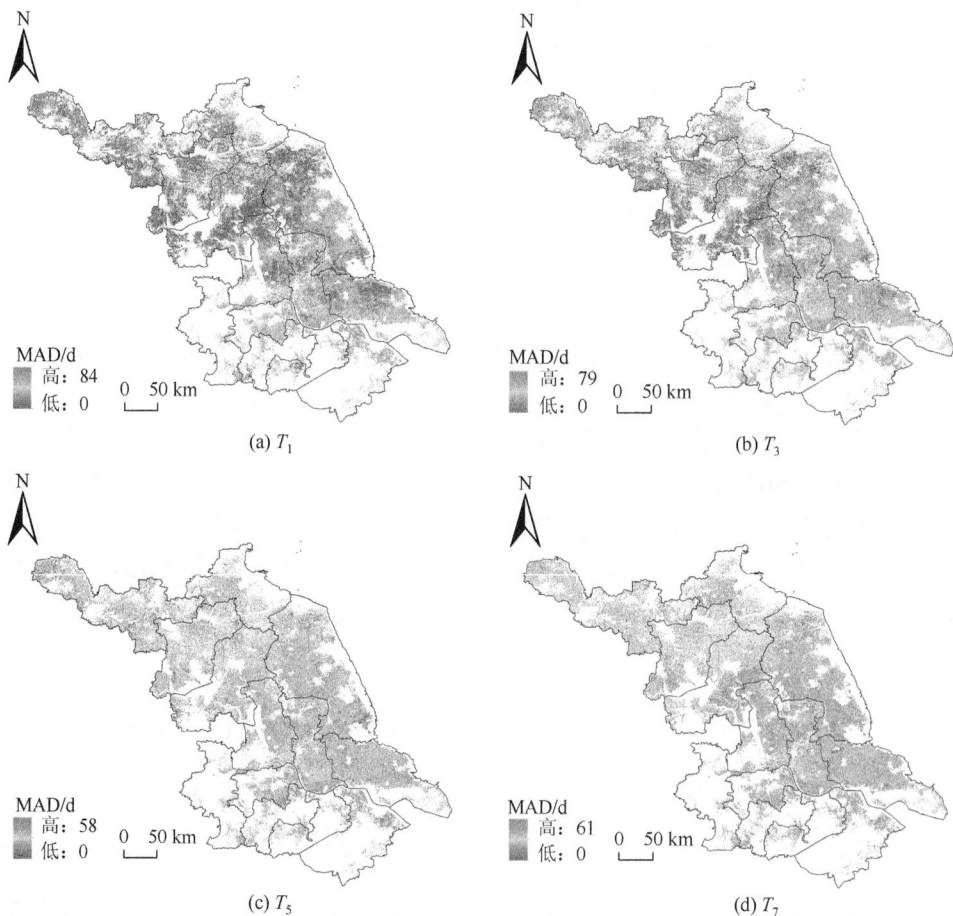

(a) T_1

(b) T_3

(c) T_5

(d) T_7

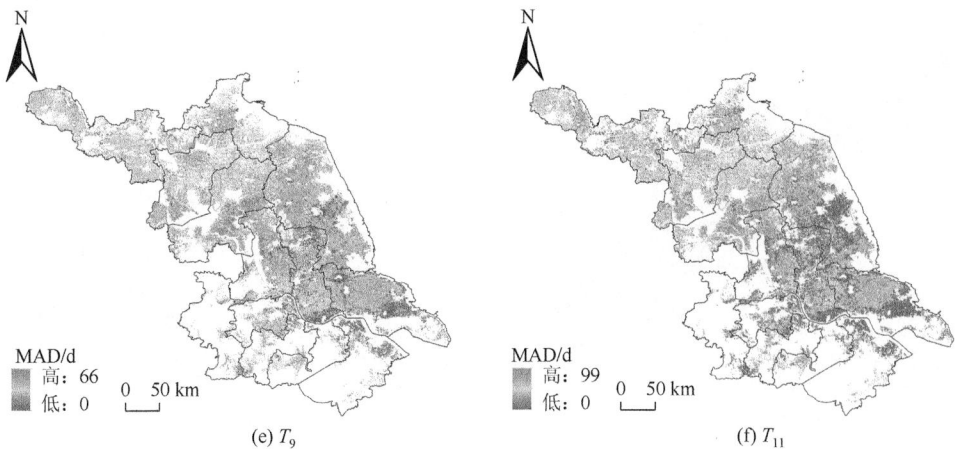

(e) T_9

(f) T_{11}

图 2-20　复种指数不变区域下双季中第二季作物 MAD 分布图

基于简单差值法，将 11 期双季中第二季作物 MAD 两两作差，探究 2001～2017 年江苏省双季中第二季作物产能变化过程，如图 2-21 所示。从空间分布上看，产能下降区主要集中于苏中地区及盐城地区。同时，分别对 MAD 变化值进行统计分析，得到 MAD 增减变化情况（图 2-21），由图可知，产能下降区耕地占双季作物总耕地面积的平均比例超过一半，为 55.6%，其中 P_9 产能下降区所占比例最大，为 70.3%，P_1 次之，为 66.7%。

基于线性回归方法，结合拟合方程斜率 Slope 及显著性检验 P 值，分析得到双季中第二季作物产能总体变化情况（图 2-22）。Slope［图 2-22（a）］为正的耕地占双季作物总耕地面积的 53.6%，主要分布于苏北地区；Slope 负值区域占46.4%，其主要分布于苏中地区；由图 2-22（b）可知，双季中第二季作物产能大部分发生显著变化，经统计，产能显著变化区占总耕地面积的 73.4%；图 2-22（c）

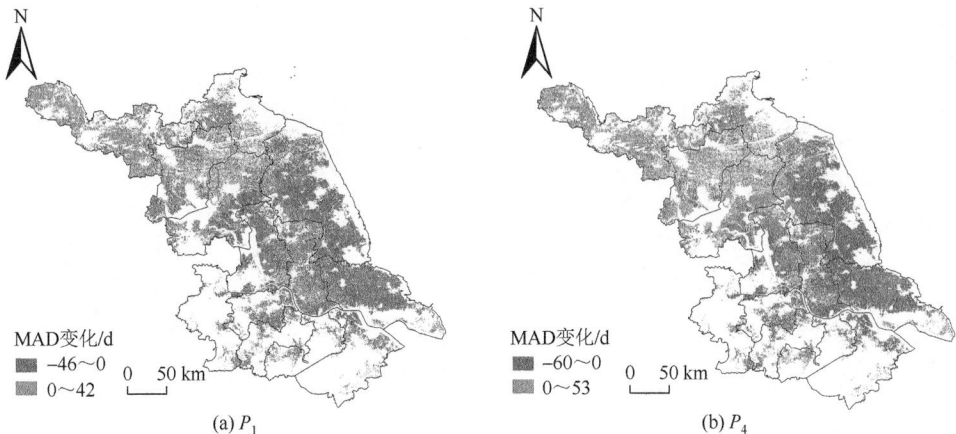

(a) P_1

(b) P_4

(c) P_7

(d) P_{10}

	P_1	P_2	P_3	P_4	P_5	P_6	P_7	P_8	P_9	P_{10}
MAD减少/%	−66.7	−45.8	−31.5	−61.9	−51.9	−52.7	−51.8	−59.4	−70.3	−64.3
MAD增加/%	33.3	54.2	68.5	38.1	48.1	47.3	48.2	40.6	29.7	35.7

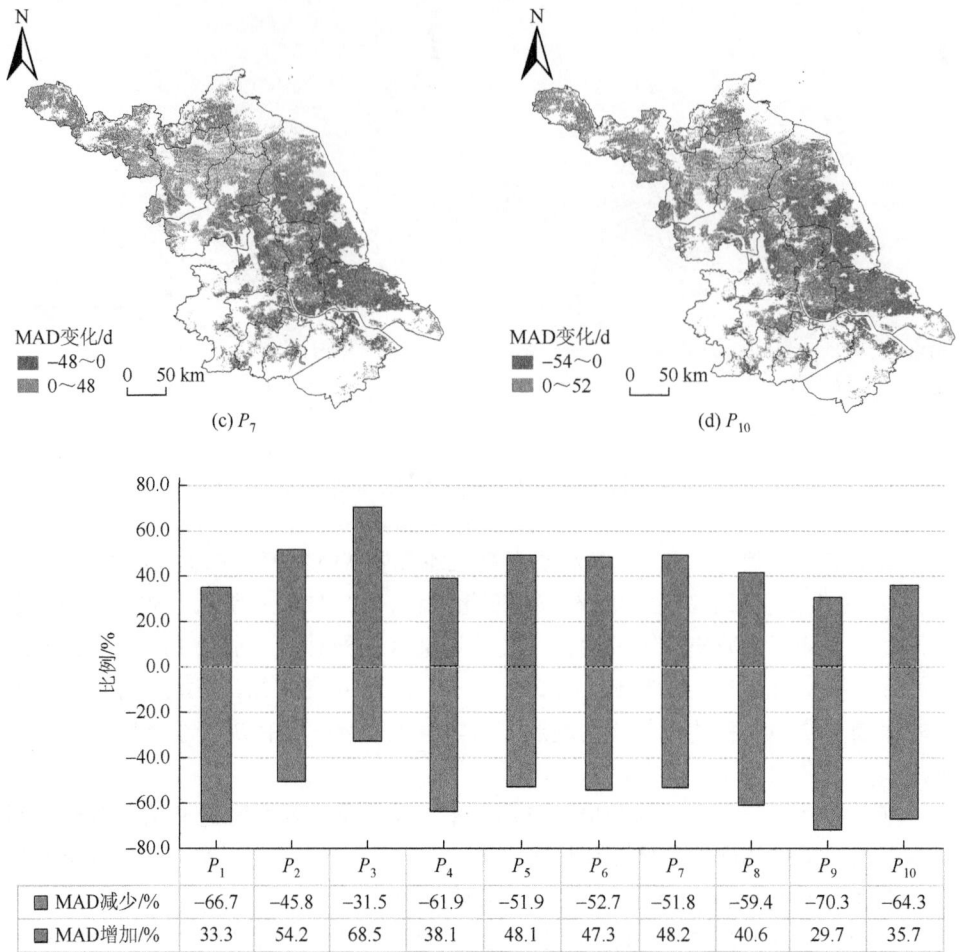

图 2-21　双季中第二季作物 MAD 变化及其统计图

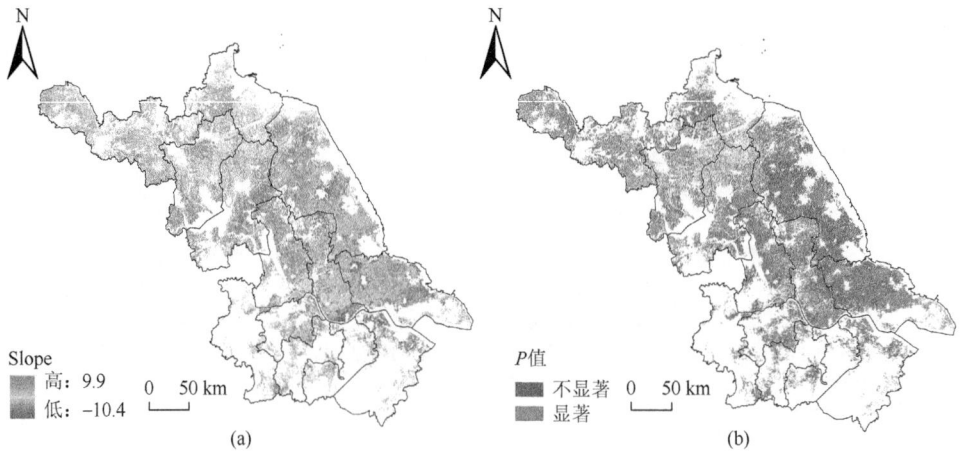

(a)

(b)

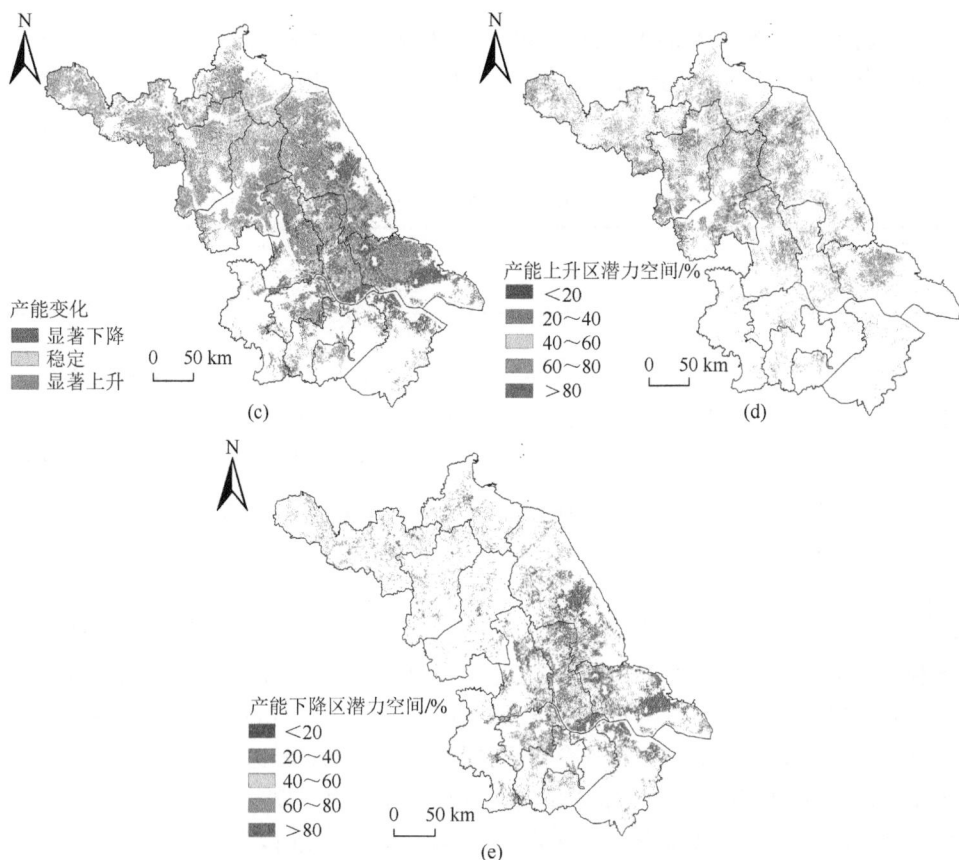

图 2-22　双季中第二季作物 MAD 线性拟合斜率、显著性、产能变化及其潜力空间

表明双季中第二季作物产能变化具有明显空间分异特征，产能上升区主要集中于苏北地区，产能下降区主要集中于苏中地区与盐城南部地区，经统计，产能下降区、无显著变化区及上升区分别占双季作物耕地总面积的 32.5%、26.7% 和 40.8%。

采用潜力测算方法估算了双季中第二季作物产能潜力空间，结果如图 2-22（d）、（e）所示。从图中可以看出，2001～2017 年江苏省双季中第二季作物产能具有较大潜力空间，对其进行统计分析（表 2-16 和表 2-17）。由表 2-16 可知，产能上升区中 80% 的耕地产能提升空间大于 40%，其中，潜力空间大于 80% 的耕地占 19.2%。据此表明，江苏省双季中第二季作物产能提升较显著。

表 2-16　双季中第二季作物产能上升区潜力空间统计表　　（单位：%）

潜力空间	<20	20～40	40～60	60～80	>80
耕地占比	1.5	18.5	33.1	27.7	19.2

由表 2-17 可知，产能下降区中 99.5%的耕地产能潜力大于等于 20%。其中，产能潜力空间大于 80%的耕地达 75.1%。由此表明，江苏省双季中第二季作物产能仍有较大的可提升空间。

表 2-17　双季中第二季作物产能下降区潜力空间统计表　　（单位：%）

潜力空间	<20	20~40	40~60	60~80	>80
耕地占比	0.5	5.0	9.6	9.8	75.1

研究结果显示：①2001~2017 年江苏省 83.8%的耕地复种指数未发生变化，熟制以一年两季（占复种指数不变区域的 68.7%）和一年一季（15.1%）为主，复种指数变化区域（16.2%）主要集中于苏南及东部沿海地区。②在复种指数不变区域下，2001~2017 年江苏省单季作物产能下降区主要集中于苏南地区，其占单季作物总耕地面积的 46.5%；产能上升区和产能无显著变化区分别占 21.3%、32.2%。③在复种指数不变区域下，双季中第一季作物产能整体呈增长趋势，产能变化表现出明显空间分布规律，其产能下降区主要集中于苏中的泰州及其周边地区，产能下降区占双季作物总耕地面积的 10.7%，产能上升区和无显著变化区分别占 72%和 17.3%；双季中的第二季作物产能低值区从苏北地区向南转移至苏中和苏南地区，其产能变化空间分布具有明显差异，产能提升区主要集中于苏北地区，产能下降区主要集中于苏中和盐城南部地区，其分别占双季作物总耕地面积的 40.8%和 32.5%，产能无显著变化区占 26.7%。④2001~2017 年江苏省耕地产能具有较大潜力空间。单季作物产能提升区潜力空间大于 20%的耕地占比为 61%，产能下降区潜力空间大于 80%的耕地占比为 26.3%；双季中第一季作物产能提升区潜力空间大于 40%的耕地占 88%，产能下降区潜力空间大于 80%的耕地占 78.1%；第二季作物产能上升区潜力空间大于 40%的耕地占 80%，产能下降区潜力空间大于 80%的耕地占比为 75.1%。

2.3　江苏省高标准农田建设挑战与导向

2.3.1　江苏省高标准农田建设挑战

1. 耕地保护压力加剧

（1）耕地资源不足。全省耕地后备资源严重匮乏，结构性和区域性问题愈加凸显。2000~2020 年，江苏省耕地面积由 698 万 hm^2 减少至 625 万 hm^2，减少了 10.46%，人均耕地面积从 1.4 亩减少至 1.1 亩，减少了 21.43%。全省耕地后备资源以可复垦土地为主，且主要为可复垦的农村居民点用地、水利设施用地和坑塘水面，其次为可开发土地。近年来，省域范围内的耕地占补平衡任务勉强完成，但后期实现耕地占补平衡难度较大。

（2）土地利用方式粗放。从用地现状来看，江苏省土地利用的集约程度还有待提升。据测算，2020 年全省单位建设用地 GDP 约为 31.95 万元/亩，低于广东和浙江。2020 年全省人均工矿城镇用地面积为 159 m^2，人均农村居民点面积为 490 m^2，远远超过全国 120 m^2 和 140 m^2 的控制标准。耕地生态功能减退、资源环境约束趋紧、土地利用方式粗放、矿山开发重采轻治等问题没有得到根本解决。据统计，全省尚有 8600 hm^2 的关闭露采矿山有待整治，这不仅加大了生态环境保护和改善的压力，也增加了地质安全隐患。国土资源节约集约综合利用水平仍需进一步提高。

（3）建设用地面积增长过快。2000～2020 年，江苏省建设用地面积由 146 万 hm^2 增加至 214 万 hm^2，增长幅度为 46.16%。根据《江苏省土地利用总体规划（2006—2020 年）》，2020 年建设用地规模控制指标为 222.36 万 hm^2，虽然总体完成了建设用地减量化的目标，但由于江苏省土地开发强度居高不下，土地开发强度居全国各省（区）之首，其中苏南部地区土地开发强度高达 28%，接近国际公认的开发强度临界点。随着"一带一路"倡议，以及长江经济带、苏南国家自主创新示范区、南京江北新区建设等机遇叠加推动，全省建设用地需求仍将增长，供需矛盾将进一步加剧。

2. 耕地利用格局破碎

针对江苏省耕地细碎化现象，本书从资源规模性、空间集聚性、利用便利性等方面开展定量分析。发现江苏省耕地细碎化特征地域分异明显，总体呈由北向南逐渐增加的空间格局特征。其中耕地细碎化程度较轻的地区集中分布于徐州、宿迁、连云港及淮安中部等地区，地形以平原为主，区域耕地规模性较好、空间分布集聚、细碎化程度低，农业生产的机械化、规模化、产业化经营优势明显；南京南部、镇江西南部、扬州西北部、宿迁南部、南通东南部及苏州中东部等地区，地形以低山丘陵、沿海平原及环太湖平原为主，区域经济发展水平较高，但耕地分布较为分散、破碎，集聚性较弱，耕地规模性较低，细碎化程度较高，农业生产的规模化、机械化发展优势不足；常州、无锡、泰州南部、盐城中部、南通北部、苏州中部及镇江东部等地区的耕地细碎化水平介于两者之间。

人多地少的农业基本现状、家庭联产承包责任制的推广、土地均分及公平诉求导向下好坏搭配的土地分配方式，以及自然环境的区域差异导致了江苏省耕地利用长期的细碎化格局。耕地细碎化在丰富农业种植结构、分散农业生产风险、增加农民收入的同时，也在一定程度上造成了土地资源浪费及农业生产成本的增加，进而降低了农业生产效率，阻碍了农业机械化发展。伴随中国快速的城镇化和工业化进程，耕地保护压力加剧，耕地细碎化所产生的分散经营模式已难以适应现代农业发展的需求。有研究显示，耕地细碎化和耕作规模减小使得农民和农业机械在田间作业时，由于地块面积较小，无法使用大型农机，进而增加了额外的劳动强度和农户资金支出，从而提高了农户从事农业生产的成本（刘涛等，2008）。

在农业生产效率方面，耕地利用的细碎化，使得农机在不同地块间转移困难，造成耕作效率低下。统计数据显示，由若干 0.03～0.07 hm² 的小地块组成的 1.80 hm² 耕地，根据联合收割机耕作效率与耕作地块面积的对应值，所需耕作时间为 14.31 h；若换作是平均耕地地块面积为 0.1 hm² 的等量耕地，耕作时间为 11.21 h，可节省耕作时间 3.1 h（杨敏等，2016）。

同时，耕地利用格局破碎必然伴随着田埂、沟渠等基础设施增加，由此导致部分耕地资源的浪费。相关研究表明，至少 1%～2% 的耕地资源被浪费在了地块过小造成的众多田垄、田间道路上（白志远等，2014）。与此同时，不同农户的地块纷繁交错，阻碍了耕地的有效使用，更有甚者还会加剧农户间的纠纷与摩擦，带来更多社会效益的损失（Wan and Cheng，2001）。

3. 耕地综合利用效益低下

对 2001～2017 年江苏省耕地产能变化的研究结果表明：①2001～2017 年江苏省 83.8% 的耕地复种指数未发生变化，且其熟制以一年两季和一年一季为主，复种指数变化区域（16.2%）主要集中于苏南和东部沿海地区。②复种指数不变区域，单季作物产能下降区主要集中于苏南地区，占单季作物耕地面积的 46.5%，产能上升区和稳定区分别占 21.3% 和 32.2%。③江苏省双季中第一季作物产能整体呈上升趋势，产能下降区主要集中于苏中的泰州及其周边地区，其占双季作物耕地的 10.7%，产能上升区和稳定区分别占 72%、17.3%；第二季作物产能低值区有明显的南移现象，产能变化空间分异特征明显，产能下降区集中于苏中地区，占双季作物耕地的 32.5%；产能提升区集中于苏北地区，占 40.8%；产能稳定区占 26.7%。④2001～2017 年江苏省耕地产能具有较大潜力空间。单季作物产能提升区 61% 的耕地潜力空间大于 20%，双季中第一季和第二季作物产能提升区潜力空间大于 40% 的耕地分别占 88%、80%；单季作物产能下降区潜力空间大于 80% 的耕地占 26.3%，双季中第一季及第二季作物产能下降区潜力空间大于 80% 的耕地分别占 78.1%、75.1%。

随着人口持续增长、资源环境承载力趋紧和消费结构不断升级，江苏省宜用于后备耕地的资源接近枯竭。水土错配、格局与权属细碎化、基础设施配套不完备等低效利用问题严重制约着现有耕地的生产可持续性，不合理的耕作方式造成耕地资源产能降低、质量下降、生态恶化,粮食产需始终维持紧平衡状态。加之 2020 年以来的公共卫生与自然灾害、国际形势变动等突发事件影响全球粮食系统稳定供应,面对"美好生活"与"美丽中国"的建设要求,经济发展、生态保护与粮食安全之间的权衡协同关系给耕地资源有效保护带来巨大挑战。统计显示,2000～2020 年,江苏省耕地面积减少 73.08 万 hm^2,平均每年有 3.65 万 hm^2 耕地流失,且耕地质量等别较高的耕地多分布在中心城市周边,极易被建设项目占用。因此,如何守护现有耕地、提高农田生产能力与综合效益,确保江苏省耕地红线、生态红线和粮食生命线的安全空间不受威胁始终是土地科学工作者关注的热点问题。

2.3.2　江苏省高标准农田建设导向与关键问题

1. 优化耕地利用格局

宏观层面,在江苏省人多地少、资源匮乏的双重约束下,高标准农田建设作为优化耕地利用格局、减轻耕地细碎化的有效方式,因地制宜、科学评估、分类指导、差别整治成为转型发展新时期推进农业现代化、保障国家粮食安全的必然趋势。通过高标准农田建设,土地整治对改善农业生产条件、提高耕地质量、促进规模经营等发挥了积极作用。在具体建设实践中,高标准农田建设类型分区是合理制定高标准农田建设计划、分类指导建设整治实践的重要依据。但相关类型区划分主要侧重地形地貌、气象水文、种植制度等自然资源条件和农业生产方式,较少关注耕地资源特征、空间分布格局、基础设施状况等细部特征,一定程度上致使建设整治重点、工程措施等与区域耕地资源特点错位,建设效益有待提升。在通过高标准农田建设促进规模化、现代化农业发展的目标导向下,破解耕地细碎化造成的生产成本增加、技术效率受限、劳动力浪费、农业产出降低等问题,有必要以耕地利用格局的区域差异为基础,结合区域资源环境特点完善高标准农田建设工程类型分区体系,有效实现对高标准农田建设工作的分类指导和差别整治。这就要求在建设规划层面充分考虑耕地细碎化问题,根据宏观尺度的区域耕地资源现状及空间分布格局,确定差异化的耕地细碎化治理措施与途径,促进资源集约利用。

微观层面,优化耕地利用格局、缓解耕地细碎化状况应当通过土地整治工程以改善耕作田块(谭淑豪等,2003)。在当前农村土地承包关系长久不变和土地流转的背景下,可以考虑多种方式优化耕作地块。例如,德国在土地整治项目实施中坚持"公众参与"原则,通过土地条块整理、村庄改造建设、生态景观规划、基础设施建设等措施,改善了农业生产条件和区域生态环境,显著降低了耕地细碎化;日本在土地整治中也将解决田块细碎化作为重要内容,围绕土地合并和基础设施建设，促进农地规模化、机械化经营，并依据城市和乡村建设进行权属调整与村庄更新。为促进高标准农田建设成效的发挥，国内部分地区也尝试将农户意愿和土地权属调整统筹考虑，如中国台湾地区从方便自耕农户耕作角度开展了大规模农地重划，通过土地交合并对分散的细碎耕地进行整合，实现"一户一块地"，促进了适度规模经营；新疆玛纳斯县三岔坪村采用农民自主式土地整治模式——"互换并地"，自发调整土地权属的空间位置，将农户分散地块进行集中连片，同时进行土地平整、农田水利设施建设等措施；广西崇左市扶绥县渠芦屯采用合作社主导的"小块并大块"土地整治模式，通过统一基础设施建设、集中管理、分配收益等措施，引导农户土地入股，实现"分股分红不分地"的合作化经营模式。这些措施在增加有效耕地数量、提高耕地质量、提升农业生产能力、稳定粮食生产等方面取得了积极效果，但当前的治理措施总体尚处于以政府为主导和工程建设为主要实施手段的阶段，在优化耕地资源空间配置、促进耕地规模集中从而改善耕地细碎化方面仍有待提升。前期土地整治以实现耕地资源保护和保障国家粮食安全为核心目标，以增加耕地面积、完善农业基础设施为重点任务，以工程建设为主要实施手段，造成实践中农民主体地位缺失，政府主导的权属调整实施难度较大。面对江苏省耕地后备资源紧缺、耕地保护压力加大的自然资源管理新形势，客观上要求高标准农田建设进一步提高耕地利用效率、挖掘农业生产潜能，这也要求在具体建设实践中，在管理体制、运行模式、技术手段等方面进行相应调整。

围绕耕地细碎化改善，需综合考虑管理运行机制、技术方法体系等内容。在管理体制方面，国外研究已较为成熟，逐步转向计量模型的构建，并通过元启发算法、遗传算法、模拟退火算法、模糊逻辑方法、线性规划方法等进行模型优化。国内相关研究主要集中在管理体制层面，在项目区尺度构建空间计量分析模型辅助土地整治、耕地资源优化配置的研究尚不多见。鉴于此，未来耕地利用格局优化研究应以改善耕地细碎化状况、提高农业生产效率、有效发挥耕地潜能为目标，结合农民耕作习惯和地块选择偏好，在优先解决耕地资源细碎困境的基础上，构建相应的高标准农田建设区耕地利用格局配置优化模型。为丰富高标准农田规划设计方法，探索通过改善耕地细碎化实现农业生产效率提高的途径提供参考和借鉴。

2. 科学划定高标准农田建设空间

在经济发展新常态和建设"美丽中国"的要求下，科学合理地划定高标准农田建设空间对统筹协调"生产-生活-生态"空间、高效配置土地资源、优化城乡景观格局等具有积极意义。《中华人民共和国国民经济和社会发展第十四个五年规划和2035年远景目标纲要》提出推进以人为核心的新型城镇化，合理确定城市规模、人口密度、空间结构，促进大中小城市和小城镇协调发展。在推进城镇化进程中，耕地保护面临新增建设用地占用的巨大压力。《基本农田保护条例》实施20多年来，中国通过划定一定数量和质量的基本农田保护区对优质耕地实行特殊保护，在提高粮食综合生产能力、发挥耕地生态功能和推动土地可持续利用等方面取得了显著成效。为贯彻耕地数量、质量和生态"三位一体"保护要求，2016年国土资源部和农业部联合发布了《关于全面划定永久基本农田实行特殊保护的通知》（国土资规〔2016〕10号），要求按照"总体稳定、局部微调、应保尽保、量质并重"原则，对土地规划调整完善的同时协同推进县域永久基本农田划定，优先划定城镇周边永久基本农田，在城镇周边以外区域划足补齐永久基本农田保护面积。新时期新形势下，自然资源部进一步强调了牢固树立"山水林田湖草生命共同体"理念，发挥空间规划对自然资源配置的引导约束作用，形成全方位、多层次、多规融合的国土空间管控体系，统筹实施国土空间管控体系与耕地和永久基本农田保护红线、生态保护红线、城市开发边界的划定工作要求。

然而，实际划定过程中由于受城镇建设和产业发展影响，地方政府力图在满足数量指标的同时，为区域经济社会发展留足空间，客观上就造成永久基本农田"划远不划近、划劣不划优"和"上山、下海、进村庄"等怪现象，空间布局"远、边、散"等形势并未完全改变。随着江苏省工业化和城镇化的快速推进，城市规模的不断扩大，无序的城市蔓延占用耕地，破坏并压缩农业空间，对生态环境造成显著影响。重经济效益轻社会效益、生态效益的价值取向，使得区域内用地结构失衡、规模失调和功能紊乱，加剧了土地利用方式之间的冲突，影响了耕地保护目标的实现。面对耕地保护、城市发展和生态保护等不同目标的激烈冲突，如何权衡、协调各类用地关系成为行政管理和学术研究共同关注的热点。以土地利用规划确定的永久基本农田保护红线、城乡规划领衔的城市开发边界线和环境功能区划主导的生态保护红线（以下简称"三线"）成为合理布局空间、高效配置资源、集约利用土地的重要政策措施和技术手段。在经济发展新常态和建设"美丽中国"的形势下，"三线"协调的新要求跳出了原有规划各自为政、各行其是的管理框架，成为引领学术研究与资源管理的发展导向。

为提升高标准农田建设空间划定与建设方案的科学性、合理性和适用性，学界开展了大量研究。在划定方法层面，有学者提出从耕地立地条件、农用地分等、空间形态及生态环境质量等方面筛选指标，构建综合评价指标体系，借助土地评价、数理统计和空间建模等方法开展了高标准农田建设空间适宜性评价和图斑落地；在建设层面，有学者探索了高标准基本农田建设分区、建设时序、建设标准与模式，以及建后效益评价等研究；在方案评价层面，有学者从数量和质量并重角度评估了划定方案的适宜性、协调性和空间布局合理性（杨绪红等，2019）。新时期，围绕综合协调农业生产、城市建设和生态保护空间及"多规合一"而发展起来的县域和城镇周边永久基本农田划定研究也日益受到学者的广泛关注。在未来研究中，应突破"各自为政"的门庭阻隔，立足系统视角，遵循科学的划定原则，进行高标准农田建设空间划定的综合集成。

3. 提高农田生产能力与综合效益

党的十九届五中全会明确指出，当前中国的农业基础仍不稳固，高屋建瓴地提出坚持最严格的耕地保护制度，深入实施"藏粮于地、藏粮于技"战略，以实现农业质量、效益和竞争力的全面提升。在粮食科技基础性研究未取得突破性进展前，以时间换空间，在耕地要素端提升农田生产能力与综合效益的"藏粮于地"措施，是保障粮食安全最现实的选择。针对当前江苏省后备耕地资源不足、优质耕地面临占用的现状，更需要挖掘已有耕地的潜力空间。科学保护耕地应该以数量管控为前提，以产能提升为核心，以促进健康为保证，做好用养结合，兼顾利用效率，并实施有效监管。因此，如何全面地保护和挖掘耕地资源生产潜力，提高综合效益对于实现江苏省耕地稳产、高产战略目标具有理论与实践价值。

提高江苏省农田生产能力和综合效益需要挖掘耕地数量补充潜力。耕地后备资源开发是关乎粮食安全的重要议题，是落实耕地占补平衡政策的基础，也是科学实施藏粮战略的支撑。在此背景下，作为补充耕地数量的重要手段，高标准农田建设通过完善农田基础设施、调整土地利用结构等过程有效促进了以农业生产能力提升为核心目标的实践活动开展。2010～2020 年，江苏省累计建设高标准农田 3000 万亩，减少粮食生产损失 5%～15%，针对耕地后备资源数量少且空间分布不均衡、新开发耕地质量较低等问题，识别低效用地及提高耕地补充潜力对藏粮战略的深入实施具有重要推动作用。

提高江苏省农田生产能力和综合效益需要识别耕地产能提升潜力。生态系统服务供给与人类需求之间的权衡协同是社会可持续发展长期以来面临的挑战。由于耕地生产能力及其脆弱性与内部土壤自身性状和外部管理措施密切相关，在粮食产量不断增长的同时，化肥农药使用超标、土壤肥力下降、地下水位降低等问题凸显，严重制约耕地可持续利用与生态安全保障。近年来，农业土地利用工程科技创新取得显著成效，围绕高标准农田建设、土地复垦、耕地质量提升等方面形成了一系列关键成果，为提升农业生产能力发挥了重要作用。通过调整土地利用结构、完善农田基础设施等农业资源工程措施的合理利用，能够有效增加耕地数量、提高耕地质量、恢复农田生态，全方位优化农用地综合生产能力。针对江苏省耕地利用特点和高标准农田建设实践现状，综合评价建设区农田生产能力与综合效益，划定建设区域，制定建设策略，并提出管护建议。

提高江苏省农田生产能力和综合效益需要加强耕地空间管控潜力。以耕地保护作为第一任务的土地利用规划主要包括微观农业园区规划和宏观区域土地总体规划，细分保护方式的中观空间控制性规划相对缺乏，导致规划实施无法妥善协调开发、利用、管控与修复的关系。因此，提高农田生产能力的关键务实做法是具有针对性的耕地保护方式，即对不同种植类型、质量效益、区域属性的地块制定差异化耕地"红线"利用保护类型，进而在江苏省耕地保护与城镇建设、生态建设时空冲突的背景下为维护优质健康耕地数量和布局提供路径选择。

4. 耕地多功能提升与江南水乡特色

随着新型城镇化发展、生态文明建设等国家战略的不断深入，江苏省耕地保护与利用不再仅局限于追求数量稳定和质量提升，而更加突出"数量、质量、生态"三位一体的新内涵。耕地不仅是保障粮食安全和推进新农村建设的基础资源，也是保障城镇发展建设的空间载体，更是加快生态文明建设和保护乡土文化特色的重要支撑，尤其是在经济发达地区，耕地资源相对稀缺，亟待充分发挥耕地多功能性，提升耕地复合价值。

耕地多功能研究的概念起源于农业领域，主要指除食物生产之外，耕地还具有环境保护、景观保持、乡村就业等功能。全球土地计划（global land project，GLP）将多功能性作为分析土地利用自然、经济、社会、生态系统耦合的基础框架，认为土地利用多功能性对厘清人类-环境耦合系统变化动力机制、作用途径及土地可持续发展等意义重大。21 世纪以来，多功能性研究从农业领域逐步过渡和延伸到乡村发展、生态评估、景观管理及土地利用变化等领域。国外学者多从农场尺度探讨农业多功能分类体系和实际应用，基于农场尺度构建包括生产、居住、生物保护、娱乐休闲在内的农场多功能分类。国内学者的耕地多功能研究重点集中在耕地多功能内涵、功能评价、功能管理等方面。姜广辉等（2011）基于耕地功能的层次性，提出促进耕地多功能保护的途径；宋小青和欧阳竹（2012）通过分析中国耕地功能变化过程，结合发达国家经验，提出耕地多功能管理建议等。国内现有耕地多功能评价研究多是从耕地资源自身价值出发构建评价指标体系，对推进耕地多功能性认识和宏观主导功能判别具有积极意义，但耕地多功能内涵与外延的认知还存在一定局限性且研究多以行政区为评价单元开展区域性耕地多功能评价分析，研究结果对于区域土地利用规划方向和耕地多功能发展方向的确定具有一定指导意义，但对识别区域土地利用的特殊问题，指导具体土地利用实践（如高标准农田建设范围划定、高标准农田建设区功能提升等方面）存在限制。

作为我国社会经济比较发达的地区，江苏省土地利用转型具有强大的制度支撑和现实需求，具备发展耕地多功能的先行条件，但同时区域内耕地保护和生态治理任务艰巨，资源环境承载力有待提升，因此有必要开展耕地多功能评价优化研究，为耕地资源合理配置提供方向。同时苏南地区作为传统的"江南水乡"地区，水网密布、坑塘星罗棋布，具有独特的地域文化特征和景观特征，城市的快速扩张、乡镇企业的发展与农业生产产生了剧烈冲突。耕地保护和补充的压力导致江南水乡大量坑塘、水系被填埋，景观类型趋于单一化；农药化肥过量使用造成的农田面源污染和乡镇企业发展形成的点源污染导致水污染、土壤污染情况严重，江南水乡日益成为土地整治生态转型需求最迫切的地区。因此水乡地区高标准农田建设应根据其区域特色，有针对性地提出生态型高标准农田建设规划设计方法。

传统高标准农田建设以稳定耕地数量、改善农业生产条件为主要目标，规划层面过多强调"田成方，路成网，渠相通，树成行"，以地类调整、机械化土地平整、硬质化道路沟渠建设为主要手段，实施过程投入高强度机械作业，导致建设区内短时期内生态环境遭受剧烈扰动，长时期生态格局及生态稳定性遭破坏，生物多样性下降，环境价值损失被忽视。随着高标准农田建设目标朝向改善自然生态环境、保护乡村景观、促进乡村和谐发展等多方面拓展，如何在满足传统高标准农田建设目标要求的基础上进行生态转型，实现生态保护、生态修复乃至生态提升，成为相关学者研究的热点。

国外有关生态型土地整治的研究开展较早，研究领域逐渐从土地整治景观影响分析拓展到生态型土地整治开展条件分析，以及以德国、瑞士、荷兰为代表的强调生态和景观理论在土地整治规划方案及工程设计中的应用。国内研究多集中在土地整治的生态效应评价及生态适宜性评价、项目区景观格局分析、农业面源污染治理及土壤污染防治等。也有学者从不同尺度、不同区域进行了多种类型的生态型土地整治实践探索。王军等（2011）针对喀斯特地貌地区，以贵州荔波县某土地整治项目区为案例，进行了农田斑块、灌排工程、道路工程及生物多样性工程设计；谷晓坤等（2014）以上海市郊区土地整治项目为案例，以项目区水系、村庄、点源污染、基本农田为对象进行了大都市郊区景观生态型土地整治模式设计；刘文平等（2012）基于野外实地调查和现有土地整治项目区防护林带特征分析，进行了生态景观型农田防护林设计。当前研究为生态和景观学理念引入土地整治规划方案提供了积极探索，但将生态方法具体应用到"田、水、路、林、村"全要素高标准农田建设规划中的研究尚不多见。目前针对江南水乡农田整治建设的研究多集中在水系分析与水网治理、乡村景观提升等，而根据其区域特征针对性地提出生态型高标准农田建设规划设计方法的研究较少。因此，水乡地区高标准农田建设应在传统高标准农田建设基础上，在目标、模式、方法等方面进行延伸，同时考虑农业生产目标及丰富文化特征的乡村景观提升潜力，因地制宜确定合理建设方向，将传统工程手段与区域产业特色相结合，通过生态型高标准农田建设规划设计，在实现增加耕地面积、改善农业生产目标的同时，促进高标准农田建设多功能目标实现。

本章主要参考文献

白志远，陈英，谢保鹏，等. 2014. ArcGIS 支持下的景观细碎化与耕地利用效率关系研究——以甘肃省康乐县为例. 干旱区资源与环境，28（4）：42-47.

陈红宇，朱道林，郧文聚，等. 2012 嘉兴市耕地细碎化和空间集聚格局分析. 农业工程学报，28（4）：235-242.

丁明军，陈倩，辛良杰，等. 2015. 1999—2013 年中国耕地复种指数的时空演变格局. 地理学报，70（7）：1080-1090.

范业婷，金晓斌，项晓敏，等. 2018. 苏南地区耕地多功能评价与空间特征分析. 资源科学，40（5）：980-992.

谷晓坤，刘静，张正峰，等. 2014. 大都市郊区景观生态型土地整治模式设计. 农业工程学报，30（6）：205-211.

韩博，金晓斌，沈春竹，等. 2019. 基于景观生态评价与最小阻力模型的江南水乡土地整治规划. 农业工程学报，35（3）：235-245.

韩博，金晓斌，孙瑞，等. 2019. 土地整治项目区耕地资源优化配置研究.自然资源学报，34（4）：718-731.

江苏省农业农村厅. 2019. 江苏省高标准农田建设规划（2019—2022 年）. http://coa.jiangsu.gov.cn/module/download/downfile.jsp?classid=0&filename=fcd2643b7f744509b73e1320d79585ed.pdf[2021-12-21].

江苏省统计局. 2021. 江苏统计年鉴 2021. 北京：中国统计出版社.

姜广辉，张凤荣，孔祥斌，等. 2011. 耕地多功能的层次性及其多功能保护. 中国土地科学，25（8）：42-47.

金晓斌，徐翠兰，刘晶，等. 2019. 耕地细碎化空间尺度差异与整治协同研究. 北京：科学出版社.

李鑫，欧名豪，马贤磊. 2011. 基于景观指数的细碎化对耕地利用效率影响研究——以扬州市里下河区域为例. 自然资源学报，26（10）：1758-1767.

刘晶，金晓斌，徐伟义，等. 2019. 江苏省耕地细碎化评价与土地整治分区研究. 地理科学，39（5）：817-826.

刘涛，曲福田，金晶. 2008. 土地细碎化、土地流转对农户土地利用效率的影响. 资源科学，10：1511-1516.

刘文平，宇振荣，郧文聚，等. 2012. 土地整治过程中农田防护林的生态景观设计. 农业工程学报，28（18）：233-240.

宋小青，欧阳竹. 2012. 中国耕地多功能管理的实践路径探讨. 自然资源学报，27（4）：540-551.

孙瑞，金晓斌，赵庆利，等. 2020. 集成"质量-格局-功能"的中国耕地整治潜力综合分区. 农业工程学报，36（7）：264-275.

孙雁，刘友兆. 2010. 基于细碎化的土地资源可持续利用评价-以江西省分宜县为例. 自然资源学报，25（5）：802-810.

谭淑豪，曲福田，尼克·哈瑞柯. 2003. 土地细碎化的成因及其影响因素分析.中国农村观察，6：24-30，74.

王军，李正，白中科，等. 2011. 喀斯特地区土地整理景观生态规划与设计——以贵州荔波土地整理项目为例. 地理科学进展，7：906-911.

王书明，郭起剑. 2018. 江苏城镇化发展质量评价研究. 生态经济，34（3）：97-102.

吴飞，濮励杰，许艳，等. 2009. 耕地入选基本农田评价与决策.农业工程学报，25（12）：270-277.

伍育鹏，郧文聚，邹如. 2008. 耕地产能核算模型的研究.农业工程学报，24（S2）：108-113.

杨敏，吴克宁，高星. 2016. 地方解决耕地细碎化的经验及借鉴.中国土地，8：49-50.

杨绪红，金晓斌，贾培宏，等. 2019. 多规合一视角下县域永久基本农田划定方法与实证研究. 农业工程学报，35（2）：250-259.

周应堂，王思明. 2008. 中国土地零碎化问题研究. 中国土地科学，22（11）：50-54.

Chen J，Jonsson P，Tamura M. 2004. A simple method for reconstructing a high-quality NDVI time-series data set based on the Savitzky-Golay filter. Remote Sensing Environment，91：332-344.

Ding M J，Chen Q，Xin L J，et al. 2015. Spatial and temporal variations of multiple cropping index in China based on SPOT NDVI during 1999-2013. Acta Geologica Sinica，70：1080-1090.

He C，Liu Z，Xu M，et al. 2017. Urban expansion brought stress to food security in China：Evidence from decreased cropland net primary productivity. Science of Total Environment，576：660-670.

Wan G H，Cheng E J. 2001. Effects of land fragmentation and returns to scale in the Chinese farming sector. Applied Economics，33：183-194.

Xu W，Jin J，Jin X，et al. 2019. Analysis of changes and potential characteristics of cultivated land productivity based on MODIS EVI：A case study of Jiangsu Province, China. Remote Sensing，11（17）：2041.

Zhu X L，Li Q，Shen M G，et al. 2008. A methodology for multiple cropping index extraction based on NDVI time-series. Natural Resources Journal，23：534-544.

第3章 江苏省高标准农田建设优化

江苏省高标准农田建设具有强大的制度支撑和现实需求，本章针对江苏省高标准农田建设中面临的耕地细碎化、土地利用冲突、农田空间布局等问题，开展江苏省高标准农田建设优化研究。在省域尺度基于耕地细碎化多维评价进行相应的高标准农田建设协同探讨；在县域尺度开展耕地利用空间格局优化研究，探索在县域尺度开展基于土地利用冲突的高标准农田建设范围划定及建设储备研究，探讨相应的高标准农田建设优化方法，有助于准确把握土地利用冲突对国土空间格局产生的积极与消极影响，为优化高标准农田建设布局、加强高标准农田建设和管理提供依据；在项目区尺度，在分析耕地利用潜力和限制性因素的基础上，进行高标准农田建设区地块优化研究，通过项目区地块优选及地块分配算法实现耕地资源优化配置。

3.1 省域耕地利用空间格局优化

耕地细碎化是江苏省农业生产中长期存在的突出特征之一，而家庭联产承包责任制的实行、农村土地平均分配的原则使得农户经营的土地进一步分散化、细碎化。尽管耕地细碎化现象具有积极和消极两方面的影响，但学术界已形成普遍共识，认为耕地细碎化会导致农业生产效率降低、土地利用可持续性下降、耕地撂荒增多等农业问题，是导致农业地区衰退的重要原因。通过高标准农田建设和土地整治，调整土地利用结构、完善农田基础设施等途径，在增加有效耕地数量、提高耕地质量、提升农业生产能力、稳定粮食生产格局等方面取得了积极效果，但在优化耕地资源空间配置、促进耕地规模集中从而降低耕地细碎化方面仍有待提升。有鉴于此，本研究以提高农业生产效率、有效发挥耕地潜能为目标，在之前章节对耕地细碎化从资源规模性、空间集聚性、利用便利性分析的基础上，在区域尺度基于耕地细碎化属性特征的地域分异特点，划分整治引导类型分区。

3.1.1 耕地格局优化分区方法

为反映耕地细碎化在不同属性特征方面的空间组合特点，本研究采用三维魔方（Magic Cube）图解法进行耕地细碎化空间分异类型区划分。三维魔方图解法能够有效评判各要素在不同内涵属性上的优势及"短板"，具有直观、准确、可视性强等特点，已广泛应用于土地利用地域单元类型区划分等领域。基于不同属性特征下耕地细碎化评价结果（详见第 2 章），将资源规模性（x）、空间集聚性（y）和利用便利性（z）采用三维空间坐标轴表示，构建三维魔方空间及相应的整治引导分区概念模型（图 3-1）。三维魔方图解法的基本思想是要素在三维空间中形成不同特征组合的空间单元，各要素在空间中有确切的位置反映。根据三维魔方空间分类方法原理，将适宜性、集聚性、稳定性分别设为三维魔方的 X 轴、Y 轴、Z 轴，构建三维魔方空间及相应整治分区概念模型。

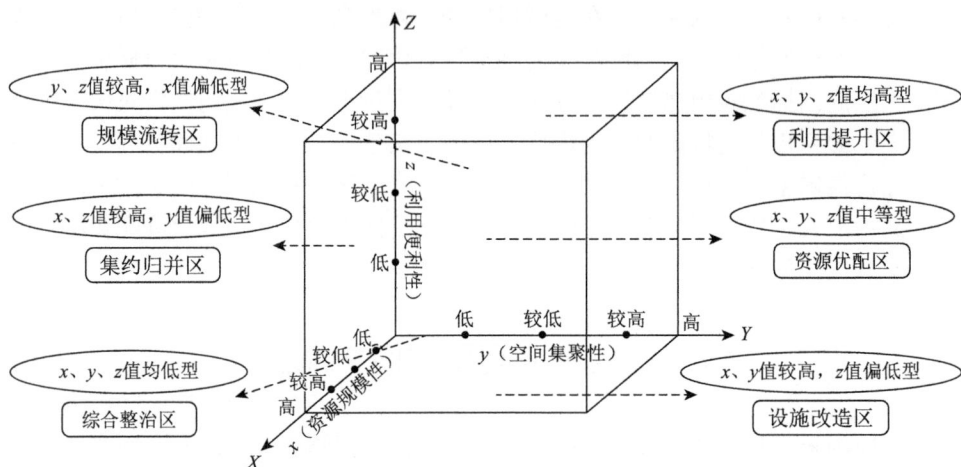

图 3-1　耕地细碎化内涵属性的三维魔方空间及分区概念模型

（1）x、y、z 值均高型。区域内耕地资源规模性、空间聚集性、利用便利性均较高，具备规模农业与现代化农业发展的资源、设施支撑，应以促进规模农业和现代化农业发展为导向，通过应用科学技术提高区域耕地资源利用效率，属于利用提升区。

（2）x、y 值高，z 值偏低型。区域耕地资源在资源规模性、空间聚集性等方面具有较大优势，但在基础资源配置、地块通达性等方面存在一些不足。应重点关注区域内农业基础设施的配套建设，增强区域农业生产便利性，属于设施改造区。

（3）x、z 值较高，y 值偏低型。区域耕地资源在规模性、利用便利性等方面具有较大优势，具备较好的农业生产条件，但在空间聚集性等方面存在一定不足，应重点关注区域耕地资源的空间结构优化，加强高标准农田建设。同时结合农村建设用地整理，统筹规划，促进区域内耕地资源集中连片分布，属于集约归并区。

（4）y、z 值较高，x 值偏低型。区域内耕地资源的空间集聚性、利用便利性较高，但在耕地资源规模性方面存在一定不足，突出表现为耕地斑块面积较小而数量较多，不利于规模化农业发展，属于规模流转区。

（5）x、y、z 值中等型。区域内耕地资源规模性、空间集聚性、利用便利性均处于中等水平，耕地细碎化现象较为严重。该区应针对不同的资源条件和生产特点实施差异化的整治措施，属于资源优配区。

（6）x、y、z 值均低型。区域内耕地资源规模性、空间集聚性、利用便利性均处于低水平，该区耕地细碎化水平较为严重，属于综合整治区。

参照相关研究，根据不同属性值的统计特征，将资源规模性、空间集聚性、利用便利性得分由高到低划分为高、较高、较低和低 4 个等级（表 3-1），按照节点距离三维空间原点的远近赋属性值 1～4。属性值越大，距离原点越远，对应的耕地细碎化内涵属性测度值越高。

表 3-1　耕地细碎化不同属性特征的等级划分标准

等级		统计标准	资源规模性范围	空间集聚性范围	利用便利性范围
1	低	[最小值，均值−0.5 标准差]	[0.180，0535]	[0.266，0.690]	[0.009，0.321]
2	较低	（均值−0.5 标准差，均值]	（0.535，0.633]	（0.690，0.732]	（0.321，0.392]
3	较高	（均值，均值＋0.5 标准差]	（0.633，0.682]	（0.732，0.774]	（0.392，0.463]
4	高	（均值＋0.5 标准差，最大值]	（0.682，0.934]	（0.774，0.959]	（0.463，0.750]

根据表 3-1 确定的耕地细碎化等级标准，形成一个 4×4×4 的三维四阶魔方，得到 64 种属性组合类型。根据耕地细碎化不同分维属性的层次组合特征，通过咨询相关专家意见，运用指标判读法对其进行组合归并。分区标准见表 3-2。

表 3-2　耕地细碎化类型分区标准

耕地细碎化类型分区	魔方单元组合
利用提升区	(4，4，4) (4，4，3) (4，3，4) (4，3，3) (3，4，3) (3，4，4) (3，3，4) (3，3，3)
集约归并区	(4，1，4) (4，2，4) (4，1，3) (3，2，3) (3，2，4) (3，1，4) (3，1，3) (4，2，3) (2，1，4) (4，1，2) (4，2，2) (2，2，4)
设施改造区	(4，4，1) (4，4，2) (4，3，1) (4，3，2) (3，4，1) (3，4，2) (3，3，1) (3，3，2) (4，2，1) (2，4，1)
规模流转区	(1，4，4) (1，4，3) (1，3，4) (1，3，3) (2，4，4) (2，4，3) (2，3，4) (2，3，3) (1，2，4) (1，4，2) (2，4，2)
资源优配区	(3，1，2) (3，2，1) (2，1，3) (2，3，1) (1，2，3) (1，3，2) (2，2，3) (3，2，2) (2，3，2)
综合整治区	(1，1，1) (1，1，2) (1，2，1) (1，2，2) (2，1，2) (2，2，1) (2，1，1) (2，2，2) (1，1，3) (1，1，4) (1，3，1) (1，4，1) (3，1，1) (4，1，1)

3.1.2 耕地格局优化整治引导分区

基于耕地细碎化特征划分土地整治引导分区是开展以破解耕地细碎化为重点的土地整治重点区域划定、关键问题识别等的重要支撑。在对耕地细碎化各分项属性测度的基础上，依据不同区域耕地细碎化属性特征的层次组合特点，将江苏省耕地划分为利用提升区、集约归并区、设施改造区、规模流转区、资源优配区、综合整治区六类土地整治引导分区（图 3-2）。各分区耕地细碎特征、主要土地整治方向及重点建设内容见表 3-3。

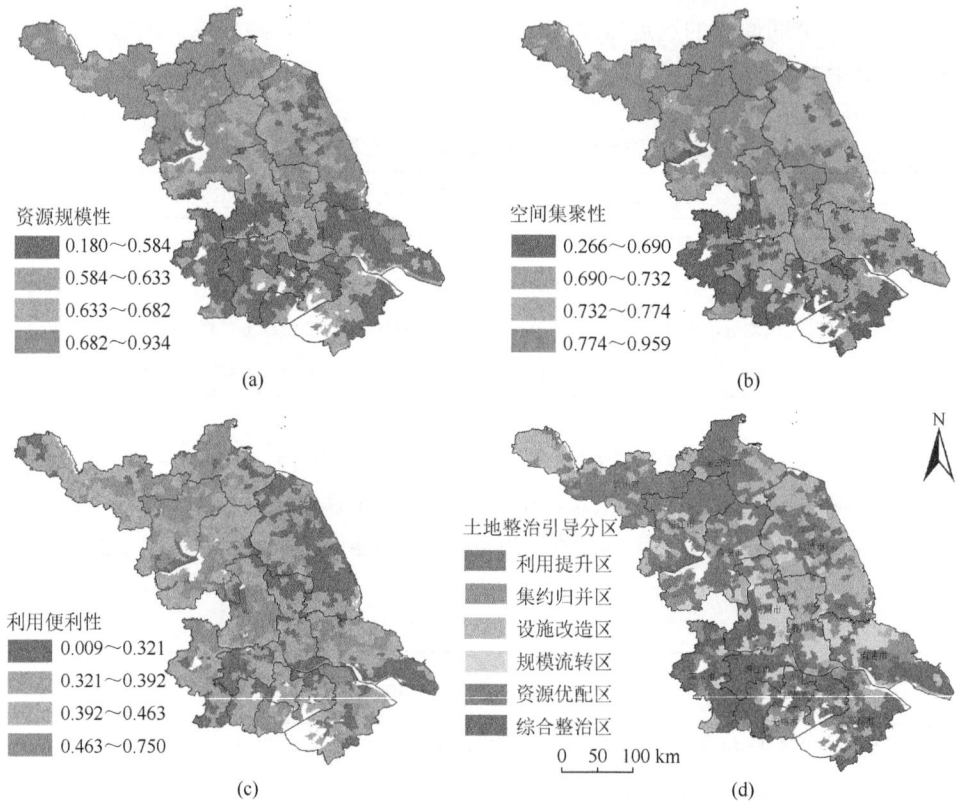

图 3-2　江苏省耕地细碎化优化引导分区

（1）利用提升区。包含 288 个乡镇，主要分布于徐州东部、宿迁中部及淮安西北部等地区，区内地貌类型以黄泛平原为主，总面积 1.42 万 km²，占全省土地面积的 13.24%。该区耕地资源丰富，规模条件较好，空间分布集聚，细碎化程度最低，在推进农业规模化、机械化、产业化方面优势明显。土地整治中，该区应以提升耕地资源利用效率为重点，加强高标准农田和商品粮基地建设，注重农业生产技术创新，提高农业耕作效率，按照基地化、标准化、优质化、市场化原则加快农业现代化进程，促进规模农业和现代农业发展。

表 3-3　江苏省基本农田建设引导分区与整治策略

建设引导 类型区	空间范围	区域特点与细碎化类型特征	基本农田建设重点及细碎化整治策略
利用 提升区	徐州东部、宿迁中部及淮安西北部等	以黄泛平原为主，耕地资源丰富，规模条件较好，空间分布集聚，农业基础设施配套完善，农业生产便利	提高耕地资源利用效率，注重农业生产技术创新，加快推进农业现代化进程
集约 归并区	苏州中西部、无锡东部等	以平原为主，耕地资源丰富，农业基础设施建设较完善，耕地斑块分割程度高，空间布局分散、破碎	注重耕地资源空间整合，促进区域耕地资源集中连片分布与集约高效利用
设施 改造区	徐州中东部、宿迁南部、连云港、淮安西南部等	耕地资源丰富，规模条件较好，空间分布集聚，农业基础设施建设较滞后、地块规整性与通达性不足	完善农业基础设施建设，提高区域农业基础设施水平和农业耕作便利程度
规模 流转区	扬州东南部、泰州南部、南通西北部等	耕地分布较集聚，农业基础设施配备较完善，耕地斑块面积较小而数量较多，资源规模性不足	推进农地适度规模经营，对破碎田块进行市场化流转和土地权属调整，优化耕地景观格局、降低耕地破碎度
资源 优配区	西南宁镇山地、苏南沿江、苏中及苏北内地部分乡镇	区域地形地貌条件、自然资源禀赋、社会经济发展水平等差异较大；耕地资源规模性、空间集聚性及利用便利性等均处于中等水平，耕地细碎化现象较严重	因地制宜、扬长补短，实施差别化土地整治，推进区域资源要素优化配置。针对平原地区，重点解决耕地资源规模较小、空间布局分散等问题；低山丘陵地区，应注重完善区域农业基础设施建设，增强耕地利用便利程度
综合 整治区	南京、镇江中西部、扬州西南部、苏州东部等	区域地形高低起伏不一、地貌类型复杂多样、社会经济发展水平较高，耕地斑块面积小，规模性差，空间分布零散、细碎，耕地细碎化现象严重	注重对区域耕地、水系、道路、居民点等生产要素的全域规划、综合整治。通过在需整治区域内挖高填低、整平废弃沟渠与田埂等，扩大耕地经营规模；合理规划道路、沟渠等空间布局；开展农村建设用地整理，促进区域农民居住集中化，实现耕地集中连片分布

　　（2）集约归并区。包括 179 个乡镇，主要分布于苏州中西部、无锡东部等地区，区内地貌类型以平原为主，总面积 0.82 万 km^2，占全省土地面积的 7.69%。该区社会经济发展水平较高，耕地资源丰富，农业基础设施建设较完善，在资源规模性、利用便利性等方面具有较高优势，但耕地斑块分割程度高，空间布局分散、破碎。基于此，该区在土地整治过程中应注重耕地资源的空间整合，通过归并空间相对集中的耕地、减少田埂数量、合并细碎地块、优化农村居民点空间布局等途径，促进区域耕地资源的集中连片分布与集约高效利用。

　　（3）设施改造区。包括 392 个乡镇，主要分布于徐州中东部、宿迁南部、淮安西南部等地区，区内地貌类型以平原为主，总面积 3.32 万 km^2，占全省土地面积的 30.98%。该区耕地资源丰富，规模条件较好，空间分布集聚，是全省稻、麦、棉、蔬菜等的重要商品生产基地。但在农业耕作便利性方面有待进一步提升，主要表现为农业基础设施建设较滞后、地块规整性与通达性不足等。土地整治中，该区应以完善农业基础设施建设为重点，通过增辟灌溉水源、兴修灌排设施、完善道路交通设施建设、加强农田防护等途径，提高区域农业基础设施水平和农业耕作便利程度，为农业生产的集中规模经营创造条件。

（4）规模流转区。包括 176 个乡镇，主要位于沿江平原附近，集中分布在扬州东南部、泰州南部、南通西北部等地区，总面积 1.22 万 km^2，占全省土地面积的 11.41%。该区耕地分布较集聚，农业基础设施配备较完善，但在资源规模性方面存在一定不足，突出表现为耕地斑块面积较小而数量较多，不利于规模化农业发展。土地整治中，该区应以推进农地适度规模经营，提高耕作生产效率为重点。针对区域空间布局分散、面积较小的耕地斑块，在遵循农户意愿的基础上，按照"自愿协商、等量交换、等质替代"等原则，对破碎田块进行市场化流转和土地权属调整，使农户分散经营的耕地集中分布，降低耕地破碎度、优化耕地景观格局，从而有利于耕地集中经营管理。

（5）资源优配区。包括 118 个乡镇，广泛分布于西南宁镇山地、苏南沿江、苏中及苏北内地部分乡镇。总面积 0.9 万 km^2，占全省土地面积的 8.38%。该区耕地资源规模性、空间集聚性及利用便利性等均处于中等水平，耕地细碎化现象较严重，且地形地貌条件、自然资源禀赋、社会经济发展水平等的不同导致区域耕地细碎化的属性组合特征存在差异。土地整治中，该区应针对不同区域的耕地资源条件、空间分布状况、农业基础设施建设及农业生产特点等，因地制宜、扬长补短，实施差别化建设措施，推进区域资源要素优化配置。

（6）综合整治区。包括 296 个乡镇，集中分布在南京、镇江中西部、扬州西南部及苏州东部等地区，总面积 2.33 万 km^2，占全省土地面积的 21.71%。受区域地形地貌类型多样、河流水系阻隔等因素综合影响，该区低产耕地面积大，平均耕地斑块面积小，规模性差，空间分布零散、细碎，耕地细碎化现象严重。在进行高标准农田建设中，该区应注重对区域耕地、水系、道路、居民点等生产要素的全域规划、综合整治。

3.2　高标准农田建设范围

3.2.1　建设范围划定总体思路

当前中国城镇化发展进入"守底线、重质量、优结构"的转型期，中央提出"划边界、守红线""一张蓝图干到底"的总体思路，将空间资源统筹管理上升到新的历史高度。"三线"协同是实现优化城乡国土空间结构的重要途径,"三线"之间既互相约束又互相包容,就内容而言:生态保护红线是在生态服务功能区、生态敏感区和脆弱区以及对整体生态安全格局起重要作用的关键区域划定的严格管控边界,起到保障生态安全、支撑社会经济可持续发展的作用;基本农田作为耕地中的精华,是按照一定时期人口和社会经济发展对农产品的需求,依据土地利用总体规划确定的不得占用的耕地;城市开发边界线是城市开发建设和禁止城市开发建设区域之间的界线,是允许城市开发建设用地拓展的最大边界。基本农田边界线对于维护国家粮食安全和实现重要农产品供给具有重要意义,同时其作为国土空间规划中重要的空间管控边界,不仅承担了落实耕地保护制度和维护粮食安全的使命,还被赋予了限制城镇无序蔓延的功能(杨绪红等,2014)。

从系统论角度,"三线"是生态系统、农业系统和城市系统之间的界面,通过各子系统的相互影响、相互作用共同圈定了各系统的边界和范围,因而具有复杂性、异质性、动态性等特点。空间形态上,"三线"圈定的核心区(即系统内部)主导功能明确,空间范围稳定,其边界作为土地利用冲突的显化区,具有复杂性特点;空间尺度上,市县或更微观的区域,"三线"重在体现"生产-生活-生态"功能的分离,在不同主导功能定位下引导土地集约节约利用,提高资源利用效率,但同时也应重视不同功能之间可能的兼顾或依存关系;时间尺度上,随着社会经济发展阶段的变化,土地利用的发展目标与主导功能会存在差异,继而表现在划定准则与协调法则上的不同。"三线"是在一定时间内各类用地协调耦合的平衡状态,具有动态性特征。

结合"三线"内涵及政策目标,本研究认为"三线"划定是在区域主体功能引导下,立足区域资源特点和社会经济发展需要,面向土地利用矛盾,统筹生产、生活、生态空间,通过科学合理划定基本农田保护红线、城市开发边界线和生态保护红线,有效化解土地利用结构冲突、土地利用功能紊乱和土地利用效益失衡的规划措施。在操作层面,可从生态保护、农业安全和城市发展三方面目标导向出发,围绕生态、生产和生活功能构建生态适宜性、耕作适宜性和建设适宜性评价体系,采用最小累积阻力模型和多因素综合评价得到特定目标下的土地利用适宜性结果;根据各单元所具有的不同适宜度,形成不同土地利用组合模式和冲突类型识别,以生态优先、集中紧凑、邻域和谐、空间识别为原则对冲突进行耦合协调,从而实现"三线"划定。具体技术路线见图 3-3。

目标导向　　生态保护　　　　　　农业安全　　　　　城市发展

功能导向　　生态功能　　　　　　生产功能　　　　　生活功能

评价目标　　生态适宜性　　　　　耕作适宜性　　　　建设适宜性

点　　　面

评价指标　生态保护核心区　生态服务价值　生态敏感性　｜地形条件　土壤质量　工程条件　空间质量　耕作便利性｜地形条件　区位条件　水文条件　交通可达性

网络

评价方法　基于最小累积阻力模型　　　综合加权叠加　　　综合加权叠加

评价结果　生态高适宜　生态中适宜　生态低适宜　耕作高适宜　耕作中适宜　耕作低适宜　建设高适宜　建设中适宜　建设低适宜

冲突识别　不同土地利用组合模式

相同类型归并

冲突类型区识别

冲突协调　生态优先　　集中紧凑　　邻域和谐　　空间识别

"三线"划定　生态保护红线　　基本农田保护红线　　城市开发边界线

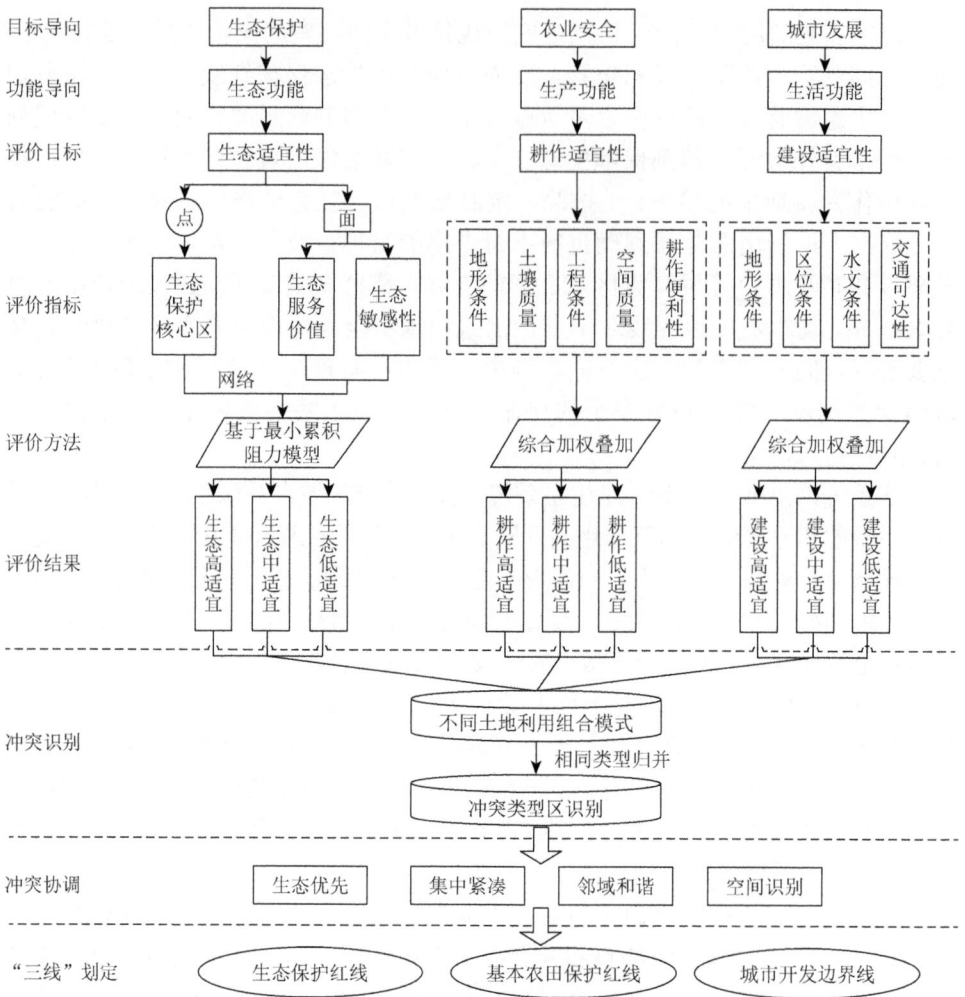

图 3-3　"三线"划定技术路线图

3.2.2　土地适宜性评价

1）生态适宜性评价

生态保护红线对区域生态安全具有重要作用，是"三线"划定的基础。本研究按照"点-面-网络（关系）"的层级进行生态适宜性评价，其中"点"针对各项规划确定的自然保护区、风景名胜区、生态公益林、湖泊水库等有明显边界的区域；"面"则是根据生态系统服务功能和生态敏感性评价所确定的生态适宜度较高的区域；"网络"即关系层面，注重对各个孤立的生态"点"要素在生态"面"区域上建立空间联系，以利于物质、能量的流动，体现生态保护红线对维护生态安全格局的重要作用。

生态适宜性评价中的"点-面"分析侧重于生态因素自身的重要性，而忽视了评价单元与周边生态要素的联系作用。基于此，本研究采用最小累积阻力模型，在垂直向生态适宜性评价的基础上，进一步考虑到生态要素水平扩展过程，基本公式如下：

$$\min\sum \mathrm{MCR} = f\sum_{j=n}^{i=m} D_{ij} \times R_{ij} \tag{3-1}$$

其中，f 是一个未知的负函数，反映扩张过程与最小累积阻力值之间的负相关关系；D_{ij} 是地块 i 到源 j 的空间距离；R_{ij} 是地块 i 对源 j 扩张的阻力值；最小阻力 $\min\sum \mathrm{MCR}$ 表示从地块 i 到源 j 的最小累积阻力值。借助该模型得到各孤立的"点"在"面"上的空间联系形成的生态安全格局，这对于维持生态系统结构与功能的完整性起到重要作用。

2）耕作适宜性评价

基本农田保护红线是农业发展和农业现代化建设的根基和命脉，是国家粮食安全的基石。严格划定、特殊保护永久基本农田，是增强现代农业发展的物质基础。根据当前基本农田划定的政策要求，从确保耕地质量和保障布局稳定的角度，从土壤质量、空间质量、工程条件和耕作便利等方面构建耕作适宜性评价体系。

3）建设适宜性评价

城市用地空间扩展是城市成长发展过程在物质形态上的具体体现，在各种因素的综合作用下形成了当前城市用地格局。本研究从城市用地"增量"角度出发，考虑城市扩张占用其他地类的可能性大小，立足地形、区位、水文和交通可达性等条件构建建设适宜性评价体系。

生态适宜性评价采用最小累积阻力模型；耕作和建设适宜性评价采用综合加权叠加分析、权重结合专家意见及层次分析方法确定，具体的适宜性评价指标体系见表3-4。

表3-4　适宜性评价指标体系

目标	一级指标	二级指标（权重）	分级赋值				
			1	2	3	4	5
生态适宜	生态服务功能 E1	供给服务 调节服务 支持服务 文化服务	根据谢高地单位面积生态系统服务价值当量表，计算不同土地利用类型：农田（旱地、水田、水浇地）、森林（有林地、果园、灌木林地等）、草地、湿地、水体和裸地等各项生态服务价值				

续表

目标	一级指标	二级指标（权重）	分级赋值				
			1	2	3	4	5
生态适宜	生态敏感性 E2	坡度/(°)（0.18）	>25	15~25	6~15	2~6	<2
		地形地貌（0.17）①	水域	低山丘陵	黄土缓岗	低洼圩田平原	高亢平原
		植被覆盖度（0.19）②	0.8~1	0.6~0.8	0.4~0.6	0.2~0.4	<0.2
		距水体/m（0.19）	<100	100~200	200~350	350~500	>500
		盐渍化程度（0.11）	无				有
		土壤侵蚀程度（0.16）	无	轻	中	强	岩石裸露
耕作适宜	地形条件 F1	坡度/(°)（0.01）	0~2	2~5	5~8	8~15	>15
	土壤质量 F2③	土壤 pH（0.01）	6.5~7.5	6.3~6.4			
		土壤有机质含量/%（0.02）	>2.8	2.5~2.8	2.2~2.4	1.9~2.1	<1.9
		表层土壤质地（0.03）	黏土	重壤	中壤	轻壤	砂壤
		耕层土壤厚度/cm（0.02）	>22	21~22	18~20	16~17	<16
		土壤障碍层深度/cm（0.03）	>60	30~60	<30		
	工程条件 F3④	排水条件（0.02）	优	良	一般		
		灌溉保证率/%（0.03）	>90	87~90	82~86	78~81	<78
	空间质量 F4	连片性/km²（0.24）⑤	>0.09	0.06~0.09	0.03~0.06	0.01~0.03	<0.01
		破碎度（0.23）⑥	0.18~0.24	0.25~0.28	0.29~0.33	0.34~0.53	>0.53
	耕作便利性 F5	耕作半径/m（0.21）	0~150	150~300	300~500	500~800	800~1500
		农村道路密度/(m/m²)（0.15）⑦	0.49~1	0.25~0.48	0.13~0.24	0.07~0.12	0~0.06
建设适宜	地形条件 C1	地形位（0.13）⑧	−0.6~−0.34	0.35~0.61	0.62~0.97	0.98~1.5	>1.5
	区位条件 C2	距中心城区/m（0.32）	0~500	500~1000	1000~1500	1500~2000	>2000
		距一般城镇/m（0.19）	0~100	100~200	200~300	300~400	>400
建设适宜	水文条件 C3	距水库湖泊/m（0.06）	>200	<200			
		距河流/m（0.12）	>200	150~200	100~150	50~100	<50
	交通可达性 C4	距高等级公路/m（0.18）	50~100	100~150	150~200	>200	<50

注：部分指标说明如下：①反映生态环境基底条件，其中低山丘陵为海拔 50 m 以上的地带；黄土缓岗为海拔 10~30 m、岗顶宽平、冲坳沟平浅的地带；低洼圩田平原指地势低洼、湖荡众多、河道纵横的冲积湖积平原；高亢平原指地面高程 8~9 m、地势高亢平坦的区域。②采用归一化植被指数（NDVI）表征。③和④参考《中国耕地质量等级调查与评定（江苏卷）》和《农用地分等规程》（TD/T 1004—2003）进行分级赋值。⑤以 10 m 为缓冲区，并与原耕地图斑合并，去除重叠图斑，对合并后的图斑进行重新提取其面积。⑥破碎度 =(斑块总数−1)/研究区总面积与最小斑块的比值；⑦农村道路密度 = 农村道路长度/面积；⑧地形位 $T = \log[(\bar{E}+1) \times (\bar{S}+1)]$，其中 E 为高程，S 为坡度，$\bar{E}$ 和 $\bar{S}$ 分别为研究区高程平均值和坡度平均值。

　　人类活动追求的不同利益导向与土地资源的多宜性，以及客观的资源有限性，产生了在土地利用上的潜在冲突。在一定的技术水平和时间范围内，土地用途具有独占性，即一定空间下，特定土地的主导用途只有一种。在 ArcGIS 软件中，利用空间分析功能对生态、耕作和建设适宜性结果进行合并，综合三类用地的适宜性程度形成不同的土地利用组合模式；将具有相同性质的类型进行归并，识别冲突类型区。

3.2.3　土地利用冲突与协调

　　在冲突区域类型识别的基础上，基于以下原则进行冲突区的耦合协调：

　　（1）生态优先原则。土地生态系统具有自我调节能力，但若破坏超过一定阈值会造成不可逆影响，由此决定了生态用地的不可替代性和难以复制性，故在冲突协调过程中应遵循生态优先原则。当生态适宜与耕作适宜或建设适宜相冲突时，应优先考虑将生态保护区或影响区及重要的生态廊道等优先划入生态保护红线范围。

　　（2）集中紧凑原则。无论是从发展角度（提高土地利用效率），还是从保护角度（便于集中管理），都要求功能相近的土地利用类型在空间上相对集中。规模连片的耕地既有利于促进机械化生产和管理，也利于实现良好的农业景观和社会文化功能；城市建设用地布局紧凑，有利于集聚发展，促进土地资源集约节约；生态用地的集聚，有利于形成较为稳定的生境，保护和提升生物多样性。因此在矛盾冲突区，应将零散的斑块进行处理，使其尽量融入周边的主体用地范围。

　　（3）邻域和谐原则。各冲突区周边的优势地类会对其未来发展产生"引力"作用，促进冲突地类向邻域优势地类转换。邻域引力从时间维度上可分为横向引力和纵向引力。横向引力指同一个时间段内，邻域对冲突区土地类型转化的影响；纵向引力指不同时间段内，土地利用变化的趋势。通过对一定时期土地利用变化分析，可以明确相应变化趋势，利用邻域优势类型区协调潜在冲突，可以减小划定后的落地阻力。

　　（4）空间识别原则。"三线"划定作为一项空间优化的政策，应对规划实践具有指导作用。在划定"三线"时应尽量结合明确界线或标志，如河流、湖泊、水库、山体等自然界线；桥梁、道路、权属边界等人为界线，以促进"三线"划定落地，增强实施管理的可操作性。

3.2.4　建设范围划定结果

　　综合考虑区域"生态-耕作-建设"目标，识别不同利益追求下不同土地利用组合的冲突模式，遵循生态优先、集中紧凑、邻域和谐及空间识别的协调原则，本研究选择常州市金坛区作为研究区（图 3-4）。金坛区地处江苏省南部，为宁沪杭三角地带之中枢，位于 119°17′45″E～119°44′59″E，31°33′42″N～31°53′22″N 之间，南濒洮湖，与溧阳、宜兴依水相望，北与丹阳毗邻，东与武进相连，西以茅山为界，与句容接壤。2022 年，全区辖 3 个街道、6 个镇，37 个居委会和 92 个村委会（常州市金坛区人民政府网站），土地总面积 975.68 km²，其中农用地面积 652.53 km²，占全区土地总面积的 66.88%；建设用地面积 186.18 hm²，占全区土地总面积的 19.08%；其他土地面积 136.97 km²，占全区土地总面积的 14.04%。作为苏南地区现代化发展程度较高的区域，当前金坛城市化率达 62.51%，伴随经济快速发展与城镇化进程的加快，中心城区扩张迅速、耕地资源趋向破坏、生态环境恶化等问题逐渐显现，土地利用生产、生活、生态功能冲突成为其区域社会经济可持续发展的阻力。同时，金坛作为全国生态示范区建设试点区域，上位规划中确定了金坛区建设长三角区域现代农业示范区和山水生态城市的发展目标，但建设用地扩张势必会压缩农业用地与生态用地空间，进而威胁粮食安全，影响整体生态环境。面对保持粮食生产、发展经济和保护生态环境的多重矛盾，如何测度土地利用功能冲突，并在高标准农田建设过程中精准协调土地利用功能冲突、维持经济发展、保障粮食安全及保护生态环境成为新时期金坛区实现社会、经济、生态可持续发展的重要路径。

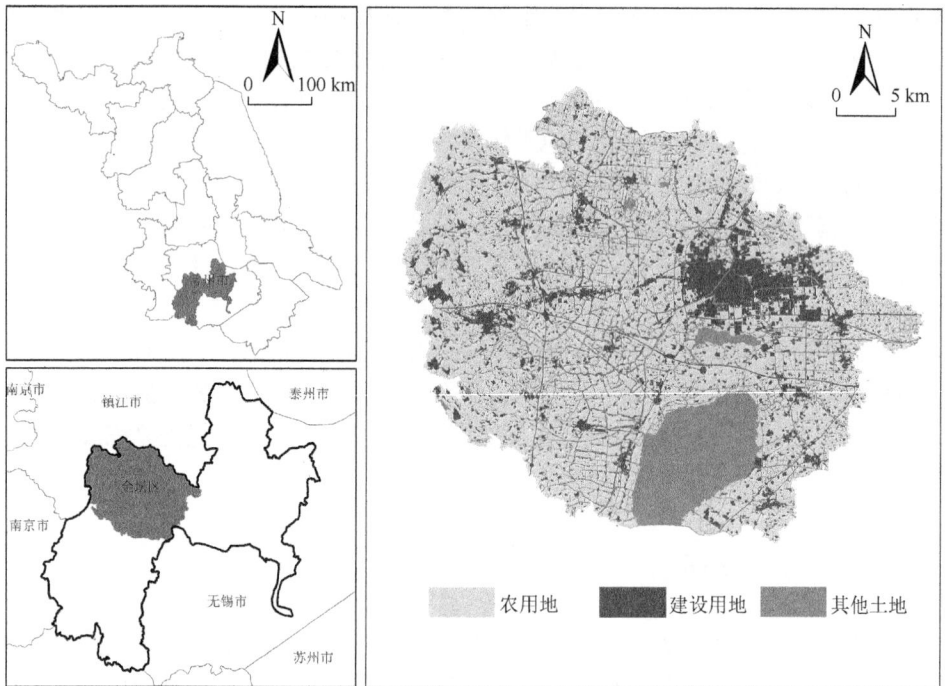

图 3-4　常州市金坛区

1. 土地利用适宜性评价结果

通过适宜性评价和最小累积阻力分析，得到各栅格单元（30 m×30 m）下的生态适宜性、耕作适宜性和建设适宜性评价结果，见图 3-5。

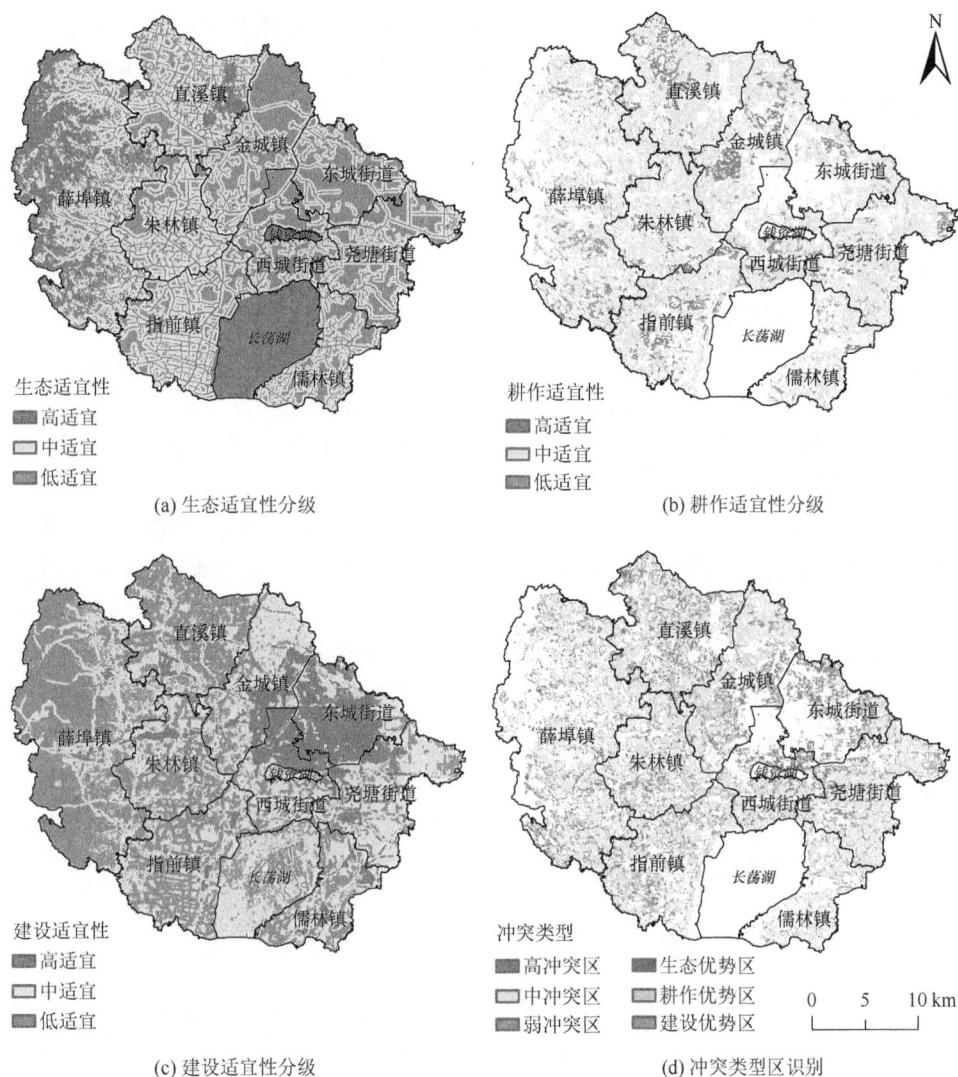

图 3-5　土地利用适宜性评价与冲突类型区识别

（1）生态适宜性。数量上，生态高适宜、中适宜和低适宜的面积分别为 314.75 km²、352.32 km² 和 308.61 km²，分别占区域总面积的 32.3%、36.1%和

31.6%。空间上，如图 3-5（a）所示，生态高适宜区主要分布在西部茅山地区、中部河网密集区，以及钱资湖、长荡湖等水源富集区。西部茅山地区地势较高、地形起伏较大，地质条件复杂，生态敏感性较强；同时该区林木资源丰富，是区内重要的水土涵养区，具有较高的生态服务功能；中部地势低洼，河流纵横交错，不仅为区域农业生产、生产生活提供水源保障，也发挥着连通生态要素、促进能量流动的廊道作用；河流湖泊易受人类活动的影响，生态敏感性较强。生态中适宜区主要分布在低山丘陵地带外围和中部圩田平原区。生态低适宜区主要分布在现状建设用地周边，其中东部高亢平原所占比例较大。

（2）耕作适宜性。数量上，耕作高适宜区、中适宜区和低适宜区的面积分别为 47.93 km^2、251.69 km^2 和 39.59 km^2，分别占耕地总面积的 14.13%、74.2%和11.67%。空间上，如图 3-5（b）所示，耕作高适宜区主要分布在中部圩田平原的西北部、中心城区西部及长荡湖西部平原。该区土壤质地以重壤和黏土为主，有机质含量高，灌溉排水条件好，耕地集中并相对连片，农业发展条件优越；耕作中适宜区分布最广，主要以中部低洼圩区和东部平原为主，土壤多为中壤，重壤次之，排水条件优良，灌溉保证率可达 80%；耕作低适宜区主要位于西部茅山山区及低山丘陵区，该区是丘陵向平原的过渡地带，耕作层一般较薄，障碍层深度较浅，农业发展条件较差。

（3）建设适宜性。《常州市金坛区土地利用总体规划（2006—2020 年）》确定到 2020 年全区建设用地规模为 156.16 km^2。从"增量"建设用地的适宜性出发，建设高适宜区、中适宜区和低适宜区的面积分别为 147.43 km^2、410.47 km^2 和417.78 km^2。空间上，如图 3-5（c）所示，建设高适宜区主要分布在中心城区及建制镇周边，以及主要交通沿线。该区易受城镇发展和交通基础设施建设影响，农用地和其他用地有较大概率转变为建设用地；建设中适宜区主要分布在东部路网密集区，该区与中心城区较近，易受到其辐射带动，城市发展条件中等；建设低适宜区主要位于西部茅山和中部低洼平原区，空间分布与生态适宜性评价的高/中适宜区有较大重叠。

2. 土地利用冲突识别

在 ArcGIS 软件中，利用空间分析功能对金坛的生态、耕作和建设适宜性结果进行合并，形成 27 种组合模式，将具有相同性质的类型进行归并，得到 6 种主要的类型区，其中，冲突区（弱、中和高冲突）的面积为 270.95 km^2，占区域总面积的 27.82%，中等以上冲突面积占冲突区总面积的比例达 78.4%，具体见表 3-5。

表 3-5 土地利用组合形式及耦合协调

类型区	生态优势区	耕作优势区	建设优势区
适宜性组合	E1-F2-C3；E1-F2-C2；E1-F3-C2；E1-F3-C3；E2-F3-C3	E2-F1-C2；E2-F1-C3；E3-F1-C2；E3-F1-C3；E3-F2-C3	E2-F2-C1；E2-F3-C1；E3-F2-C1；E3-F3-C1；E3-F3-C2
说明	生态适宜性明显高于耕作和建设适宜性，与另两类冲突较弱	耕作适宜性高于建设和生态适宜性，农业发展条件优越	建设适宜性高于生态和耕作适宜性，开发建设条件较好
空间分布	西部茅山片区，薛埠镇等	中部低洼平原的西北部、中心城区西部和长荡湖西部	临近现状中心城区与建制镇
协调结果	划为生态用地	划为基本农田	划为建设用地
类型区	弱冲突区	中冲突区	高冲突区
适宜性组合	E3-F3-C3；E2-F2-C3	E2-F2-C2；E1-F1-C2、E1-F1-C3；E3-F2-C2、E2-F3-C2	E1-F1-C1；E2-F1-C1、E3-F1-C1；E1-F2-C1、E1-F3-C1
说明	分为两类：①三类适宜性皆较低，各类均无显著优势；②生态与耕作适宜性中等，建设适宜性低	分为三类：①适宜性均为中等；②生态与耕作适宜性均较高，建设适宜性中等或低；③三类用地适宜性皆为中等或低	分为三类：①适宜性都较高；②耕作与建设适宜性冲突激烈；③建设与生态适宜性均较高
空间分布	占总冲突面积的21.6%，主要分布在低山丘陵与低洼平原过渡区和河流沿岸	占总冲突面积的63.56%，主要处于中部和东部平原地区	占总冲突面积的14.84%，主要分布在中心城区、建制镇周边和交通沿线附近
协调结果	划为基本农田	划为基本农田	进一步耦合协调

注：E、F、C 分别表示生态适宜性、耕作适宜性和建设适宜性；1、2、3 分别表示高适宜、中适宜和低适宜。

3. 土地利用协调与"三线"划定

综合生态优先、集中紧凑、邻域和谐及空间识别原则，对冲突区进行耦合协调、综合划定金坛区"三线"范围（图 3-6）。

（1）生态保护红线划定。首先搭建区域"点-线-面"生态骨架，包括：作为生态保护核心区的点状自然保护区、风景名胜区等，主要包括西部茅山片区、北部天荒湖湿地及长荡湖、钱资湖等，面积 170.56 km^2；线状的生态廊道根据生态优先原则，对高冲突区中的生态与建设冲突区进行协调，将临近主要河流或交通沿线的冲突区，作为水陆交错带或交通影响的缓冲区纳入生态保护红线范围，主要分布在中部的低洼平原，面积 45.22 km^2；面状的生态适宜性评价高值区和冲突识别中的生态优势区作为生态缓冲区，主要分布在西部丘陵地带，面积 44.85 km^2。综合后，生态保护红线范围内的土地总面积为 260.63 km^2，占区域总面积的 26.76%。

（2）基本农田保护红线划定。包括较为稳定的优质耕地及农业系统边缘与其他系统相互作用明显的边界区：稳定的优质耕地是基于土地利用组合形式中的耕作优势区、冲突类型中的弱冲突区和中冲突区的识别结果，主要分布在低山丘陵

与低洼平原过渡区、河流沿岸及中部和东部的平原地区，面积 253.44 km²；基本
农田边界区基于集中紧凑原则，对高冲突区中非中心城区范围的耕作与建设冲突
区进行处理，将其融入周边优势地类，形成规模连片、功能相近的空间格局，这
部分耕地较为零散、面积 50.13 km²，主要分布在建制镇周边。综合后，基本农田
面积为 303.57 km²，占金坛区耕地面积的 89.49%，占区域总面积的 31.17%。

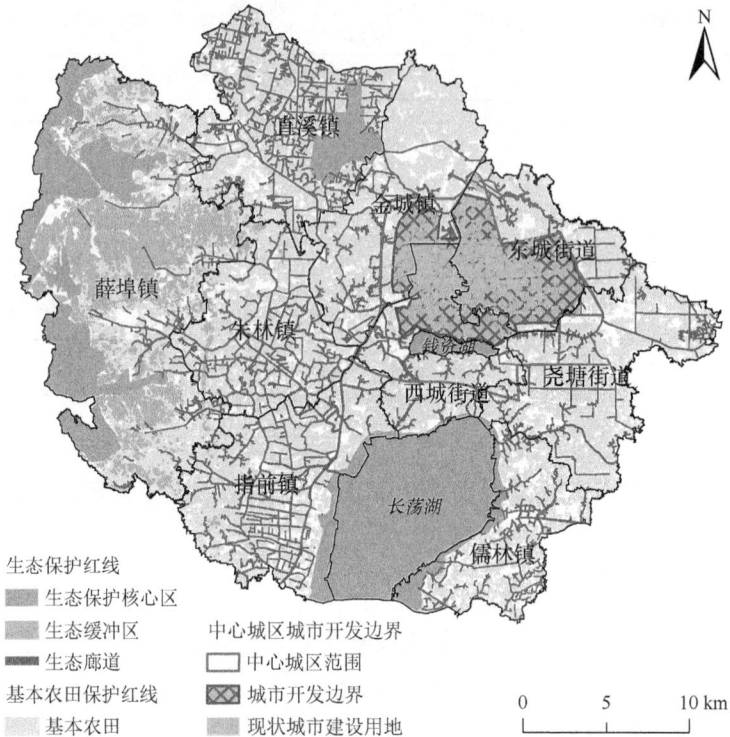

图 3-6　金坛区"三线"划定结果

（3）中心城区城市开发边界划定。包括中心城区内的现状建设用地及可扩展
的边界区：中心城区内的现状建设用地主要在钱资湖以北区域，面积为 30.92 km²；
可扩展的边界区一方面是中心城区范围内的建设优势区，主要分布在环湖路以
北的小部分区域，面积 8.92 km²；另一方面中心城区内高冲突区主要表现为耕作
与建设的冲突，运用邻域和谐原则，通过"横向"建设用地与耕地比例确定优
势地类，结合"纵向"的历年中心城区扩张趋势——金坛城市空间发展侧重
"东扩南移"、控制向西（临近丹金溧漕河）向北（临近市域界线，发展空间
较小）扩张；与此同时，运用空间识别原则，使得城市开发边界能够落实到具
体的空间约束上，起到政策引导作用，在中心城区范围内的耕作与建设冲突区

识别的基础上，以西部 241 省道和南部环湖路作为城市开发边界的部分界线。中心城区城市开发边界范围面积为 69.43 km² （包含边界内河流、湖泊面积），占区域总面积的 7.13%。

3.3　高标准农田建设储备

2019 年，自然资源部、农业农村部联合印发《关于加强和改进永久基本农田保护工作的通知》（自然资规〔2019〕1 号），要求在永久基本农田之外的其他质量较好的耕地中，划定永久基本农田储备区。永久基本农田储备区的划定是对高标准农田建设范围和建设方法成果的补充、巩固和完善，既能够切实保护优质耕地，保障国家粮食安全，又能够促进落实永久基本农田保护制度，确保在重大项目占用、生态建设调整及全域土地综合整治建设占用永久基本农田时，科学合理实现永久基本农田补划，保障耕地数量稳定、质量提升、格局优化、生态改善。

永久基本农田储备区与高标准农田建设一脉相承，既具备永久基本农田的一般属性，需符合农业生产适宜性、空间布局集聚性、未来发展稳定性的要求，又承担高标准农田建设"后备队"的职责，与已划定的永久基本农田集中连片，引导城乡建设空间、生态空间、农业空间全域布局优化。目前国内有关研究多停留在政策制度方面，提出了相应的划定目标、划定要求、划定流程等的原则要求和控制目标，但有关永久基本农田储备区划定的学术研究仍较为有限。基于此，本书从永久基本农田储备区的概念内涵和政策要求出发，制定永久基本农田储备区划定准则，从地类、数量、质量三个方面构建永久基本农田储备区约束条件，从适宜性、集聚性、稳定性三个维度构建永久基本农田储备区评价体系，在对一般耕地进行综合质量评价的基础上划定永久基本农田储备区，结合三维魔方空间分类方法，划分永久基本农田储备区整治分区，并以常州市金坛区进行实证研究，验证划定方法的合理性和可行性，以期为永久基本农田储备区划定提供参考和借鉴。

3.3.1　储备区内涵与划定准则

永久基本农田储备区作为永久基本农田的直接补划来源，在核心价值上既与永久基本农田、高标准农田相联系，又有所区别，在管控要点上应按照一般耕地进行动态管理，在划定目标上既要满足永久基本农田划定和未来高标准农田建设的要求，也要解决现状永久基本农田存在的问题。永久基本农田、高标准农田、永久基本农田储备区相关概念辨析如表 3-6 所示。

表3-6 永久基本农田及储备区内涵辨析

	基本概念	核心价值	管控要点	划定要求
永久基本农田	按照一定时期人口和社会经济发展对农产品的需求，依据土地利用总体规划确定的不得占用的耕地	保护优质耕地、保障国家粮食安全、引导城镇发展空间、推动农业现代化建设	严格控制非农建设占用，保护利用好永久基本农田	数量增加、质量提升、格局优化、生态改善
高标准农田	土地平整、土壤肥沃、集中连片、设施完善、农电配套、高产稳产、生态良好、抗灾能力强，与现代农业生产和经营方式相适应，按照规定划定为基本农田的农田	耕地中最精华、最优质、最高产的部分	把建成的高标准农田划为永久基本农田，遏制"非农化"，防止"非粮化"	优先把永久基本农田保护区和粮食生产功能区、重要农产品生产保护区的耕地全部建设成高标准农田
永久基本农田储备区	位于永久基本农田之外的优质耕地	保护优质耕地，确保国家粮食安全提供后备资源，保障永久基本农田数量不变、质量稳定，科学合理实现永久基本农田补划	在补划为永久基本农田之前，按照一般耕地进行动态管理，存在违法占用、灾毁及农业结构调整的可能	质量优等、区位便捷、生产高效、形态规整、与永久基本农田集中连片、稳定利用

　　本研究以永久基本农田储备区核心价值为导向，以管控要点为底线，以划定要求为标准，依据国家相关政策要求和技术标准制定永久基本农田储备区划定准则，包括约束准则和评价准则两个部分，其中约束准则包括地类准入、质量提升、数量相当三个方面，地类准入准则和质量提升准则对评价单元进行选择，确定划入永久基本农田储备区的地类、耕地位置和耕地质量；数量相当准则对评价结果进行选择，确定永久基本农田储备区划定数量。评价准则包括生产适宜、空间集聚、发展稳定三个方面，分别对评价单元进行适宜性、集聚性、稳定性三个维度评价。

　　1）约束准则

　　地类准入准则：划入永久基本农田储备区的地块必须为耕地且位于现状永久基本农田和生态保护红线以外。

　　质量提升准则：永久基本农田调整后耕地质量应有所提升，划入永久基本农田储备区的耕地最低质量等别应不低于已划定永久基本农田耕地的质量等别，耕地坡度≤25°。

　　数量相当准则：考虑永久基本农田调整可能性，永久基本农田储备区规模应达到一定比例。

　　2）评价准则

　　生产适宜准则：生产适宜准则表征永久基本农田储备区的生产条件，对提高耕地综合生产能力、保障粮食供给具有重要意义。永久基本农田储备区内耕地应当符合农业生产适宜性要求，具备良好的耕地自然质量、完善的农业生产设施和便捷的区位条件。

空间集聚准则：空间集聚准则表征永久基本农田储备区的空间形态，空间集聚利于增加农业机械生产效率，提高耕作集约性、规模性。永久基本农田储备区内耕地应具备良好的空间形态，田块形状规整，与永久基本农田集中连片，区位偏僻、零星分散、规模过小的耕地不应该划入永久基本农田储备区。

发展稳定准则：发展稳定准则体现永久基本农田储备区的发展潜力，稳定耕地利于维持耕地资源的可持续利用。永久基本农田储备区内耕地应具备较强的发展稳定性，既要避免耕地发生地类转换，也要维持耕地本身的生态可持续性，生态脆弱、易被占用的耕地不应划入永久基本农田储备区。

3.3.2 储备区划定方法体系

1. 耕地综合质量评价

依据永久基本农田储备区划定准则，充分考虑评价指标的代表性、可计算性、差异性及数据的可获取性、准确性，从适宜性、集聚性、稳定性三个维度选取耕地综合质量评价指标（表 3-7）。其中，适宜性表征耕地自然本底、区位条件等，用自然等指数、交通通达度、耕作便利度等指标表示，自然等指数表征耕地自然本底，交通通达度和耕作便利度表征耕地区位条件；集聚性表征耕地田块形状、集中连片程度等，用田块规整度、距永久基本农田距离等指标表示，田块规整度表征田块形状，距永久基本农田距离表征集中连片度；稳定性表征耕地向其他地类转化的可能性、耕地生态可持续性等，用转换风险指数、生态用地覆盖率等指标表示，转换风险指数表征考虑经济效益和生态效益目标下各地类数量调控和空间配置时耕地向其他地类转化的可能性，生态用地覆盖率表征耕地生态可持续性。

表 3-7 耕地综合质量评价指标体系

目标层	准则层	指标层	指标释义	量化方法	效应
耕地综合质量评价	适宜性	自然等指数	反映耕地自然质量	农用地质量分等定级数据库	+
		交通通达度	反映农业生产过程中的运输效率	地块距主要道路距离	−
		耕作便利度	反映农民日常参与耕作的便利程度	地块距主要村庄距离	−
	集聚性	田块规整度	反映耕地形状的规则程度	斑块形状指数：$$E_i = P / 4\sqrt{A}$$ 式中，E_i 表示第 i 个耕地地块的田块规整度；P 表示地块周长（m）；A 表示地块面积（m²）	

续表

目标层	准则层	指标层	指标释义	量化方法	效应
耕地综合质量评价	稳定性	距永久基本农田距离	反映耕地与永久基本农田的相连程度	地块距永久基本农田距离	-
		转换风险指数	反映耕地向其他土地利用类型转换的不稳定程度	转换风险指数：$$R_i = \text{Prob} \times V$$ 式中，R_i 表示第 i 个耕地地块转换风险指数；Prob 表示耕地转换概率；V 表示耕地潜在转换面积（m^2）	-
		生态用地覆盖率	反映耕地生态调适能力	林地、草地和水域三类主要生态用地面积占村行政面积比例	+

注：耕地转换概率以历史某时间段内耕地发生转换的面积标准化值表示，耕地潜在转换面积以当前耕地地块在未来土地利用变化情景下向其他地类的转换面积表示，其中未来土地利用变化情景以未来土地利用模拟（future land use simulation，FLUS）模型预测协调经济效益和生态效益情景下目标年的土地利用结构为目标值。"+"号意为该指标对评价对象呈正向效应，"-"号意为负向效应。

2. 综合评价方法

运用最小相对信息熵原理组合网络分析法（ANP）和熵权法计算综合权重，采用综合加权叠加法建立耕地各维度及综合质量指标评价模型［式（3-2）］，通过计算各耕地地块单项指标得分，结合指标综合权重获取耕地地块各维度得分及综合得分，得分越高，耕地质量越好。

$$S_i = \sum_{j=1}^{n} C_{ij} \cdot w_j \qquad (3\text{-}2)$$

式中，S_i 为第 i 个耕地地块各维度得分或综合得分；C_{ij} 为第 i 个耕地地块单项指标得分；w_j 为 j 指标综合权重。

3. 综合整治分区方法

为实现永久基本农田储备区生产改善、空间优化、功能提升，使其合理有序划入永久基本农田，采用三维魔方空间分类方法对永久基本农田储备区进行整治分区，针对各分区限制性因子实施相应的整治措施。基于各维度指标分值评价结果，采用自然断点法将三维空间不同维度由高到低划分为高、较高、较低、低四个级别区间，按照节点距离三维空间原点的远近赋属性值 1～4，属性值越大，表示该维度指标得分值越大，在此基础上形成一个 4×4×4 的三维四阶魔方（图 3-7）。根据评价维度不同属性的层次组合特征，按照相对优势原则对其进行组合归并，具备三个维度低或较低属性值的耕地地块不纳入永久基本农田储备区，得到 56 种属性组合类型，形成永久基本农田储备区整治分区方案（表 3-8）。

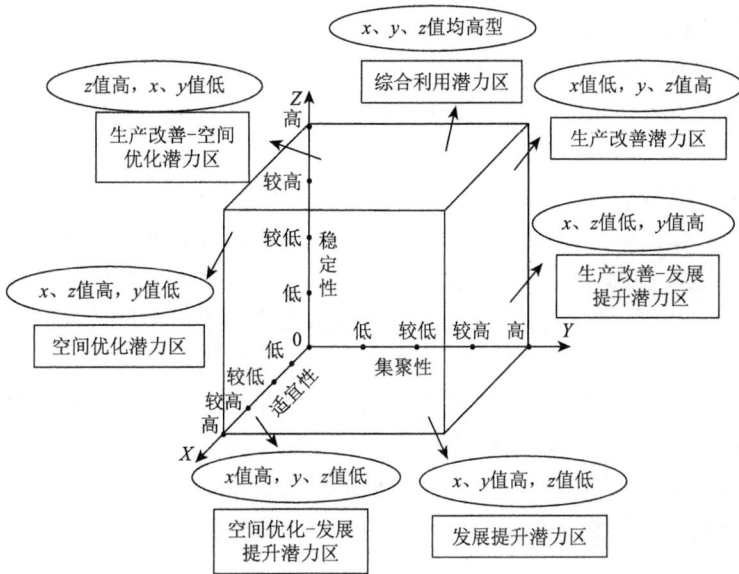

图 3-7 永久基本农田储备区整治分区模型

表 3-8 永久基本农田储备区整治分区方案

整治分区	魔方属性组合	组合基本特征
综合利用潜力区	(4,4,4)(3,4,4)(3,4,3)(4,4,3) (4,3,4)(3,3,4)(4,3,3)(3,3,3)	耕地适宜性、集聚性、稳定性均处于高或较高水平
生产改善潜力区	(2,4,4)(1,4,4)(2,4,3)(1,4,3) (2,3,4)(1,3,4)(2,3,3)(1,3,3)	耕地集聚性和稳定性处于高或较高水平，适宜性处于低或较低水平
空间优化潜力区	(4,2,4)(4,2,3)(3,2,4)(3,2,3) (4,1,4)(4,1,3)(3,1,4)(3,1,3)	耕地适宜性和稳定性处于高或较高水平，集聚性处于低或较低水平
发展提升潜力区	(4,4,2)(4,4,1)(3,4,2)(3,4,1) (4,3,2)(4,3,1)(3,3,2)(3,3,1)	耕地适宜性和集聚性处于高或较高水平，稳定性处于低或较低水平
生产改善-空间优化潜力区	(2,2,4)(2,1,4)(1,2,4)(1,1,4) (2,2,3)(2,1,3)(1,2,3)(1,1,3)	耕地稳定性处于高或较高水平，适宜性和集聚性处于低或较低水平
生产改善-发展提升潜力区	(2,4,2)(2,4,1)(1,4,2)(1,4,1) (2,3,2)(2,3,1)(1,3,2)(1,3,1)	耕地集聚性处于高或较高水平，适宜性和稳定性处于低或较低水平
空间优化-发展提升潜力区	(4,2,2)(4,2,1)(4,1,2)(4,1,1) (3,2,2)(3,2,1)(3,1,2)(3,1,1)	耕地适宜性处于高或较高水平，集聚性和稳定性处于低或较低水平

3.3.3 储备区评价结果

1. 耕地综合质量

本研究选取常州市金坛区作为研究区进行高标准农田建设储备研究。根据

2018 年度土地变更调查成果，金坛区现有耕地面积 35049.98 hm²，当前划定的永久基本农田面积为 36189.58 hm²（耕地占比 65%），未划入永久基本农田的耕地面积为 10662.48 hm²，其中旱地 7970.07 hm²、水田 11.10 hm²、水浇地 2681.31 hm²。"十三五"以来，金坛区社会经济发展迅速，2018 年末总人口为 56.2 万人，城镇化率达到 62.51%，实现地区生产总值 801.93 亿元，其中第一产业 36.02 亿元，占比 4.49%。金坛区以"建设长三角山水生态城市与现代农业示范区"为目标，但社会经济快速发展的同时城乡建设用地迅速扩张，导致区域内耕地资源紧张，永久基本农田保护区面临较大侵占风险。区内永久基本农田中耕地占比较低，部分高等级耕地未划入永久基本农田，选择作为研究区的代表性明显。

本研究以土地变更调查成果数据库为基础，根据地类准入准则和质量提升准则，选取坡度小于 25°、耕地利用等指数不低于现状永久基本农田耕地且位于现状永久基本农田和生态保护红线外的耕地地块为评价单元，参考已有研究，各指标采用自然断裂点法划分为 5 级，指标分级赋分结果如表 3-9 所示。

表 3-9　耕地综合质量指标分级赋分

指标	分值					综合权重
	100	80	60	40	20	
自然等指数	(3828, 3964]	(3739, 3828]	(3678, 3739]	(3615, 3678]	[3451, 3615]	0.170
交通通达度	[0, 203.51]	(203.51, 548.90]	(548.90, 1039.11]	(1039.11, 1740.51]	(1740.51, 3401.07]	0.050
耕作便利度	[0, 60.26]	(60.26, 170.67]	(170.67, 331.73]	(331.73, 611.32]	(611.32, 1293.57]	0.029
田块规整度	[0.89, 1.44]	(1.44, 2.24]	(2.24, 3.92]	(3.92, 7.48]	(7.48, 20.63]	0.022
距永久基本农田距离	[0, 388.46]	(388.46, 1121.10]	(1121.10, 2037.76]	(2037.76, 3170.92]	(3170.92, 4931.17]	0.497
转换风险指数	[0, 0.32]	(0.32, 1.21]	(1.21, 2.95]	(2.95, 6.99]	[6.99, 16.93]	0.013
生态质量	(30.01, 98.51]	(14.44, 30.01]	(9.33, 14.44]	(5.87, 9.33]	[0, 5.87]	0.217

金坛区一般耕地综合质量总体处于较高水平，但内部差异较大。空间分布极不均衡，总体呈现南高北低、东高西低的特点。采用自然断点法将耕地综合质量、适宜性、集聚性、稳定性分值划分为高、较高、较低、低四级，如图 3-8 所示。金坛区一般耕地中高等级耕地数量最多，面积为 3965.77 hm²，占一般耕地面积总量的 37.21%，主要分布于直溪镇北部和西南部、薛埠镇中部、朱林镇西北部、东城街道北部、尧塘街道西南部和中部、金城镇北部和东南部、西城街道西部和中部；较高等级质量耕地数量较多，面积为 3472.26 hm²，占一般耕地面积总量的 32.58%，主要分布于直溪镇北部和西南部、薛埠镇中部和北部、朱林镇西北部、东城街道东部和北部、金城镇东南部、西城街道、尧塘街道西部和中部、儒林镇。

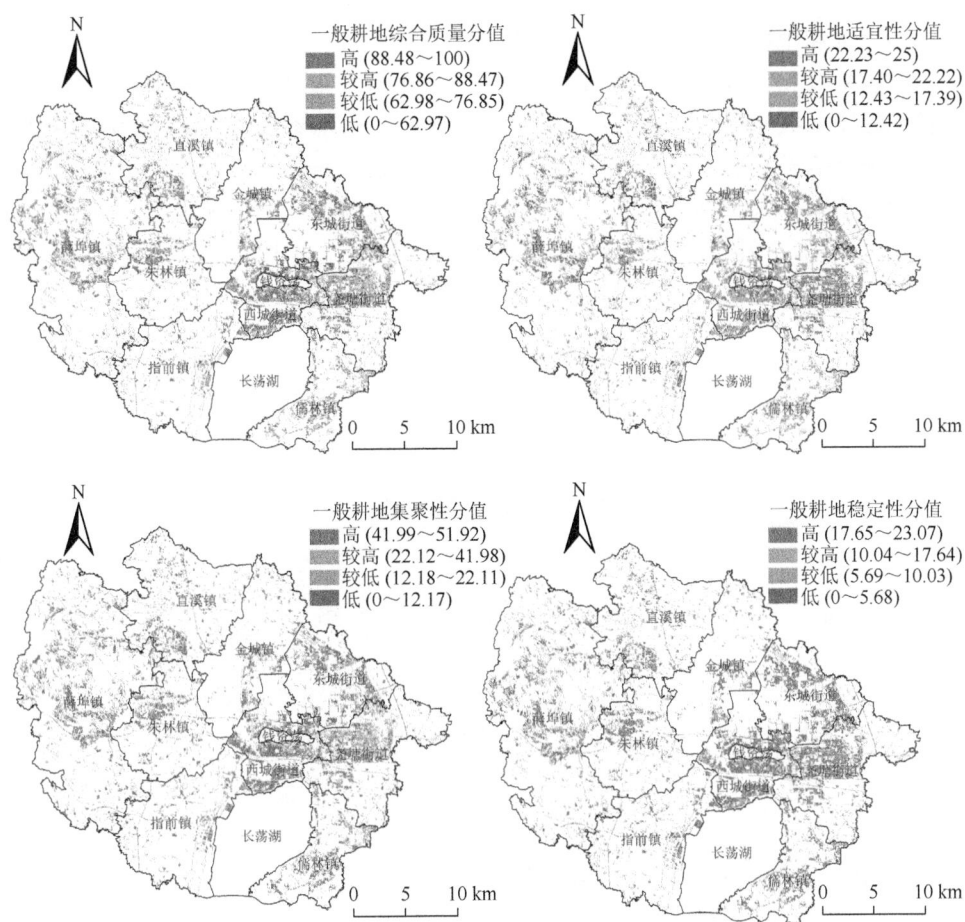

图 3-8　金坛区一般耕地评价结果

金坛区一般耕地总体适宜性程度较高，空间分布呈现由东向西、由南向北递减趋势，其中较高适宜性耕地所占比例最大，面积为 4226.85 hm²，占一般耕地面积总量的 39.66%，主要分布于直溪镇西南部和北部、朱林镇西北部、金城镇东南部、西城街道中部和南部、东城街道东南部和北部。耕地总体集聚性程度高，空间分布由城区向外呈递增趋势，高集聚性耕地所占比例最大，面积为 6178.66 hm²，占一般耕地面积总量的 57.97%，主要分布于薛埠镇北部和中部、直溪镇西南部、朱林镇西北部、金城镇东南部和东北部、西城街道中部和南部、东城街道北部和东部、尧塘街道西部和中部、儒林镇东南部。耕地总体稳定性程度高，空间分布呈现东高西低的特点，高稳定性耕地所占比例最大，面积为 8174.82 hm²，占一般耕地面积总量的 76.70%，主要分布于薛埠镇中部、直溪镇西南部、朱林镇西北部、金城镇东南部和东北部、西城街道中部和南部、东城街道北部和东部、尧塘街道西部和中部、儒林镇东南部和东部。

依据数量相当准则，考虑到永久基本农田不应大幅度空间调整和被侵占的可能性，设定永久基本农田储备区划定数量不少于永久基本农田数量的20%，按照一般耕地综合质量评价结果由高到低共划定7465.58 hm²永久基本农田储备区，主要分布于薛埠镇中部和北部，直溪镇西南部，金城镇东部、东南部和东北部，朱林镇西北部，指前镇东部、西城街道中部和南部、东城街道北部和东南部、尧塘街道中部、西部和北部、儒林镇中部（图3-9）。

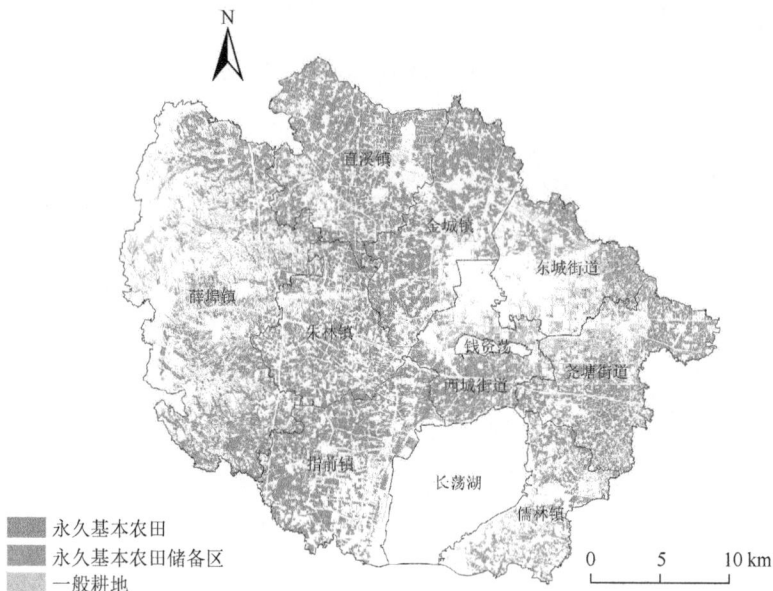

图3-9　常州市金坛区永久基本农田储备区空间分布

2. 整治分区方案

在耕地综合质量评价的基础上，按照三维魔方空间分类方法将金坛区永久基本农田储备区整治分区划分为综合利用潜力区、生产改善潜力区、发展提升潜力区、生产改善-发展提升潜力区四类，金坛区耕地空间形态良好，缺少空间优化潜力区、空间优化-发展提升潜力区和生产改善-空间优化潜力区（图3-10）。

（1）综合利用潜力区。主要分布于朱林镇西北部、直溪镇西南部、薛埠镇中部、金城镇东南部和东北部、西城街道中部和南部、东城街道北部和东部、尧塘街道中部和西部，总面积5541.89 hm²，占永久基本农田储备区面积的74.23%。该区耕地适宜性、集聚性、稳定性均较高，耕地自然质量较高，区位条件优越，农业生产力高，易于提高耕作效率和粮食产能，田块形状规整，空间集聚显著，

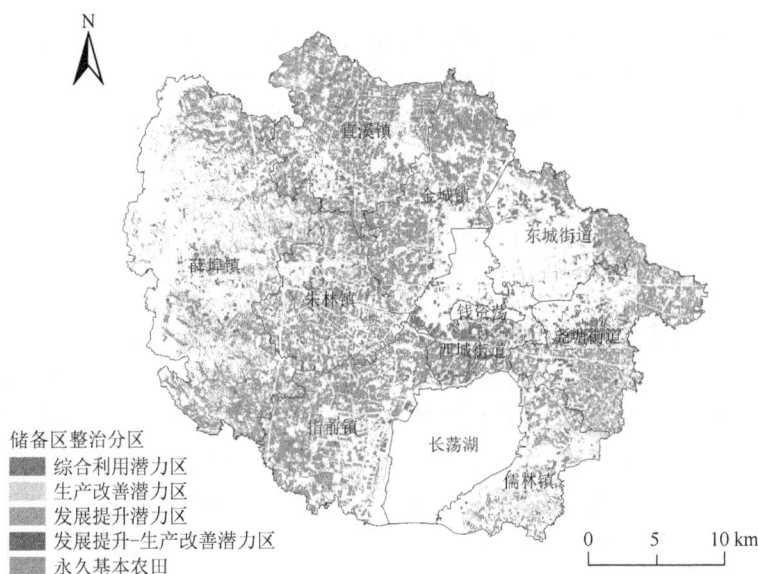

图 3-10 　常州市金坛区永久基本农田储备区整治分区

易于形成规模效应，发展现代农业，耕地被占用概率低，生态质量良好，易于耕地持续利用，应优先划入永久基本农田储备区，保护耕地质量和空间格局，维持耕地系统可持续性，注重提升耕地利用效率，严格限制非农化利用。

（2）生产改善潜力区。主要分布于朱林镇西北部、直溪镇西南部、薛埠镇中部、金城镇东南部和东北部、东城街道北部和东部、尧塘街道西部、儒林镇，总面积 1783.84 hm^2，占永久基本农田储备区面积的 23.89%。该区耕地适宜性较低，集聚性和稳定性较高，耕地空间分布集聚，空间格局良好，耕地系统可持续性强，但在农业生产方面有待进一步提升，应加强高标准农田建设，在保护耕地生态和空间格局的同时，不断完善农业基础设施建设，加大轮作休耕耕地保护，实施耕地提质改造，提升耕地质量等级，提高耕地产能。

（3）发展提升潜力区。主要分布于薛埠镇中部和北部、指前镇东部、金城镇东南部、东城街道中部，总面积 129.46 hm^2，占永久基本农田储备区面积的 1.73%。该区耕地适宜性、集聚性较高，稳定性较低，耕地自然质量较高，农业耕作便利，在农业生产方面具有一定优势，规模条件较好，空间分布集聚，但耕地具有一定的转换风险，生态质量有待提升，应予以重点关注，加强耕地保护和生态环境建设，注重维持耕地系统的发展潜力和可持续性，发挥耕地系统生产、生态、景观综合功能。

（4）生产改善-发展提升潜力区。主要分布于薛埠镇和尧塘街道，总面积 10.39 hm^2，占永久基本农田储备区面积的 0.14%。该区耕地集聚性较高，适宜性和稳定性较低，耕地空间集聚效果显著，但耕地自然质量较差，农业生产力低且耕地存在一定的转换风险，生态质量有待提升，应依据耕地自然立地条件，在保护耕地空间格局的同时完善农业基础设施，提升耕地作物产量，增强耕地生产功能，改善耕地生态质量。

3.4　高标准农田建设区地块优化

高标准农田建设以实现耕地资源保护和保障国家粮食安全为核心目标，以增加耕地面积、完善农业基础设施为重点任务，以工程建设为主要实施手段，但在优化耕地资源空间配置、促进耕地规模集中从而改善耕地细碎化方面仍有待提升。当前高标准农田建设偏重工程化发展，部分地区不仅未能解决耕地零散细碎问题，还使得一些经过整治的土地处于撂荒或丢弃状态。面对耕地后备资源紧缺、耕地保护压力加大的自然资源管理新形势，客观上要求进一步提高耕地利用效率、挖掘农业生产潜能，这也要求高标准农田建设在管理体制、运行模式、技术手段等进行相应调整。为实现高标准农田地块优化，本研究针对江苏省区域特点，研究建设靶区遴选方法、建设整治区域划分、建设策略设计等，选择研究区进行实证研究，并针对典型研究区田块细碎化问题，基于多目标线性规划，从工程设计、权属调整、地块分配三方面构建土地整治项目区耕地资源优化配置模型，对丰富高标准农田规划设计方法，推动耕地细碎化问题解决具有参考和借鉴意义。

3.4.1　建设区地块优选

1. 地块优选原则

本研究选择常州市金坛区作为研究区进行实证研究。近年来，《苏南现代化建设示范区规划》《长江三角洲地区区域规划》《长江三角洲城市群发展规划》等一批与常州发展密切相关的区域发展规划获得国务院批准，为金坛区带来了新的发展机遇。与此同时，金坛区城乡建设和交通水利基础设施建设的用地需求持续增长，土地供需矛盾突出。根据《常州市土地利用总体规划（2006—2020 年）调整方案》要求，至 2020 年金坛区永久基本农田耕地保护任务量为 23882.12 hm²，耕地平均利用等为 5.76 等。金坛区耕地后备资源匮乏，开发补充潜力小（详见 3.3 节），因此需要金坛区推进"藏粮于地、藏粮于技"战略，落实耕地数量、质量、生态"三位一体"保护和管控，进一步加强高标准农田建设，通过地块优选，划分建设靶区，推进农田提质增效；不断完善农田基础设施，优化农业产业结构，促进农业增效、农民增收，筑牢粮食安全之基。

　　高标准农田建设地块优选在确保农田"数量管控"的同时，应兼顾耕地的质量要素和生态要素。因此，地块优选应按照"自然质量与空间区位稳定性优先，保证粮食安全与布局优化；关注生态环境，保障生态安全；考虑工程建设条件，统筹兼顾"的总体原则。建设区域的选择应符合国家法律法规、部门规定、规划要求；土壤自然基础条件较好，耕地生产潜力大，无潜在污染与地质灾害；水环境需符合《农田灌溉水质标准》（GB 5084—2021）相关规定；建设区域集中连片，能满足农业现代化耕作需求，农田基础配套设施较好；地方政府高度重视，公众参与程度高。根据对全域范围的耕地调查与划分，本研究将建设区内地块划分为三种类型：重点建设区、限制建设区、禁止建设区，技术流程如图 3-11 所示。

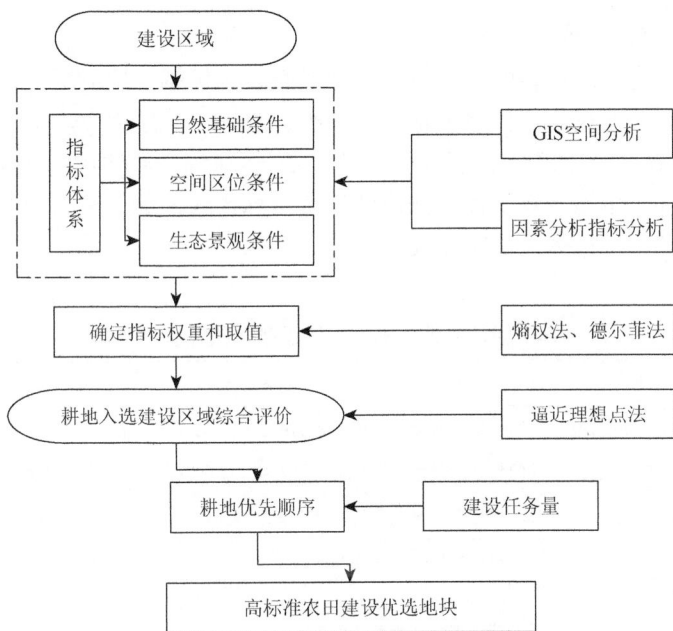

图 3-11　基本农田建设区内地块优选的技术流程

　　（1）重点建设区包括土地利用总体规划确立的基本农田保护区和整备区；土地整治规划确立的土地整治重点区、重大工程建设区及高标准基本农田建设示范县；根据耕地质量分等评定的较高等别的集中分布区域。

　　（2）限制建设区包括：水资源贫乏、土壤污染、水土流失、沙化严重等生态脆弱区和自然灾害易发区；因自然人工活动损毁并且难以恢复的区域；沿海内陆滩涂区域。禁止建设区不宜开展高标准农田建设，主要包括坡度大于 25°区域、自然保护区、退耕还林还草区及其他不宜开展土地开发区域等。

　　（3）禁止建设区明令禁止高标准农田建设，主要包括坡度大于 25°区域；自然保护核心区、退耕还林还草区；湖泊、河流、水库水面及保护区。

高标准农田建设区域的遴选应以区域土地利用现状耕地为基础，首先剔除土地利用总体规划和土地整治规划中与建设区有冲突的区域，再通过坡度分析、耕地连片度分析，剔除坡度大于 25°，连片程度过低的区域，得到基本农田建设潜力区。从自然基础、空间区位、生态景观建立耕地入选高标准农田建设区域评价指标，计算各评价指标分值，运用熵权法和德尔菲法主客观结合方法确定权重，利用逼近理想点法计算出最后评价结果，结合区域高标准农田建设任务量，划定最终建设靶区。

2. 地块优选方法

1）地块综合评价指标体系

江苏省作为传统产粮区域，耕地自然禀赋较为优越，地势平坦，水网密布，农耕历史悠久，但是当地优质耕地大量减少，耕地保护压力大，土壤酸化，农田破碎，非点源污染风险高，规模化生产程度低。因此本研究构建了自然基础条件、空间区位条件、生态景观条件三方面的评价指标作为耕地入选高标准农田建设靶区的基本条件，指标体系如表 3-10 所示。

表 3-10　耕地入选基本农田建设靶区的评价指标体系

准则层	指标层	选择依据	指标方向
自然基础条件	耕地质量等别	反映耕地基础肥力状况，影响粮食产量的基本因素	正向
	地形坡度	反映耕地立地条件，基本限制因素，坡度越大，越不利于机械化作业	负向
	灌溉保证率	反映耕地基础设施条件，保证耕地旱涝保收，基本抗旱能力	正向
空间区位条件	耕地集中连片度	反映农地机械化耕作便利度，是实现耕地集中连片与发展现代农业的关键	正向
	劳动力通达度	反映劳动力便利程度，用耕地到居民点距离表示	负向
	交通通达度	反映耕作便利程度，用区域内路网密度表示	负向
生态景观条件	景观破碎度	反映区域内生态景观破碎程度，景观越破碎，越不利于农田机械化与现代化耕作	负向
	田块规整度	反映耕地机械化耕作便利度，影响耕作效率，用斑块性状指数表示	正向
	区域水质条件	反映区域农田水质状况，水质状况越好，区域粮食产量越高，生态环境越好	正向

2）评价指标权重赋值

由于各个指标对耕地是否适宜入选高标准农田建设区具有不同的影响，因此，利用赋权的方法体现各个指标的重要性程度。常用的权重赋值方法有德尔菲法、熵权法、因素成对比较法、层次分析法、主成分分析法、田间试验法、回归分析法等。在实际操作中，应尽可能地选择主观与客观相结合的方法，避免不必要的误差。本研究采用德尔菲法与熵权法结合确定指标权重。德尔菲法指专家对指标赋予分值，操作简便可行，但主观性影响较大，结果常因所选专家的不同而有所差异。熵权法可以定量地计算出各评价指标的权重。熵的概念源于热力学，后由香农（C. E. Shannon）引入信息论。熵权法的应用原理：某指标值的变异程度越大，熵值越小，提供的信息量越多，对应权重越大。同理，熵值越大，权重越小。为保证评价指标的代表性和评价结果的客观性，本研究采用德尔菲法与熵权法结合确定指标权重。

各指标来源不同，量纲也不同，为了解除数据间的屏蔽效应，有必要对数据进行标准化处理。分值体系采用 0～100 分的封闭区间实现指标属性分值和耕地质量综合评分间的转换，分值越大，耕地地块条件越好。耕地入选高标准农田建设区域评价指标分级标准如表 3-11 所示。

表 3-11　耕地入选高标准农田建设区域评价指标

指标	一级		二级		三级		四级	
	标准	得分	标准	得分	标准	得分	标准	得分
耕地质量等别	≤3	100	3～4	80	4～5	50	>5	20
地形坡度/(°)	≤2	100	2～5	70	5～15	40	15～25	10
灌溉保证率/%	≥90	100	70～90	90	50～70	60	<50	30
劳动力通达度	≤0.5	100	0.5～1	90	1～2	60	>2	30
交通通达度/%	≥15	100	10～15	80	5～10	50	<5	20
耕地集中连片度/hm²	≥500	100	100～500	70	10～100	40	<10	10
景观破碎度	≤1.3	100	1.3～2	80	2～3	50	>3	20
田块规整度	≤1.05	100	1.05～1.61	80	1.61～2.19	50	>2.19	20
区域水质条件	≤Ⅲ	100	Ⅲ	70	Ⅳ	40	Ⅴ	10

3）耕地地块优选方法

本研究采用理想点法对耕地入选高标准农田建设区域进行排序。首先计算每个单元距最优地块的距离及最差地块的距离，然后计算各地块的相对贴近度，并且在此基础上对它们进行排序，相对贴近度大的地块则优先入选建设靶区。根据区域的建设任务确定入选数量，并在空间上显示入选地块。

（1）确定理想点和反理想点。

某指标在理想状态下的取值叫理想点。用 r_j^{max}、r_j^{min} 分别表示理想点和反理想点，用 r_j^{max}、r_j^{min} 分别表示第 j 个评价指标最大标准化和最小标准化后的取值。

（2）理想点评价函数。

计算评价单元指标值到理想点 r_j^{max} 和评价单元指标值到反理想点 r_j^{min} 的距

离，其中，第 i 个评价单元到 $r_j^{\max}$ 和 $r_j^{\min}$ 的距离分别用 d_i^+ 和 d_i^- 表示。

$$d_i^+ = \sqrt{\sum_{j=1}^{n}[w_j(r_{ij} - r_j^{\max})]^2} \qquad (3\text{-}3)$$

$$d_i^- = \sqrt{\sum_{j=1}^{n}[w_j(r_{ij} - r_j^{\min})]^2} \qquad (3\text{-}4)$$

式中，w_j 为第 j 个评价指标的权重。d_i^+ 值越小表明评价单元离理想点越近，评价分值越大；d_i^- 值越小表明评价单元离反理想点越近，评价分值越小。

（3）计算相对贴近度。

$$C_i = \frac{d_i^-}{d_i^+ + d_i^-} \qquad (3\text{-}5)$$

贴近度 C_i 值越大，评价分值越好。

（4）根据相对贴近度 C_i 大小排序。

对 n 个评价单元进行评价，可以得到 n 个 C_i 值，根据 C_i 值的达标对各耕地入选基本农田建设靶区进行排序，C_i 值大的耕地优先入选高标准基本农田建设靶区。当两个 C_i 值相同的时候，应当选取距离理想点值较小的为较优的基本农田建设靶区。

3. 整治策略设计

1）限制因素等级划分

根据长三角耕地特点，结合高标准基本农田建设主要工程，考虑到建设过程中可消除和可改造的限制性因素，本研究选取耕地质量等别、地形坡度、灌溉保证率、交通通达度、区域水质条件这 5 个指标进行限制性因素综合分析。结合表 3-11 的评价指标量化标准及高标准基本农田建设工程的实施难度，将不同限制因子的各个等级赋予相应分值。具体见表 3-12。

表 3-12　各限制因子等级划分

限制因子	高限制性		中限制性		低限制性	
	标准	分值	标准	分值	标准	分值
耕地质量等别	>4	20	3～4	50	≤3	100
地形坡度/(°)	5	15	2～5	40	≤2	100
灌溉保证率/%	70	30	70～90	60	≥90	100
交通通达度/km	2	30	1～2	60	≤1	100
区域水质	V	10	IV	40	≤III	100

2）限制因素识别

根据表 3-12，将 5 个限制因子划分为高、中、低不同的限制级别。本研究采用修正离散度分析确定主导限制因子。离散度表示个体与中心值的差异程度或偏离程度。本研究用评价单元某一限制因子分值与该评价单元所有限制因子平均值的差值表示该限制因子的离散度。修正后的离均差公式如下：

$$\& = x_{ij} - \frac{1}{n}\sum_{j=1}^{n} x_i \tag{3-6}$$

式中，$\&$ 表示第 i 个评价单元第 j 个限制因子的离散度值；x_{ij} 表示第 i 个评价单元第 j 个限制因子等级划分后的标准化值；n 表示第 i 个评价单元的指标个数。将每一地块的限制因子按离散度大小从低到高进行排序。$\&$ 越小，说明该限制因子对地块的限制作用越强，该限制因子为主导限制因子。

3）整治区域划分

整治区域划分应以评价单元的限制因子组合类型、限制强度及整治工程对限制因子改善的难易程度来综合划分。本研究确定的整治区域划分原则如下：

优先考虑限制因子的个数与限制程度。组合类型中限制因子个数越多，程度越大，则高标准基本农田建设难度越大。所以当某一限制因素组合类型中，高限制性因素为 3 个以上时，该区域建设难度较大，划分为综合整治区。

一般而言，按照限制因子离散度大小识别主导限制性因子。离散度越小，限制作用越强。当限制因子离散度大小相同的时候，需考虑限制因子本身性质对高标准基本农田建设类型分区的影响。

从限制因子本身性质分析，地形坡度改造难度最大，虽然可通过修筑梯田改造，但工程实施最为困难，需大量人力物力资金的投入，因此当离散度大小一样时，认为坡度为主导限制因子。农田水利建设对于保障区域灌排条件，提升耕地质量、提高粮食产量的重要环节，因此当灌溉保证率与田间道路通达度离散度一样时，优先考虑农田水利设施建设。

4. 地块优选案例

1）建设地块优选

根据前文所述步骤，针对常州市金坛区耕地，依据表 3-10 构建的评价指标体系构建原始数据矩阵、数据标准化、权重确定，利用逼近理想点法计算各评价单元的相对贴近度 C_i，根据值的大小对研究区耕地综合质量进行排序。C_i 值越大，综合评分越高，耕地质量越好，说明在高标准基本农田建设中障碍因素越少，更易建设。对金坛区耕地入选高标准基本农田综合评价分值进行分析，结合当地"十二五"和"十三五"高标准基本农田建设任务量，将建设靶区分为优先建设区（$C_i \geqslant 0.74$）、适宜建设区（$0.45 \leqslant C_i \leqslant 0.74$）、储备建设区（$0.16 \leqslant C_i \leqslant 0.45$）、不宜建设区（$C_i \leqslant 0.16$）。结果如图 3-12 所示。

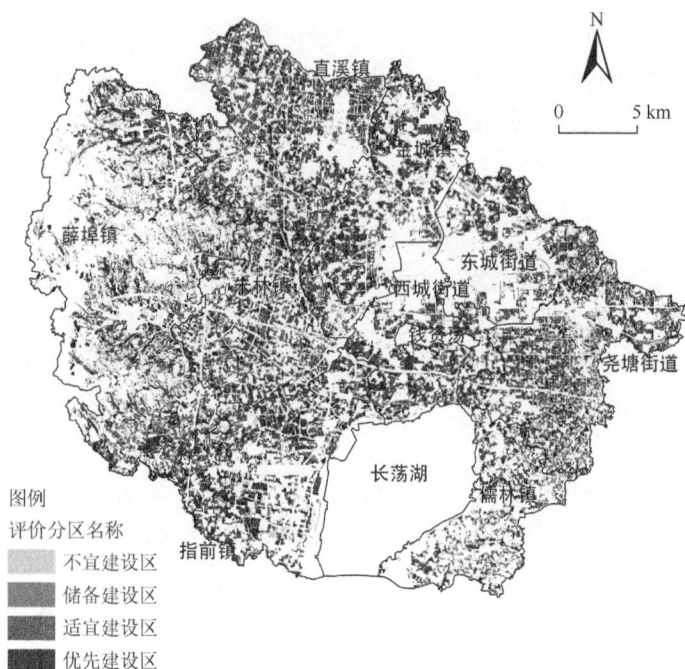

图 3-12　常州市金坛区耕地综合评价结果

　　根据评价结果，金坛区可供高标准基本农田建设的耕地规模共计 27592.04 hm² （储备建设区＋适宜建设区＋优先建设区，详情见表 3-13）。耕地综合质量最好的优先建设区主要分布于中南部长荡湖区附近和东北部分地区，建设靶区主要集中在指前镇、朱林镇等地，建设规模约 13625.38 hm²，该区域耕地综合质量较高、自然基础条件较为优越，空间区位及生态景观条件较好，但部分区域基础配套设施弱、灌溉条件差。耕地综合质量较好的适宜建设区零散分布于东南部、中部区域，建设靶区主要分布在尧塘街道、儒林镇、金城镇，建设规模 11382.64 hm²，该区域耕地质量等别较高，东南部区域空间区位条件较差，交通通达度较弱，中部地区农田破碎严重。耕地综合质量较差的储备建设区零散分布于西部和北部区域，建设靶区主要分布在薛埠镇、金城镇、东城街道等地，建设规模 2584.02 hm²，该区域自然基础条件较差，生态景观条件较差，部分区域水污染严重。耕地综合质量最差的不宜建设区主要位于金坛区西北部地区，建设靶区主要分布在薛埠镇西部地区，建设规模 7289.43 hm²，西部地区自然基础条件较差，耕地分布破碎（表 3-13）。建设靶区等级划分可以为高标准基本农田建设时序提供依据，依据上述计算结果，金坛区可供高标准农田建设耕地为 27592.04 hm²，超出规划任务 3709.92 hm²。研究结果可以满足金坛区高标准农田建设任务的数量要求。

表 3-13　金坛区高标准基本农田建设优选靶区分乡镇汇总（单位：hm²）

乡镇名	不宜建设区	储备建设区	适宜建设区	优先建设区	总计
儒林镇	101.16	213.30	527.90	803.84	1646.20
薛埠镇	3277.83	639.93	2040.98	1111.08	7069.82
尧塘街道	569.28	255.96	1366.90	2338.96	4531.10
直溪镇	919.50	358.13	1869.66	1993.97	5141.26
指前镇	524.23	200.24	1175.91	1363.34	3263.73
朱林镇	415.79	287.01	1009.29	1655.97	3368.06
金城镇	1164.79	427.15	2617.45	3350.10	7559.50
西城街道	204.53	129.1	538.79	575.19	1447.61
东城街道	112.32	73.20	235.76	432.93	854.21
总计	7289.43	2584.04	11382.64	13625.39	34881.50

2）整治区域划分及策略设计

根据上文所述划分原则，金都区高标准基本农田建设可以划分为 5 个类型区，即综合整治区、土壤培肥主导区、灌排条件完善主导区、田间道路建设主导区、水质改善主导区。划分结果如表 3-14 所示。

表 3-14　金坛区整治工程类型划分结果统计表

整治区域	建设规模/hm²	比例/%	主要分布乡镇
灌排条件完善主导区	6686.96	19	金城镇、直溪镇
水质改善主导区	11385.29	33	指前镇、尧塘街道
田间道路建设主导区	1093.32	3	朱林镇、儒林镇
土壤培肥主导区	13634.58	39	东城街道、直溪镇
综合整治区	2094.95	6	薛埠镇、直溪镇

针对当地土地利用特点，本研究在规划设计时，以优化土地格局、改善农地基础设施、改变农田生产条件、提升农地生态景观价值为目的，合理选择高标准基本农田建设靶区，尽量保留水塘、林地、草地等生态用地类型，维护自然生态景观。基于此设计生态型整治策略（图 3-13）。

（1）综合整治。综合整治区是高标准农田建设限制性因素最多的区域，该区域农田综合条件较差，含有 3 个及以上限制性因子。大部分耕地较为破碎、规模化生产程度低、灌溉保证率低、交通通达度和区域水质条件差，部分耕地质量等别差、地形坡度过高。由于受多重限制因子的影响，该区域需综合各项整治工

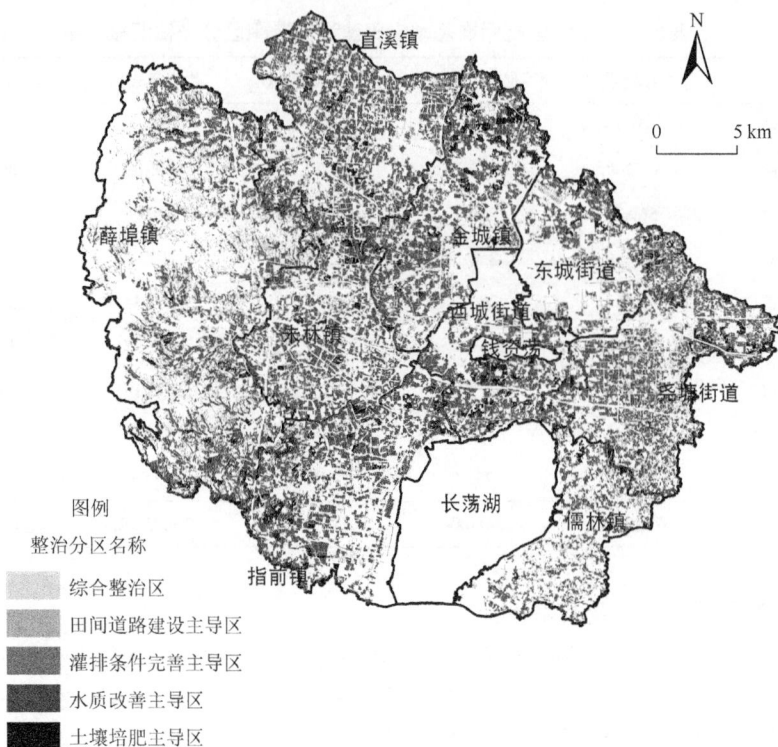

图 3-13　金坛区高标准农田整治工程类型区分布

程进行全面整治，包括"田、水、路、林、村"综合治理。加强水土资源改良与治理，进行土地翻耕平整，土壤有机培肥、低碳管护，农业面源污染防治；完善生态沟渠、田间道路等基础设施建设，促进农业规模化经营与现代农业发展；强化水质改良与水源涵养、农田防护林等生态环境保持工程的建设。

（2）土壤培肥主导区。建设区域内化肥的过量使用不仅增加了农业成本，而且造成土壤理化性质下降、面源污染等问题。因此在土壤培肥主导区其整治策略主要如下：①针对区域土壤特点，进行测土配方施肥，调整土地利用方式和农业产业结构。②尽量少使用化肥，采取新型土壤培肥方式，如实施稻草、秸秆还田技术，增施农家肥；大力发展绿肥生产；增施生物肥料，利用微生物培肥土壤。③通过保护生物多样性间接提高土壤有机碳含量，利用乡土植物建立农田防护林，适当增加灌丛、树篱等。

（3）灌排条件完善主导区。该区域沟渠所占面积少，农田水利状况差，主要分布于金城镇和直溪镇等地。对应灌溉水利用系数不足 0.55，灌溉设施远不能满足现代农业要求。因此，区域高标准基本农田建设应当充分挖掘当地水资源、大力开展农田水利工程建设，包括小型水源工程、灌溉设施配套改造工程、排涝系统配套工程等。鉴于生态型土地整治的要求，农田水利工程设施应鼓励进行生态化设计。

（4）田间道路建设主导区。田间道路建设主导区主要限制因子为路网密度，该区域路网密度低且田间道路布局不尽合理。高标准农田建设一方面应尽可能地维修与完善原有道路，节约成本；另一方面应大力新修田间道路，对道路进行生态化设计，完善田间道路系统。

（5）水质改善主导区。水质改善主导区主要限制因子为水质条件，主要分布于金坛区长荡湖附近，该流域工业污水和生活污水日益增多，导致水质恶化，水质改善应该从源头控制、过程治理、后期养护做起。①源头控制：控制污染物总量，垃圾集中处理，工业、生活污水达标排放；少施化肥、农药，推广使用有机肥，切实保护水资源。②过程治理：开展污水截流、活水工程、生态水利工程等。针对传统的土地整治项目对田间渍水不作任何处理，高标准农田建设强调修建农田渍水净化系统，即田间用水汇集后排入净化池，通过净化池里种植的芦苇、千屈菜、石菖蒲等水生植物降低水中化学耗氧量和有机物，达到废水利用、污水净化的功效。③后期养护：后期需要对水源进行涵养保护，划定农田水质重点保护区，加强生态廊道建设。

3.4.2　农田空间布局优化

1. 耕地格局优化配置思路

在项目区尺度，耕地资源的优化配置是指在高标准农田建设中基于既有土地利用格局、土地权属状况和农业生产条件，结合农田水利、田间道路等工程建设，对农户地块（即农户所拥有的，用于农业生产的最小耕作单元。以下简称地块）进行形态和位置的调整，以实现农业生产成本的降低和农业生产效率的提高。其优化配置过程可分为三个阶段：①工程建设阶段。通过平整土地、配套灌排设施、修建田间道路等工程形成耕作田块（由田间灌排渠系、道路、林带等固定工程设施所围成的耕地图斑，是进行田间耕作、管理与建设的最基本单位，包含农户地块。以下简称田块）的初步格局。②权属调整阶段。在满足农民意愿的前提下，以降低农业生产消耗为目标，确定项目区内各农户地块所属的田块。③地块分配阶段。以挖掘农业生产潜力为目标，确定各田块中地块分配的具体位置，形成耕地资源的空间配置格局。

以此为基础，本研究形成技术路线如下：①以行政村为单元，根据项目区规划设计，结合田间灌排渠系、道路、林带等农田基础设施划分耕作田块；②分析耕地资源空间配置对农业生产效率的影响并进行数学抽象，以农户 i 在田块 j 中

分配的耕地面积 X_{ij} 为决策变量，构建多目标线性规划模型，以工程设计标准和农民意愿为基础制定地块分配规则，形成分配结果；③将模型优化结果与土地整治前后耕地资源状况进行对比分析，检验模型效果。具体技术流程见图3-14。

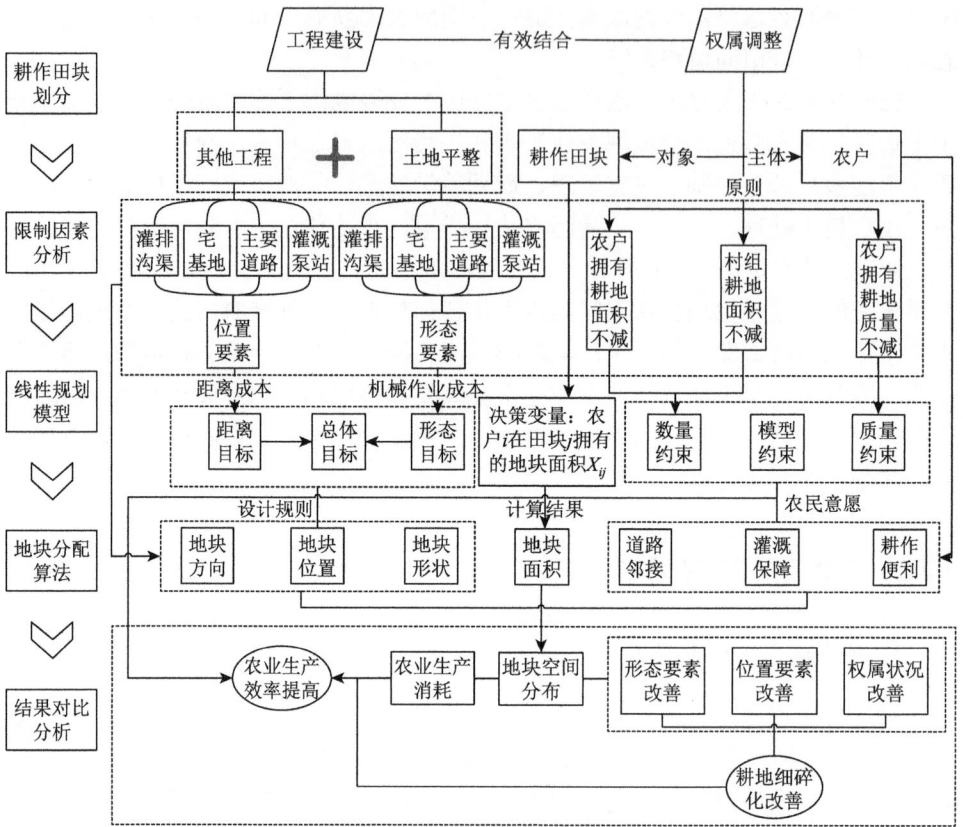

图 3-14　研究技术路线图

2. 多目标线性规划模型

多目标线性规划是解决线性约束条件下线性目标函数极值问题的数学方法，适用于多个彼此矛盾的目标下探寻相对最优解的情况，被广泛应用于资源配置、土地利用结构优化、多地点土地使用分配等研究领域。多目标线性规划模型由决策变量、目标函数及约束条件构成。本研究决策变量 X_{ij} 为农户 i 在该村田块 j 中拥有的耕地面积，因此模型共有 $i \times j$ 个决策变量。基于这一决策变量设置，意味着农户 i 在田块 j 中有且仅有一块面积为 X_{ij} 的地块，这样的设置也符合耕地集中连片的现实要求。

　　模型的总体目标是通过优化地块的空间配置，实现项目区农业生产效率提升。总体目标由两个单项目标函数组成，分别为形状目标函数［式（3-7）］和距离目标函数［式（3-8）］。为使地块位置和形状对农业生产效率的影响具有定量可比性，引入"粮食单元"（grain units，GU）。1 GU 定义为 1 t 谷物所等量的能量与蛋白质。将地块的长度、宽度及面积换算为机械作业消耗的 GU，将地块与权属人宅基地的距离、地块与主要农村道路的距离换算为交通运输消耗的 GU，将地块与泵站的距离换算为农业灌溉消耗的 GU。设定当总消耗最小时，农业生产效率最高，从而实现优化目标。具体目标函数如下。

　　根据地块几何形态与农业机械作业消耗的关系，构建形状目标函数：

$$\text{Cost1} = \sum_{i=1}^{m} \sum_{j=1}^{n} \left(\alpha_1 \times W_j + \alpha_2 \times \frac{X_{ij}}{W_j} + \alpha_3 \times X_{ij} \times W_j \right) \tag{3-7}$$

式中，Cost1 为由地块形状因素产生的农业生产消耗；X_{ij} 为农户 i 在田块 j 中拥有的地块面积；W_j 为将田块 j 视为矩形时的宽度（与线性工程垂直的边视为宽），在地块长边方向与田块长边方向垂直的条件下，W_j 也视为地块的长；m 为农户总户数；n 为田块总数；α_1、α_2、α_3 分别为地块长度、宽度和面积的消耗系数，根据项目区实际情况确定。

　　根据地块与特定地物空间距离产生的消耗情况，构建距离目标函数：

$$\text{Cost2} = \sum_{i=1}^{m} \sum_{j=1}^{n} \left(\beta_1 \times X_{ij} \times \text{Dist}H_{ij} + \beta_2 \times X_{ij} \times \text{Dist}R_j + \beta_3 \times X_{ij} \times \text{Dist}P_j \right) \tag{3-8}$$

式中，Cost2 为由地块位置因素产生的农业生产消耗；$\text{Dist}H_{ij}$ 为田块 j 到农户 i 宅基地的距离，由于优化后农户拥有的地块在田块中的具体位置尚未确定，因此用 $\text{Dist}H_{ij}$ 近似等于地块到权属人宅基地的距离；$\text{Dist}R_j$ 为田块 j 到最近农村公路的距离，近似等于内部各地块到最近农村公路的距离；$\text{Dist}P_j$ 为田块 j 到最近灌溉泵站的距离，近似等于内部各地块到最近灌溉泵站的距离；β_1、β_2、β_3 分别为地块到宅基地距离的交通消耗系数、地块到农村公路距离的运输消耗系数、地块到灌溉泵站距离的灌溉消耗系数，根据项目区实际情况确定。

　　多目标线性规划模型通常转化为单目标线性规划来求解，转化方法包括理想点法、线性加权求和法、模糊偏差法等，本研究选用线性加权求和法构建总体目标函数，计算方法见式（3-9）。

$$\text{Min} f[Z(x)] = \sum_{i=1}^{r} \omega_i Z_i(x) \tag{3-9}$$

式中，$\text{Min} f[Z(x)]$ 为最小目标总消耗；r 为单目标函数个数，本研究中 $r = 2$；$Z_i(x)$ 为第 i 个单目标函数，本研究中 $Z_1(x) = \text{Cost1}$，$Z_2(x) = \text{Cost2}$；ω_i 为第 i 个单目标函数的加权系数，根据实际情况结合专家意见确定。

多目标线性规划的约束条件 [式（3-10）] 包括数量约束、质量约束及模型约束，数量约束指各农户在优化后拥有的耕地面积不下降，质量约束指各农户在优化后拥有的耕地质量不下降，模型约束指田块 j 中各地块面积之和不大于田块 j 总面积。模型约束条件如下：

$$\text{s.t.} \begin{cases} \sum_{j=1}^{n} X_{ij} = \text{Area}_i \\ \sum_{j=1}^{n} X_{ij} \times Q1_j \geqslant Q_i \\ \sum_{i=1}^{m} X_{ij} \leqslant \text{Area1}_j \end{cases} \tag{3-10}$$

式中，Area_i 为农户 i 优化前拥有的耕地面积；Q_i 为优化前农户 i 耕地的质量等别（利用等）；$Q1_j$ 为优化后田块 j 的耕地质量等别；Area1_j 为田块 j 的面积。

决策变量 X_{ij}、目标函数 [式（3-9）] 及约束变量 [式（3-10）] 构成了本研究的多目标线性规划模型，选用 LINGO 12.0 对模型进行求解，得到项目区内各行政村的最小农业生产消耗及决策变量 X_{ij}。

3. 多边形拟合矩形算法

受地形限制，以及建筑物、林地、水面阻碍等影响，大部分田块的形状是近似于矩形的多边形（图 3-15），这导致难以有效确定 W_j。为使计算结果更加科学，需按照一定的几何规则将多边形田块拟合为矩形，再测量其宽度 W_j。根据相关研究，多边形拟合为矩形需遵循以下规则：①多边形与拟合矩形的形心应重合；②两图形的垂直轴及水平轴应重合；③两图形面积应相等。为实现田块形状拟合，本研究将 shp 格式的田块图层输出为 dwg 格式，使用 C++语言在 CAD 平台进行二次开发，基本思路如下：①形成田块多边形的最小外包矩形（包围原图形且平行于 X 轴、Y 轴的最小外接矩形（以下简称矩形）；②以矩形形心为圆心，采用二分渐进查找算法进行旋转，使矩形垂直轴与 Y 轴夹角（或水平轴与 X 轴夹角）逐

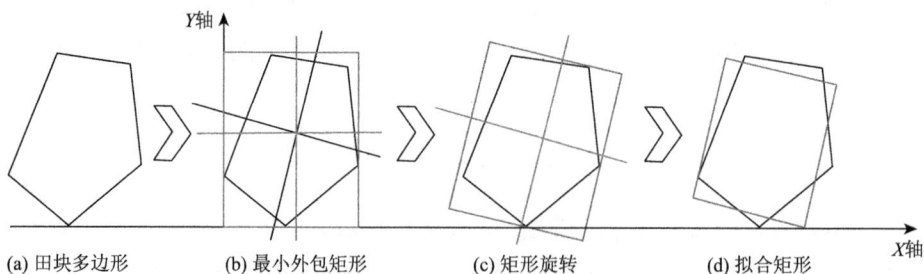

(a) 田块多边形　　　(b) 最小外包矩形　　　(c) 矩形旋转　　　(d) 拟合矩形

图 3-15　拟合矩形形成过程示图

渐逼近田块多边形垂直轴与 Y 轴夹角（或水平轴与 X 轴夹角），当两夹角角度差小于设定的阈值时终止旋转；③将矩形以形心为锚点缩放至与田块多边形等面积大小，得到最终拟合矩形。处理过程如图 3-15 所示。

4. 地块分配算法

实践中，土地权属调整中地块分配的主要方式是协商或抓阄。在划定了田块后，确定田块内地块分配的起点及分配走向，然后抓阄确定分配顺序，最后经协商讨论确定具体农户地块在田块中的位置。按照此种方式进行地块分配，多依赖于村民和村干部的经验，随机性强，效率较低。本研究拟通过地理信息技术结合 Python 编程语言，在满足农民意愿的基础上，高效、自动化地实现地块自动分配，并充分挖掘地块空间配置优化潜力，提高农业生产效率。

地块分配过程包括 4 项关键要素，即地块面积、地块长边方向、分配起点和分配顺序。地块面积通过多目标线性规划模型求得；地块长边方向确定为田块邻接灌排沟渠的垂直方向；地块分配方向和分配顺序的确定采用以下思路：①将田块 j 中各地块按面积大小排序，假定从大到小依次为地块 i_1，地块 i_2，…，地块 i_l；②利用平行于地块长边方向的分割线将田块分为面积相等的左右两部分，并分别计算各权属人宅基地到田块左右两部分的距离并比较；③按照面积大小依次确定地块位置，首先确定面积最大的地块 i_1，若农户 i_1 的宅基地距离田块左半部分较近，则令田块最左边为分配起点，令地块 i_1 为分配次序 1。再确定地块 i_2 的位置，若农户 i_2 的宅基地距离田块右半部分较近，则将地块 i_2 分配至田块最右边，即分配次序为 l。按此方式依次确定所有地块的分配次序，得到最终该田块中各地块的分配顺序。

按照上述思路，可以保证地块与线性工程尽可能邻接，同时又能使田块中面积较大的地块占据耕作条件较好的位置，从而提高农业生产效率。在确定田块分配规则后，借助 Python 编程语言在 ArcGIS 平台实现地块的自动分配。

本章主要参考文献

曹帅, 金晓斌, 杨绪红, 等. 2019. 耦合 MOP 与 GeoSOS-FLUS 模型的县级土地利用结构与布局复合优化. 自然资源学报. 34（6）：1171-1185.

段鑫宇, 蔡银莺, 张安录. 2021. 城乡交错区耕地非农转换影响因素及空间分布识别：以上海浦东新区为例. 长江流域资源与环境. 30（1）：54-63.

郭贝贝, 杨绪红, 金晓斌, 等. 2014. 基于多目标整形规划的黄土台塬区水资源空间优化配置研究. 资源科学. 36（09）：1789-1798.

郭贯成, 韩小二. 2021. 考虑粮食安全和耕地质量的县域基本农田空间布局优化. 农业工程学报. 37（7）：252-260.

韩博, 金晓斌, 孙瑞, 等. 2019. 土地整治项目区耕地资源优化配置研究. 自然资源学报. 34（04）：718-731.

刘晶, 金晓斌, 徐伟义, 等. 2019. 江苏省耕地细碎化评价与土地整治分区研究. 地理科学. 39（05）：817-826.

龙花楼，李秀彬. 2006. 中国耕地转型与土地整理：研究进展与框架. 地理科学进展. 25（5）：67-76.

冉娜，金晓斌，范业婷，等. 2018. 基于土地利用冲突识别与协调的"三线"划定方法研究——常州市金坛区为例. 资源科学. 40（2）：284-298.

谭敏. 2017. 长三角经济区"三位一体"的高标准基本农田选址与建设研究. 徐州：中国矿业大学.

谭少军，邵景安，张琳，等. 2018. 西南丘陵区高标准基本农田建设适宜性评价与选址：以重庆市垫江县为例. 资源科学. 40（2）：310-325.

王保盛，廖江福，祝薇，等. 2019. 基于历史情景的 FLUS 模型邻域权重设置：以闽三角城市群 2030 年土地利用模拟为例. 生态学报. 39（12）：4284-4298.

翁睿，金晓斌，张晓琳，等. 2022. 集成"适宜性-集聚性-稳定性"的永久基本农田储备区划定. 农业工程学报. 38（02）：269-278＋331.

谢高地，张彩霞，张雷明，等. 2015. 基于单位面积价值当量因子的生态系统服务价值化方法改进. 自然资源学报. 30（8）：1243-1254.

杨绪红，金晓斌，郭贝贝，等. 2014. 基于最小费用距离模型的高标准基本农田建设区划定方法. 南京大学学报（自然科学）. 50（2）：202-210.

姚敏，杨帆，黎韶光. 2019. 永久基本农田储备区的划定及管理. 中国土地. 10：24-26.

张晓滨，叶艳妹. 2017. 基于线性规划运输模型的农地整理权属调整. 农业工程学报. 33（07）：227-234.

Andreae B. 1981. Farming, development and space: A world agricultural geography. Farming, Development and Space. e8652.

Janus J, Zygmunt M. 2016. MKSCAl-system for land consolidation project based on CAD platform. Geomatics, Land Management and Landscape. 2：49-59.

第4章 江苏省水乡地区高标准农田建设规划设计

作为传统的"江南水乡"地区，江苏省苏南地区水网密布、坑塘星罗棋布，具有悠久的农耕历史、独特的地域文化特征和景观特征。城市的快速扩张、乡镇企业的发展与水乡地区农业生产产生了剧烈冲突，而耕地保护的压力使得高标准农田建设偏重补充耕地，忽视了生态建设和区域景观特色，导致大量坑塘、水系被填埋，景观类型趋于单一化，加剧了农田面源污染和水体污染，水乡地区高标准农田建设亟须生态化转型。鉴于此，本章开展水乡特色高标准农田建设规划设计研究，分别从建设规划总体思路、规划设计方法及建设关键要素三个方面对江南水乡地区高标准农田建设优化进行探索。本研究可以为江苏省水乡地区高标准农田数量、质量、生态一体化建设、发挥土地利用功能、体现区域景观特色提供经验和借鉴。

4.1 水乡地区高标准农田建设条件解析

江苏省高标准农田建设不仅是提升农业综合效益、改善农田生态环境，事关国家粮食安全、现代农业发展的基础性工程，也是一项关于提升乡村田园风貌、建设农村生态文明的战略性工程。鉴于此，本研究开展水乡地区耕地多功能评价，发现区域耕地利用的特殊问题，基于对耕地的多元需求指导具体高标准农田建设实践；并针对江南水乡中"水"这一关键要素，开展农村坑塘水质与景观格局的特征关系研究，探讨特定范围内景观格局与水体质量的耦合关系，为高标准农田建设区内要素空间格局优化提供支持；进而从规划目标和规划方法层面提出具有水乡特色的高标准农田建设总体思路。本研究可为实现水乡地区景观生态格局稳定、生态服务功能发挥和文化传承价值的复合提供借鉴。

4.1.1 水乡地区耕地多功能评价

1. 水乡耕地多功能内涵解析

耕地自身作为生产系统的一部分，人类利用耕地种植农作物并进行培育，形成其产品生产功能。然而，耕地存在的意义并不局限于生产功能，也体现着其实现特定社会功能或满足特定社会需要的能力。不同经济社会发展阶段，社会群体的生活方式、消费需求对耕地功能的认知与需求也不尽相同。经济社会发展低级阶段，耕地功能以满足人的生存、生理等低层次需求为主；经济社会发展高级阶段，耕地功能逐步转变为以满足人对生活品质的需求为主。在需求的驱动下，耕地功能不仅包括传统的生产功能，也融入了人的观念、意识，开始具有价值的内涵，并随着经济社会的发展走向多样化、高端化，承载着产品供给、经济产出、生态净化、旅游休闲、文化教育等功能。

当前江苏省经济社会发展处于重要战略机遇期，随着新型城镇化和生态文明建设战略的深入，耕地不仅是保障粮食安全和推进新农村建设的基础资源，也是保障城镇发展建设的空间载体，更是加快生态文明建设和保护乡土文化特色的重要支撑。因此，江苏省高标准农田建设不仅要保障国家粮食安全，更要适应多元目标的需求，实现"三位一体"（保数量、保质量、保生态）和"三保并重"（保资源、保节约、保权益），发挥耕地多功能特性，提升耕地复合价值。这就要求首先夯实耕地农业生产保障功能，确保一定数量和质量的耕地，提升农业现代化水平，提高农业综合生产能力；其次，加强耕地社会生活保障的功能，保障农民的土地权益，提高农民物质生活水平，促进城乡统筹发展；再次，提升耕地生态安全维持的功能，发挥耕地所处农田生态系统作为湿地、绿地、景观等的多种生态功能，推进生态文明建设；同时，强化耕地对城镇空间阻隔的功能，合理布局耕地"红线"，防止城市无序扩张，优化城镇空间格局，助推新型城镇化发展；最后，发挥耕地乡土文化承载的功能，保护传统农耕文化，凸显地方文化特色，留住乡愁记忆。新时期新常态下，耕地应突出破解经济社会发展和生态环境保护困境的功能，顺应时代发展需求，满足人的核心需求，逐步形成生产、生活、生态、休闲、文化等多种功能，以实现人与自然协调、可持续发展为最终目标。

基于上述分析，结合现有耕地多功能分类研究，本研究将耕地功能细分为农业生产保障、社会生活保障、生态安全维持、城镇空间阻隔及乡土文化承载五项子功能（图4-1）。研究立足耕地多功能理论内涵和国家宏观发展目标，进一步丰富完善了耕地多功能指标体系，赋予耕地更多的空间属性和文化特征，具体详见表4-1。

2. 水乡耕地多功能评价指标

评价指标的选取是耕地多功能量化评价的基础。耕地系统是一个自然-人工的复合系统，耕地功能因人类利用活动而存在，不仅受其自身资源禀赋和生态子系统承载能力的影响，也受其所处社会经济系统的影响。基于此，本研究立足耕地生产、生活、生态、阻隔、文化五项子功能，构建包含 11 项准则层、14 项指标层在内的耕地多功能分类评价指标体系，具体指标释义见表4-1。

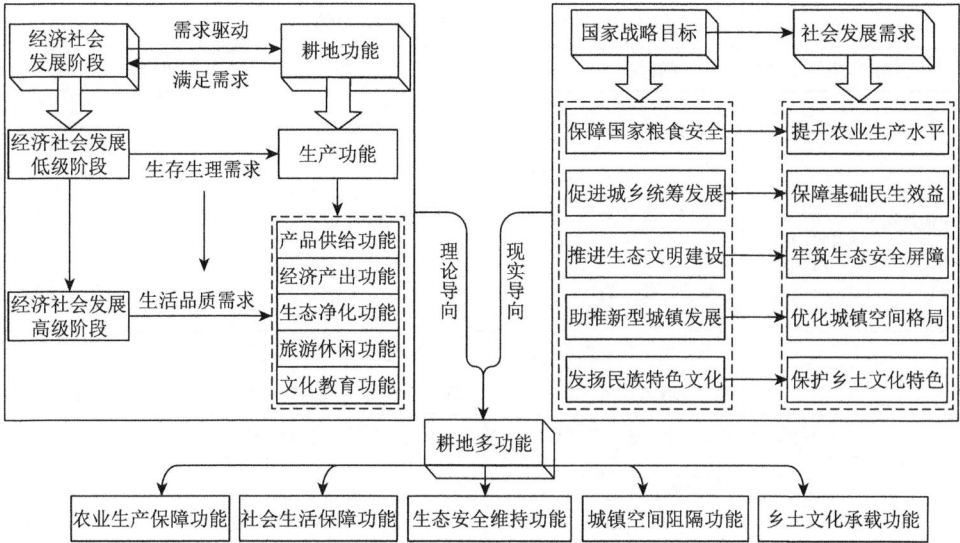

图 4-1　耕地多功能解析框架

（1）农业生产保障功能。该功能是耕地的基本功能，主要表现为耕地利用提供农产品的能力。粮食是农业生产系统中最重要的供给物品，是保障人类生存的基本物质，对人类发展具有决定性作用，其输出主要表现为粮食产量。此外，蔬菜、瓜果等经济作物作为农业生产系统的组成部分，是满足人类基本生存的重要物质，其生产能力也是农业生产保障功能的重要体现。因此，研究选取粮食产量、蔬菜产量、瓜果产量共同表征耕地农业生产保障功能。

（2）社会生活保障功能。该功能主要表现为耕地利用产生的价值保障农民基本生活的能力。本研究从经济保障和就业保障两个方面，分别选取农业产值比重、家庭农业收入比重和种植业从业人数比重三项指标予以表征耕地社会生活保障功能。其中，农业产值比重、家庭农业收入比重分别反映耕地利用产生的经济效益对国民经济的贡献程度及农业生产对农民家庭生活的保障能力；种植业从业人数比重表示耕地利用对农村社会及农民就业的保障能力。

（3）生态安全维持功能。耕地所处的农田生态系统具有重要的生态功能，耕地的集中连片度是农田生态系统结构最直观的表现，对发挥耕地的景观美学功能、维持农田生态系统结构稳定等具有重要价值，因此选用耕地连片度表征耕地景观美学。化肥、农药等农用化学品的不合理使用会直接对农业环境造成污染，危害人类健康，故此以化肥农药使用强度来反映耕地利用对环境形成的负面作用。农作物在生长期间可以将吸收的 CO_2 通过光合作用转换成 O_2，调节大气中 CO_2 和 O_2 的平衡，具有重要的气候调节功能，研究选取固碳释氧量表征耕地气候调节的能力。

表 4-1 耕地多功能分类评价指标体系

功能类型	准则层	指标层	计算方法	性质	空间尺度
农业生产保障功能	粮食生产	粮食产量（X_1）	$Y_{1i} \times \dfrac{A_{ij}}{S_i}$	+	1 km×1 km
	经济作物生产	蔬菜产量（X_2）	$Y_{2i} \times \dfrac{A_{ij}}{S_i}$	+	1 km×1 km
		瓜果产量（X_3）	$Y_{3i} \times \dfrac{A_{ij}}{S_i}$	+	1 km×1 km
社会生活保障功能	经济保障	农业产值比重（X_4）	农业产值/国内生产总值	+	1 km×1 km
		家庭农业收入比重（X_5）	家庭农业收入/农民人均纯收入	+	县级
	就业保障	种植业从业人数比重（X_6）	种植业从业人数/乡村实有从业人数	+	县级
生态安全维持功能	景观美学	耕地连片度（X_7）		+	1 km×1 km
	环境承载	农用化学品使用强度（X_8）	（化肥使用强度＋农药使用强度）/2	–	县级
	气候调节	固碳释氧量（X_9）		+	1 km×1 km
城镇空间阻隔功能	边界约束	到最近城市距离（X_{10}）	采用 ArcGIS 平台 Buffer 工具分别测算耕地至最近城市、建制镇、县乡以上道路最近距离	+	1 km×1 km
		到最近建制镇距离（X_{11}）		+	1 km×1 km
	道路阻隔	到最近县乡以上道路距离（X_{12}）		+	1 km×1 km
乡土文化承载功能	文化休闲	到最近农业旅游示范点距离（X_{13}）	采用 ArcGIS 平台 Buffer 工具测算耕地至最近农业旅游示范点距离	+	1 km×1 km
	农耕多样性	农作物种类多样性指数（X_{14}）	$1-\sum\left(\dfrac{N_{ic}}{N_i}\right)^2$	+	县级

注：（1）Y_{1i}、Y_{2i}、Y_{3i} 分别表示第 i 个县级行政区粮食总产量、蔬菜总产量、瓜果总产量，A_{ij} 表示第 i 个县级行政区第 j 个栅格耕地面积，S_i 表示第 i 个县级行政区耕地总面积。

（2）农业产值空间化参考孙艺杰等（2017），国内生产总值空间化参考刘浩等（2016）。

（3）X_{14} 计算依据辛普森多样性指数（Simpson's diversity index）原理；其中，N_{ic} 表示第 i 个县级行政区第 c 种农作物播种面积，N_i 表示第 i 个县级行政区农作物总播种面积。

（4）"＋"号代表该指标对评价准则呈正向作用，"–"号代表负向作用。

（4）城镇空间阻隔功能。城镇边界无序扩张，大量侵占良田，导致耕地数量逐年减少，资源浪费严重。而在有限的资源条件下，城镇扩张、道路建设仍多以占用牺牲耕地为代价。通过在城镇周边、交通沿线合理布置耕地，发挥耕地"红线"的边界控制作用，能够防止城镇、道路的无序蔓延，优化城镇空间格局。基于此，研究从城镇边界约束和道路阻隔两个方面，选取耕地到城市边界、建制镇边界和县乡以上道路的最近距离表征耕地城镇空间阻隔功能。

（5）乡土文化承载功能。耕地作为农业文化科普、生态旅游的重要基地，其呈现出的文化性对农耕文明具有巨大的价值，农业旅游示范点内及其周边的耕地具有重要文化休闲价值，将农业生产与采摘垂钓、养殖观光等休闲活动结合，能够更大限度地提升耕地文化内涵。此外，人类利用耕地种植不同种类的农作物，除了可以收获满足人类基本需求的农产品外，也能够发挥农作物景观多样性功能，促进农业生产多元化，形成以作物为主体的轮作、混作、间套作等农业生产方式，提升耕地文化传承价值。因此，研究选取耕地图斑到最近农业旅游示范点的距离和农作物种类多样性指数综合表征耕地乡土文化承载功能。

3. 水乡耕地多功能评价方法

一般意义上的"江南水乡"，是指浙江、上海和江苏长江以南地区。在江苏省，"江南水乡"即苏南地区，包括南京、苏州、无锡、常州、镇江 5 个地级市（辖 29 个市辖区），10 个县级市，国土面积 28086.30 km² （图 4-2）。该区地处东南沿海，长三角的中心，是江苏经济最发达的区域，也是中国经济最发达、现代化程度最高的区域之一。苏南地区以茅山山脉为分水岭，东部为太湖平原，地势平坦、水网密布、河道纵横；西部为丘陵地带，地势起伏较大。2020 年苏南地区常住人口 3802.39 万人，城镇化率 81.58%，人均 GDP 15.62 万元，越过发达国家人均 GDP 2 万美元门槛，区内有 9 个县（市）进入全国综合实力百强县。根据《长江三角洲区域一体化发展规划纲要》，苏南地区要充分发挥产业比较优势，加快都市圈建设，统筹山水林田湖草系统治理和空间协同保护，走具有中国特色、符合苏南实际、体现时代特征的现代化发展之路。然而，苏南地区现人均耕地不足

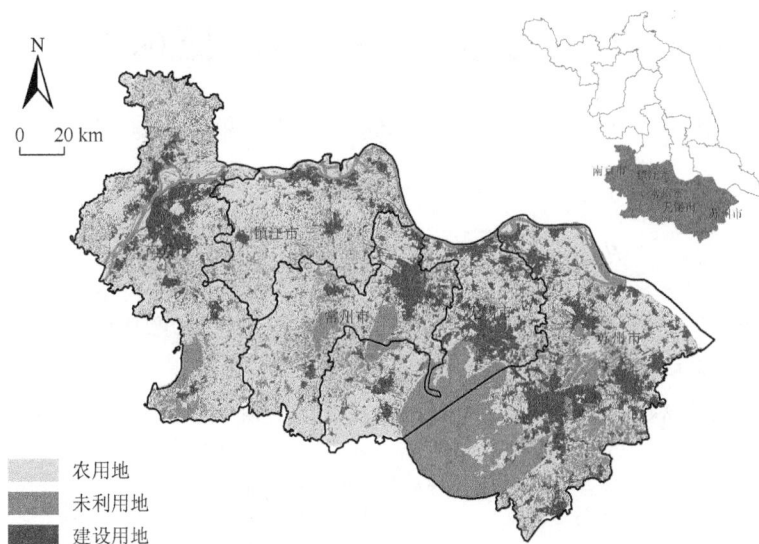

农用地
未利用地
建设用地

图 4-2　苏南地区区位和土地利用现状图

0.035 hm^2（0.52 亩），超过 FAO 警戒线；国土开发度已达 27.80%，远远超过全国平均水平的 4.02%，资源环境支撑保障能力不足；局部地区生态系统较为敏感，具有不同程度的生态脆弱性，特别是易受洪涝、滑坡、沉降等灾害影响的地区易损性较强。这意味着苏南地区需要重视和发挥耕地多功能性，积极发挥耕地的生产、社会、生态、文化等多重功能，贯彻落实国家耕地保护政策，同时发挥耕地对国土空间开发格局的引导作用以及其生态维持、文化传承等重要功能。

耕地多功能评价的主要目标是通过定量描述耕地各项功能，通过耕地功能分值排序结果确定耕地各项功能的强弱。模糊优选模型（fuzzy optimization model，FOM）考虑了各指标间的模糊性和相对性，用模糊"优"的隶属度来量化描述定性指标更具科学性。因此，本研究采用模糊优选模型进行耕地多功能评价，其重点是确定各耕地栅格 $A_i(i=1, 2, 3, \cdots, m)$ 对于模糊概念"优"的隶属度，耕地各项功能特征记为 $T_j(j=1, 2, 3, \cdots, n)$，由此形成矩阵 $\boldsymbol{X}=(x_{ij})_{m \times n}$ 表示 n 个目标对 m 个决策评价的目标特征值矩阵。采用级差法进行特征指标标准化：

对于"+"型指标： $\quad r_{ij}=(x_{ij}-x_{j\min})/(x_{j\max}-x_{j\min})$ （4-1）

对于"−"型指标： $\quad r_{ij}=(x_{j\max}-x_{ij})/(x_{j\max}-x_{j\min})$ （4-2）

式中，x_{ij} 为第 i 个耕地格网在第 j 项指标下的实际值；r_{ij} 为实际指标值标准化后的数值；$x_{j\max}$ 为第 j 项指标的最大值；$x_{j\min}$ 为第 j 项指标的最小值。

指标标准化后可将矩阵 $\boldsymbol{X}$ 转换为规范化决策矩阵 $R=(r_{ij})_{m \times n}$，并得到优等方案和劣等方案表达式。为求解相对隶属度 μ_i 最优值，建立目标函数如下：

$$\min \left(F(\mu_i)=\mu_i^2 \left\{ \sum_{j=1}^{n}[w_j(1-r_{ij})]^p \right\}^{2/p} + (1-\mu_i)^2 \left[\sum_{j=1}^{n}(w_j r_{ij})^p \right]^{2/p} \right) \quad （4-3）$$

令 $F(\mu_i)$ 对 μ_i 的导数为 0，即 $\mathrm{d}F(\mu_i)/\mathrm{d}\mu_i=0$，即可解得耕地格网 A_i 各项功能的隶属度：

$$\mu_i = 1 \left/ \left\{ 1 + \sum_{j=1}^{n}[w_j(1-r_{ij})]^p \left/ \sum_{j=1}^{n}(w_j r_{ij})^p \right. \right\}^{2/p} \right. \quad （4-4）$$

式中，w_j 为第 j 个指标的权重；p 为距离参数，取值为 2（欧氏距离）或 1（汉明距离），本书采用欧氏距离，即 $p=2$。

其中，指标权重采用熵权法和层次分析法结合确定，其中熵权法计算公式为

$$w_j = (1-e_j) \left/ \left(n - \sum_{j=1}^{n} e_j \right) \right. \quad （4-5）$$

式中，$e_j = -\dfrac{1}{\ln m} \sum_{i=1}^{m} P_{ij} \ln P_{ij}$，$P_{ij} = r_{ij} \left/ \sum_{i=1}^{n} r_{ij} \right.$，假定 $P_{ij}=0$ 时，$P_{ij} \ln P_{ij}=0$。

层次分析法权重确定借助 Yaahp 软件构建指标判断矩阵，并经一致性检验使得判断矩阵一致性比率 CR<0.1 得以实现。

4. 水乡耕地多功能评价结果

研究基于 1 km×1 km 空间格网，借助 ArcGIS 平台实现苏南地区 5 项耕地功能空间化表达，具体结果如图 4-3 所示。苏南地区耕地多功能空间分布区域差异显著，具体呈现以下特征。

1）农业生产保障功能总体较高

苏南地区耕地农业生产保障功能隶属度变化范围为 0.011～0.748，功能高值区主要分布在南京六合、浦口等江淮丘陵地区以及常州武进、苏州吴江和相城等沿太湖平原地带。其中，南京六合、浦口等地是苏南地区乃至江苏省重要的农产品主产区，区内基本农田集中分布，农田基础设施较为完善，农业产业化水平较高，农业综合生产能力较强。常州武进、苏州吴江和相城等地地理区位优势明显，农业生产基础好，同时优越的经济基础为区域发展精细化城郊农业提供了有利条件，农业现代化发展较快，农产品综合生产效率高，农业生产保障能力较强。

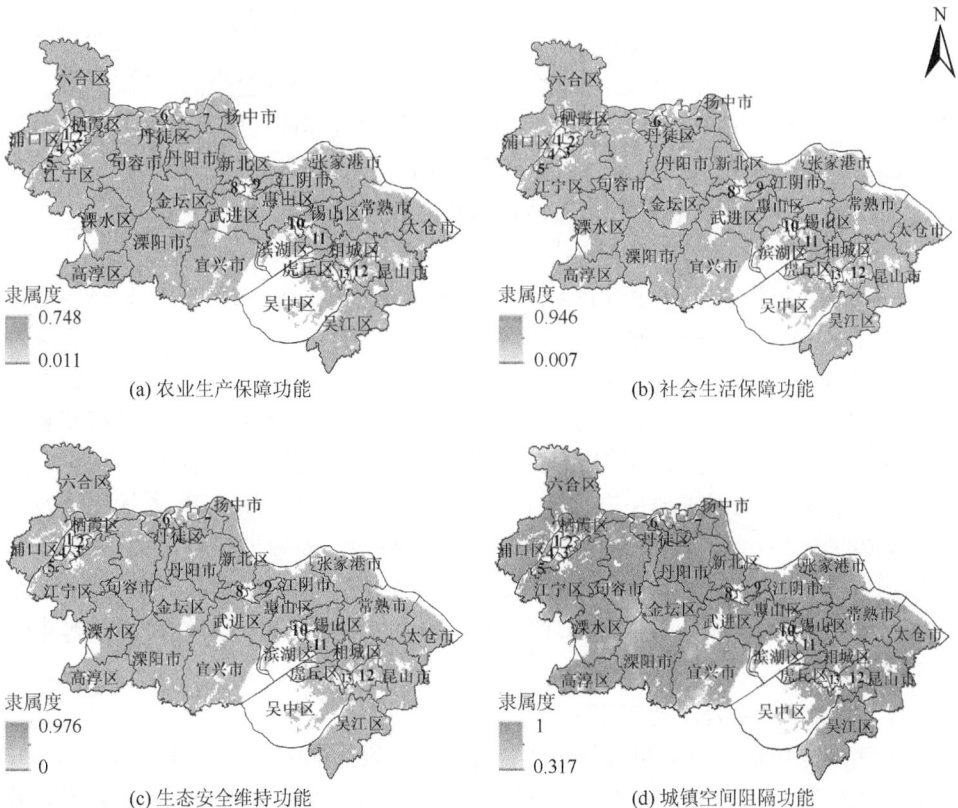

(a) 农业生产保障功能　　　　　(b) 社会生活保障功能

(c) 生态安全维持功能　　　　　(d) 城镇空间阻隔功能

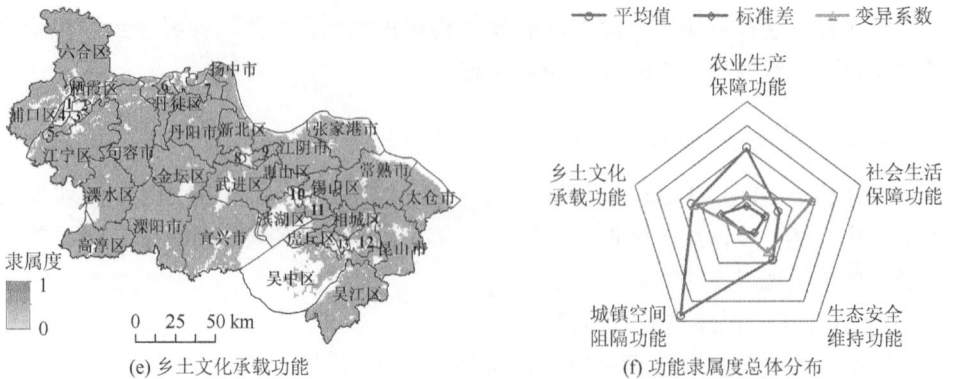

图 4-3　苏南地区耕地多功能空间分布图

2）社会生活保障功能西高东低

苏南地区耕地社会生活保障功能平均隶属度仅为 0.283，变异系数为 0.572，功能总体偏弱，并且呈现明显的西高东低之势，区域差异明显。这主要因为苏南地区整体经济社会发展水平高，二、三产业发达，农业生产比较效益偏低。苏州、无锡、常州（简称苏锡常）等东南部地区通过发展乡镇企业实现非农化发展，形成典型的"苏南模式"，农民多以工商业生产为主要谋生手段，从事农业生产的人数较少，农业收入占家庭总收入的比重较低，故此耕地社会生活保障功能较弱。南京溧水、六合，镇江句容，常州金坛、溧阳等地是苏南地区乃至江苏省重要的农产品主产区，相比其他区域，农业产值比重、农业收入较高，依靠耕地从事种植业生产的人数较多，耕地社会生活保障功能较强。

3）生态安全维持功能总体偏弱

苏南地区耕地生态安全维持功能平均隶属度为 0.375，生态功能总体偏弱，功能高值区集中分布在南京溧水、高淳、浦口、六合，常州金坛，镇江句容等西南丘陵地区。这些地区是苏南地区基本农田和生态功能保护区集中分布的区域，耕地集中连片分布，并且依托丘陵湖荡屏障，积极推行绿色乡村和郊野公园建设，通过建立主要农作物施肥技术体系，控制化肥农药使用量，保护农业生态环境，充分发挥耕地生态服务价值。但是，苏南地区是江苏省优化开发和重点开发的集中区，快速城镇化发展大量占用耕地，多数地区耕地细碎化严重，难以形成规模化、多样化的景观格局。化肥、农药等农用化学品的不合理利用，使得部分区域耕地农业面源污染现象严重，从而削弱了耕地的气候调节等生态服务价值。

4）城镇空间阻隔功能表现突出

苏南地区耕地城镇空间阻隔功能平均隶属度为 0.946，变异系数为 0.076，功能总体表现较强。经过多年大规模的开发利用，苏南地区耕地资源约束趋紧，且多沿城镇边界和道路两侧分布，存在被进一步占用的风险，但也具有更强的边界约束作用。苏南地区是江苏省城镇化和工业化发展的核心区域，区内沿沪宁、沿江、沿宁杭三大产业带集中分布，产业集聚集约发展优势明显，承载着土地利用转型的先行任务。城镇发展更加注重发挥耕地对城镇开发边界和道路的空间管控作用，致力于优化城镇空间发展格局，防止城市无序扩张，以期形成串联式、组团式、卫星城式的空间开发格局。

5）乡土文化承载功能东强西弱

苏南地区耕地乡土文化承载功能平均隶属度为 0.491，总体处于中等水平，这表明经济发达的苏南地区耕地利用已经跨越生产、生活保障等基本功能，开始注重耕地文化内涵的挖掘。文化功能较强的区域主要集中分布在苏州昆山、常熟、张家港、太仓等地，这些地区临（长）江伴（太）湖，自然和区位条件优越，境内拥有的农业旅游示范点较多，农业耕作、花卉种植、特色养殖相互映衬，作物种类繁多，一、三产业相互交融，耕地的文化价值得到较好发挥。南京六合，镇江丹阳、丹徒，常州金坛、宜兴等地耕地利用方式相对单一，以谷物、水稻等粮食作物规模化经营为主，重视发挥耕地农业生产保障功能，区内农业与旅游业等第三产业结合力度仍显不足，农业旅游产业相对较少，耕地乡土文化承载功能相对偏弱。

5. 水乡耕地多功能区域优化

耕地多功能评价结果表明苏南地区耕地多功能空间分布差异明显，为进一步识别耕地多功能区域分布特征，研究根据耕地多功能评价结果，采用 ArcGIS 平台 Spatial Analyst Tools 模块下"Iso Cluster Unsupervised Classification"工具对耕地多功能进行空间聚类分析。通过空间聚类分析，可以将耕地多功能水平一致或相近的评价单元划分成一类，从而形成不同耕地多功能空间分区，从而识别不同分区耕地主导功能及存在的功能短板，为耕地利用与管理提供方向指引。根据空间聚类结果，苏南地区耕地多功能可划分为 5 种类型区，分别为农业生产主导型、都市农业示范型、特色农业发展型、高效农业建设型、绿色农业观光型 [图 4-4（a）]。结合不同分区各项功能隶属度均值，可以确定各类型区耕地主导功能 [图 4-4（b）]，结果表明各类型区耕地主导功能各不相同，具体特征和发展方向如下。

（1）农业生产主导型（Ⅰ型）。该类型区覆盖评价单元共计 1312 个，占评价单元总数的 5.62%，主要集中分布在南京六合北部。区内耕地以农业生产保障功能为主，功能隶属度平均值为 0.680，其他各项功能则相对偏弱。该区耕地数量多、质量高，粮食和蔬菜、瓜果等经济作物产量高，农业综合生产能力强，但区内农业产业结构较为单一，开发层次较低，农业生产与旅游、休闲等第三产业未能充分结合，耕地的生态、文化功能有待进一步挖掘。后期应加大现代农业发展力度，继续确保区域农产品供给主导地位的同时，转变农业发展方式，积极加快农业和旅游业等产业的融合，促进农业产业转型升级。

（2）都市农业示范型（Ⅱ型）。该类型区覆盖评价单元共计3348个，占评价单元总数的14.34%，主要分布在苏州昆山、常熟、张家港、太仓等地。区内耕地以城镇空间阻隔功能和乡土文化承载功能为主，社会保障功能最弱。该区耕地多沿城镇周边和交通沿线分布，周边农业旅游景观分布较多，农业文化特色突出，但区内耕地数量少，农业生产能力有限，并且区内城镇化发展程度高，农业生产比较效益偏低，多数农民甚至已经脱离农业耕作。后期应充分发挥耕地"红线"约束作用，促使耕地与周边城镇、道路、山体、水体等形成相融相依的发展格局，并创新农业生产技术，提高农业生产效率。

（3）特色农业发展型（Ⅲ型）。该类型区覆盖评价单元共计5376个，占评价单元总数的23.03%，主要分布在苏州吴江、虎丘，无锡锡山、惠山、江阴，常州新北等地。区内耕地农业生产保障功能和城镇空间阻隔功能较强。该区二、三产业发达，农业产值比重小，耕地社会生活保障功能弱。区内耕地细碎化较为严重，主要分布在城镇周边，农业生产注重打造精细蔬菜、特色园艺等乡村农业品牌，农业综合生产能力高。后期应结合区域农业产业特点，构建特色农业产业体系，提高农业生产效益，逐步形成以特色景观、名优特产等为核心的特色农业发展格局。

（4）高效农业建设型（Ⅳ型）。该类型区覆盖评价单元共计8363个，占评价单元总数的35.82%，主要分布在南京江宁、高淳、浦口，常州溧阳，镇江句容等地。区内耕地农业生产保障功能和社会生活保障功能较强，乡土文化承载功能较弱。区内农业产业结构较为完善，农业生产呈规模化、集约化，产出效益高，但农业生产方式较为单一，缺少与农村文化的融合，耕地文化价值有待进一步提升。后期应严格控制城镇建设占用耕地，加强耕地的边界管控能力，并充分利用区内田园景观，将农业生产与农村文化、农家生活结合，促进农业和旅游业等产业的融合。

（5）绿色农业观光型（Ⅴ型）。该类型区覆盖评价单元共计4946个，占评价单元总数的21.19%。区内耕地社会生活保障功能和生态安全维持功能较强，主要分布在南京溧水，常州溧阳，镇江句容、丹阳等地区。该区耕地集中连片分布，耕地多远离城镇和主要道路沿线，农田生态环境较好且具有一定的农业主导性，适宜发展农业观光旅游。后期应以提升粮食品质为核心，进一步完善绿色农业生产体系，发挥绿色产业优势，推进农产品生产基地建设，提升农业产业的生命力和凝聚力。

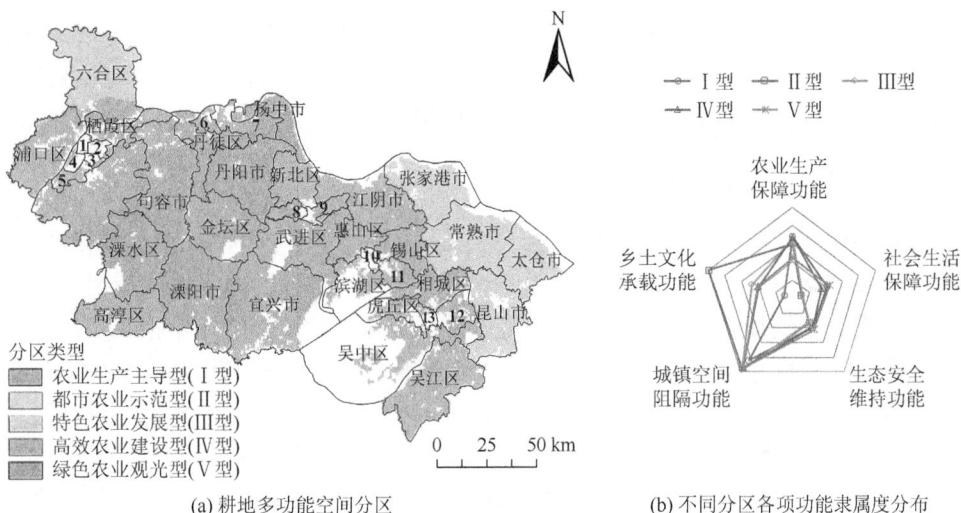

(a) 耕地多功能空间分区 　　　　　　(b) 不同分区各项功能隶属度分布

图 4-4　苏南地区耕地多功能空间分区图

4.1.2　水乡地区景观格局与坑塘水质

作为江南水乡地区重要的地表水体，坑塘水域在促进乡村社会经济发展、维持地区生态平衡与安全方面起到重要的作用，随着苏南地区城乡一体化建设进程加快、围垦养殖等土地开发活动不断增多，坑塘景观格局正受到直接或间接的改变，区域内自然坑塘不断消失，景观多样性不断减弱。人类活动增强引起的土地利用/土地覆被变化显著影响着坑塘水量与水质。随着自然坑塘的荒废、农地的扩张，原有坑塘的数量及水域面积在逐渐减小，2000～2015 年苏南地区的坑塘面积减少约 517.76 hm^2，同时还面临着形状趋于规则单一、受人类活动影响加剧的趋势；另外，坑塘之间的连通性对地区蓄洪防洪具有重要作用。

伴随着快速城镇化，水乡地区农村水环境遇到较大威胁，90%以上已丧失其基本功能，其中氮磷面源污染最为显著。有学者指出太湖流域有 25.5%和 45.9%的总氮（TN）负荷来源于农田种植业和养殖业等农业面源污染。作为承接农业径流并向下输送的重要水文通道，农村坑塘水体难免会受到地区面源污染的影响。在这种影响下，坑塘水质正在快速变化并呈现隐蔽性、滞后性、持久性等特点。景观格局与地表水质之间的关系近年来逐渐引起学者的重视，但相关研究多聚焦于河流流域、湖泊及大型湿地的水质变化，而农村坑塘水质与景观格局的特征关系研究尚不充分，研究不同空间尺度下景观格局与坑塘水质的关联特征，探索景观格局与坑塘水质的最佳响应尺度，探讨特定范围内景观格局与水体质量的耦合关系，对地区土地利用的综合管理和水质保护具有重要现实意义。

苏南地区作为江南水乡的核心区域，农村坑塘水质状况对于区域农业发展、水生态安全的意义愈发显著。本研究以苏南地区农村坑塘为基础，借助 GIS 技术，结合相关性分析、冗余分析等方法研究区域景观格局与坑塘水质之间的特征关系，从而为地区农业绿色发展、区域水质保护、景观优化与管理提供参考。

1. 水乡地区坑塘采样

本研究总体思路可分为数据准备、过程计算与结果分析三部分。①数据准备。景观格局指数借助 Fragstats 4.2 软件计算获得。野外调查数据及水质数据来源于典型坑塘的实地调查。②过程计算。划分地区流域并计算综合污染指数及污染负荷比指数，借助斯皮尔曼（Spearman）工具对研究区景观格局指数与水质指标的相关性分析，进一步基于冗余分析（redundancy analysis，RDA）模型，进行冗余分析。③结果分析。得到显著性分析结果与冗余分析结果，并对其进行综合分析。

采样坑塘主要分布在镇江市（句容市、丹阳市）13 个、常州市（金坛区、溧阳市）14 个和无锡市（宜兴市、江阴市）15 个（图 4-5）。采样时，选取各坑塘的水面中心位置（距水面 5～10 cm 处）作为采样点。依据采样的类型划分为村塘、田塘及养殖坑塘，苏南地区坑塘在功能上均存在一定重叠，原因在于苏南地区大部分坑塘已由原有的农村小型水利基础设施逐渐转变为发展经济的载体，经过调研及分析可以发现，处于不同类型的坑塘其受到的污染具有复杂性及多重性，故苏南地区坑塘在一定程度上可以视为污染物来源稳定的研究对象。

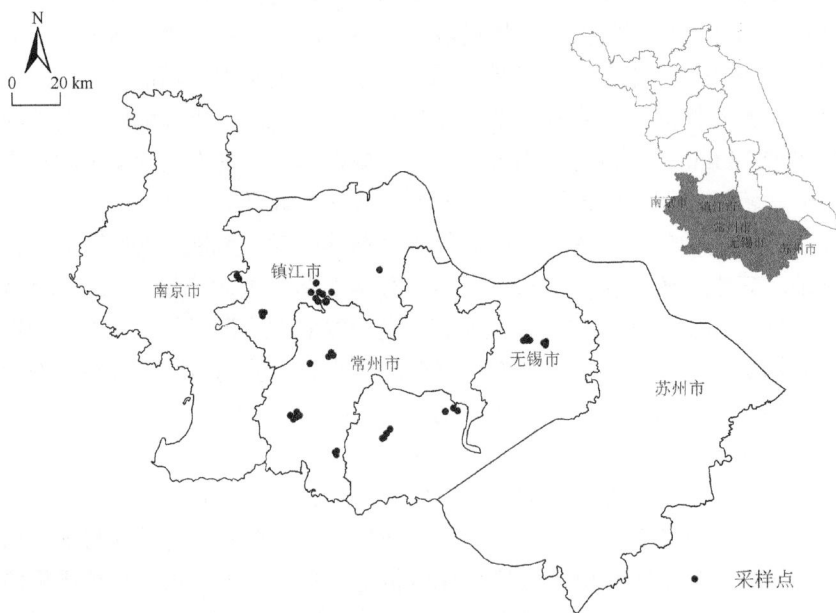

图 4-5 苏南地区坑塘采样分布

2. 景观格局与坑塘水质互动关系

1）水质指标与景观指数选取

已有研究显示苏南农村地区对水质造成威胁的污染物主要来自生活污水、粗放养殖、农业非点源污染等（杨晓英等，2016）。本书选取酸碱度（pH）、电导率（COND，μS/cm）、溶解氧（DO，mg/L）、磷酸盐（TDP，mg/L）和氨氮（NH$_3$-N，mg/L）作为坑塘水质状况的表征。其中 pH 是水溶液重要的参数之一，其值变化可反映水体酸碱度及硬度的变化；COND 常用来推测水中离解物质的含量，一般水中无机离子（含盐量）浓度越高，电导率值越大；DO 是水体污染程度和水质新鲜程度的重要指标；磷是各种生物必需的营养元素之一，自然水环境中能够被浮游植物和沉水植物吸收的主要是可溶性磷酸盐，磷的超标会导致水体富营养化，造成水体恶臭；NH$_3$-N 是一种耗氧污染物，除易导致水体富营养化外，还会对一些水生生物产生毒害作用。

以各采样点为圆心分别建立半径为 100 m、200 m、300 m、400 m、500 m 的缓冲区。由于景观指数众多，且部分指数之间表征意义存在重复，故利用 Spearman 工具对景观格局指数进行初步划分，保留相对独立且相关性不显著的景观指标，并优先选择经过前人研究证明与地表水质特征响应关系较强的景观变量。确定以下景观指标：最大斑块指数（largest patch index，LPI）、蔓延度指数（contagion index，CONTAG）、分离度指数（division index，DIVISION）、聚集度指数（aggregation index，AI）、香农多样性指数（Shannon's diversity index，SHDI）、斑块结合度指数（patch cohesion index，COHESION）、景观形状指数（landscape shape index，LSI）、斑块密度（patch density，PD）指数；同时选择景观类型百分比（percent of landscape，PLAND）用以研究坑塘缓冲区内的土地利用占比在不同边界条件下与水质的关联关系（表 4-2）。

表 4-2　景观格局指数计算公式及其景观意义

景观指数	计算方法	参数描述	景观意义
最大斑块指数	$\mathrm{LPI}=\dfrac{\mathrm{Max}(a_1,a_2,\cdots,a_n)}{A}\times100\%$	a_i 为斑块 i 的面积；A 为景观总面积；%	景观优势度
蔓延度指数	$\mathrm{CONTAG}=\left\{1+\dfrac{\sum\limits_{i=1}^{m}\sum\limits_{k=1}^{m}\left[P_i\left(\dfrac{g_{ik}}{\sum\limits_{k=1}^{m}g_{ik}}\right)\right]\left[\ln P_i\left(\dfrac{g_{ik}}{\sum\limits_{k=1}^{m}g_{ik}}\right)\right]}{2\ln m}\right\}\times100\%$	P_i 为 i 类型在整个景观中所占比例；g_{ik} 为 i 和 k 类型中相邻的斑块数；m 为总景观类型的数目；%	景观破碎度
分离度指数	$\mathrm{DIVISION}=1-\sum\limits_{j=1}^{n}\dfrac{a_{ij}}{A}$	a_{ij} 为第 i 类景观 j 斑块的面积；A 为总面积	景观分离度

续表

景观指数	计算方法	参数描述	景观意义
聚集度指数	$AI = \left[\sum_{i=1}^{m} \left(\frac{g_{ii}}{Max \to g_{ii}} \right) P_i \right] \times 100\%$	g_{ii} 为斑块类型 i 的像素之间的相似领接数；$Max \to g_{ii}$ 为斑块类型 i 的像素之间的最大相似领接数；P_i 表示类型斑块所占比例；%	景观破碎度
香农多样性指数	$SHDI = -\sum_{i=1}^{m} (P_i \ln P_i)$	P_i 表示斑块类型 i 所占景观总面积比例	景观多样性
斑块结合度指数	$COHESION = \left[1 - \frac{\sum_{j=1}^{m} P_{ij}}{\sum_{j=1}^{m} P_{ij} \sqrt{a_{ij}}} \right] \left(1 - \frac{1}{\sqrt{A}} \right)^{-1} \times 100\%$	P_{ij} 表示斑块 ij 周长；a_{ij} 表示斑块 ij 的面积；A 为景观总面积	景观连接度
景观形状指数	$LSI = \frac{0.25E}{\sqrt{A}}$	E 表示斑块周长；A 表示景观总面积；%	景观破碎度
斑块密度指数	$PD = \frac{N}{A}$	N 表示斑块总个数；A 为景观总面积	景观破碎度
景观类型百分比	$PLAND = \frac{\sum_{i}^{n} a_i}{A} \times 100\%$	$PLAND$ 表示类型斑块所占比例；a_i 表示斑块 i 的面积；A 表示景观总面积；%	景观优势度

在流域划分的基础上选取单项污染指数、综合污染指数及污染负荷比指数，以期对地区坑塘水质进行整体评价。综合污染指数能够将各项水质指标的浓度值无量纲化，从而实现不同空间坑塘水质的比较。污染负荷比指数可比较不同污染物对坑塘水质影响的程度差异。具体的计算公式如下：

$$P_i = \frac{C_i}{C_{i0}} \left(溶解氧采用 P_i = \frac{C_{i0}}{C_i} \right) \tag{4-6}$$

$$P_m = \sqrt{\frac{P_{i\max}^2 + P_{ieve}^2}{2}} \tag{4-7}$$

$$P_t = \sum_{1}^{n} P_i \tag{4-8}$$

$$Q_i = \frac{P_i}{P_t} \times 100\% \tag{4-9}$$

式中，P_i 为坑塘污染物 i 的单项污染指数，$P_i \leqslant 1$ 表示水体未受污染，指标合格，

$P_i > 1$ 表示水体受到污染且值越大污染越严重；C_i 为坑塘污染物 i 的实测值；C_{i0} 为水污染 i 的限量标准值（一般取Ⅲ类水标准值）；P_m 为综合污染指数，采用兼顾单项污染指数平均值与最大值的尼梅罗指数表示；$P_{i\max}$ 表示单项污染指数最大值；P_{ieve} 表示单项污染指数平均值；P_t 表示水质污染物单项污染指数总和；Q_i 表示污染物 i 的污染负荷比指数。

根据坑塘水体的综合污染指数状况将其划分为 5 个等级，并对所研究的坑塘水质污染程度和污染水平进行评价，如表 4-3 所示。

表 4-3　坑塘水质分级

等级	综合污染指数	污染程度	污染水平
1	$P_m \leqslant 0.7$	清洁	标准限度内
2	$0.7 < P_m \leqslant 1.0$	一般清洁	标准限度内
3	$1.0 < P_m \leqslant 2.0$	轻度污染	超出警戒水平
4	$2.0 < P_m \leqslant 3.0$	中度污染	超出警戒水平
5	$P_m > 3.0$	重度污染	超出警戒水平

2）坑塘水质与景观格局统计分析

为避免变量间的非正态分布带来的分析偏差，采用 Spearman 相关分析，对各采样点缓冲区景观水平和类型水平上的景观指数与水质指标进行相关性分析。同时为直观显示景观格局对坑塘水质的影响，经过对水质指标的消除趋势对应分析（detrended correspondence analysis，DCA），梯度长度（lengths of gradient）的第一轴值为 0.529（<3.0），选择冗余分析探讨二者的关系，排序图中变量的箭头越长代表二者相关性越强，反过来相关性越弱。箭头夹角的余弦值在数值上等于二者的相关系数，当余弦值为 0 时表示二者不相关。另外采样点在排序图上的距离表示的是不同样点之间的差异性，距离越短则代表差异越小，反之越大。以上分析分别在 SPSS 25.0、Canoco 4.5 及 ArcMap 10.2 软件中进行。

3. 结果分析

1）不同缓冲区尺度景观类型

研究区范围内景观类型可分为建设用地、耕地、水域、园地、林地及草地等，由于区域内林地、草地及其他地类分布面积过小，故将这些地类统称为其他用地。如图 4-6 所示，整个区域内耕地及建设用地占比最大，平均面积比例达到 57.34%～73.19%。100 m 缓冲区内水域和建设用地占比较大，超过 70%；200 m 和 300 m 缓冲区内耕地和水域是主要景观类型，分别占缓冲区总面积的 72.6% 和 77.4%；

400 m 和 500 m 缓冲区内，建设用地、耕地和水域是主要景观类型，占比分别在 30%、28%和 38%左右。研究区内园地、其他用地面积较小，均为非主导土地利用类型。

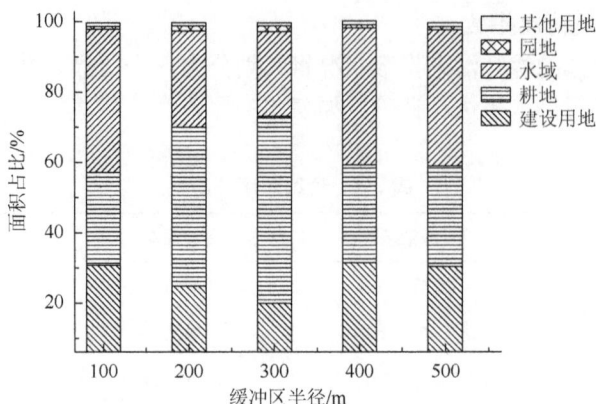

图 4-6　不同尺度景观组成类型占比

不同缓冲区尺度景观格局指数分析结果如图 4-7 所示。LPI 属面积–边缘类指数，能够反映缓冲区内优势景观类型，间接反映人类活动对景观的干扰程度。LPI 的最大值出现在 100 m 半径缓冲区，最小值出现在 500 m 半径缓冲区，说明 500 m 缓冲区内人类活动对坑塘的扰动相对较强。PD、LSI、COHESION、AI、DIVISION 和 CONTAG 均属聚集类指数，反映景观的空间破碎度。随着缓冲区半径逐渐增大，PD 值逐渐减小，说明研究区景观破碎化程度降低。LSI、COHESION 和 DIVISION 变化趋势相似，均随着缓冲区距离增大而增大，说明景观的复杂程度、景观类型的自然连通性指数和景观中不同类型斑块分布的分离度随尺度增大而增大。AI 和 CONTAG 整体变化不大，说明优势景观连通性中等且相差不大。SHDI 属多样性指标，其值越大，景观组成类型越丰富，景观的空间异质性越高，结果显示，各缓冲区内 SHDI 值相差不大，说明景观组成类型丰富度接近，200 m 缓冲区 SHDI 的最大值、最小值和均值最大，说明 200 m 缓冲区内景观类型更多样，分布更均匀，进一步说明该尺度下景观空间异质性最低。

2）苏南坑塘水质分析

研究区水质总体状况如表 4-4 所示。地区内坑塘水质在不同地区分异明显。pH 波动范围为 7.3～9.8，所有点位均偏碱性且波动较小，最大值出现在句容市采样点，此样点为临村坑塘，除是生活污水主要汇集点之外，亦靠近村中垃圾集中收集处，同时也作为养殖水面，一方面也说明地区坑塘污染源的多重性；COND 值整体较高且呈上升趋势，可能是地区污水较为集中经过地表径流及地下径流注

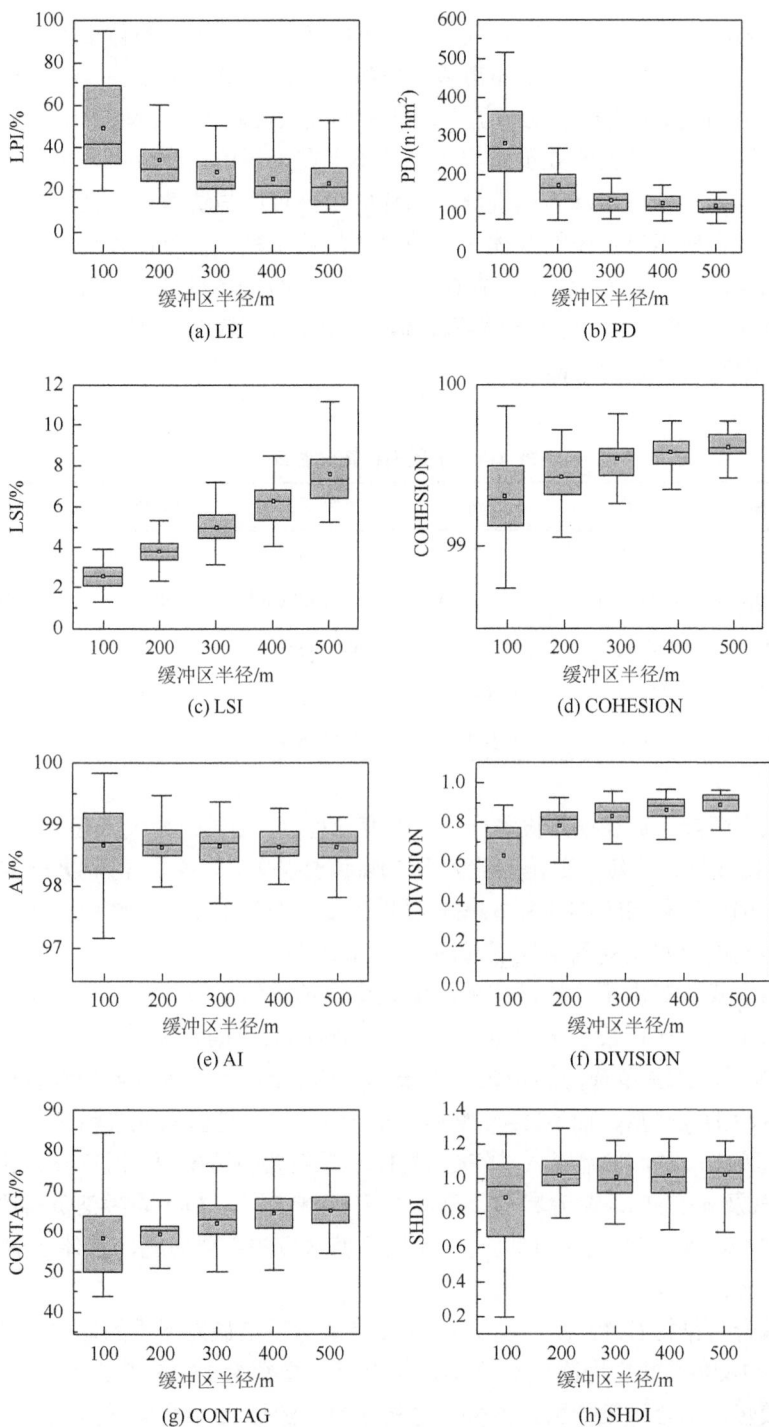

图 4-7　不同缓冲区内景观指数

入坑塘水体，坑塘中离子浓度升高，致使 COND 增大；DO 整体上波动较大，整体上处于劣 V 类水范围，在常州市境内值相对低；TDP 主要在镇江市值较大，在常州市较小，间接说明在镇江市坑塘水体受到较大影响；NH_3-N 整体上波动较大，均值处于 II 类水，最大值处于 III 类水，整体上在无锡市其值较大，可能原因为无锡境内的坑塘多为村塘及养殖坑塘，水体的污染程度与坑塘连通性的优劣有重要关联，一般临村相对封闭的水体和养殖水面的坑塘氨氮值总体较高。同时，从不同类型坑塘来看，其水质结果也存在一定差异。DO 及 NH_3-N 值整体在村塘较高，在养殖塘较低，而 TDP 值在养殖塘较高，在田塘其值较低。pH 及 COND 在三种类型坑塘中其值变化较均衡。

表 4-4 水质指标描述性统计

水质指标	最大值	最小值	平均值	标准差	变异系数/%
酸碱度（pH）	9.8	7.3	8.3	0.5	6.02
电导率（COND）	894 μS·cm^{-1}	274 μS·cm^{-1}	428.38 μS·cm^{-1}	108.92	25.43
溶解氧（DO）	1.47 mg·L^{-1}	0.11 mg·L^{-1}	0.59 mg·L^{-1}	0.34	57.63
磷酸盐（TDP）	2.5 mg·L^{-1}	0.06 mg·L^{-1}	0.66 mg·L^{-1}	0.6	90.91
氨氮（NH_3-N）	0.79 mg·L^{-1}	0.01 mg·L^{-1}	0.33 mg·L^{-1}	0.22	66.67

一般用变异系数表征各检测样本间的变异程度，随着值增大，变异程度也逐渐增高。根据变异性分级，变异系数大于 30% 属于强变异，各采样点 DO（57.63%）、TDP（90.91%）和 NH_3-N（66.67%）质量浓度在空间上的变化较强，由此可知苏南地区地表坑塘水质受到了较明显的人类活动干扰。

利用公式计算出不同流域内的坑塘采样点单项污染指数与综合污染指数，最终得出污染负荷比指数（Q_i）（表 4-5），并判断坑塘污染等级。结果可知，在这个流域内 DO 及 TDP 单项污染指数均大于 1，表明整体上苏南坑塘受到有机物污染及磷元素污染较严重，而 NH_3-N 整体上小于 1，说明地区氮元素污染相对来说较为轻微。具体来看，在流域 A 中 DO 及 TDP 是主要的污染源，污染负荷比指数高达 55.60% 及 41.78%，在流域 B、流域 C 及流域 D 中，DO 的污染负荷比指数分别达 86.54%、87.31% 及 78.10%，是流域坑塘水质的主要问题，整体上 NH_3-N 污染问题较轻。

从综合污染指数（P_m）可知，流域 B 是地区污染最为严重的地区，综合污染指数高达 16.86，其次为流域 C 和 D，综合污染指数为 15.36 和 11.46，流域 A 污染程度较轻，综合污染指数为 6.66。分析来看，流域 A 中坑塘样点主要位于宁镇山脉南侧、茅山山脉西侧，地形对其的影响为海拔较高，故类型多为田塘（占比

60%），农业面源污染及养殖废水是其主要污染源，水体中 DO 含量低，磷元素污染较严重；流域 B、C、D 位于平原区，坑塘样点较多且多为村塘及养殖塘（占比分别达到 78.95%、60.00%、62.50%），其水体中 DO 含量极低，生活污水及养殖废水是地区坑塘污染的主要来源。根据表 4-5 坑塘分等可知苏南地区四流域内坑塘水质均处于"重污染"等级，污染水平均达到超出警戒线水平。

表 4-5　坑塘水质评价及污染等级

项目	流域 A		流域 B		流域 C		流域 D	
	P_i	Q_i/%	P_i	Q_i/%	P_i	Q_i/%	P_i	Q_i/%
ρ（DO）	8.08	55.60	22.25	86.54	20.29	87.31	14.91	78.10
ρ（TDP）	6.07	41.78	3.07	11.94	2.60	11.19	3.68	19.28
ρ（NH$_3$-N）	0.38	2.62	0.39	1.52	0.35	1.50	0.50	2.62
综合污染指数	6.66		16.86		15.36		11.46	
污染程度	重污染		重污染		重污染		重污染	
污染水平	超出警戒水平		超出警戒水平		超出警戒水平		超出警戒水平	

3）景观格局与坑塘水质关系

在不同尺度上将水质指标与各采样点 PLAND 指数进行分析，研究景观类型与坑塘水质的关联关系。

相关分析结果表明（表 4-6），DO、NH$_3$-N 和建设用地 PLAND 呈正相关，分别在 300 m 及 100 m 缓冲区达到最大值。200 m 半径缓冲区耕地 PLAND 与 COND、NH$_3$-N 呈显著正相关（$P < 0.05$），400 m/500 m 半径缓冲区耕地 PLAND 与 TDP 呈显著正相关（$P < 0.05$），一定程度上说明建设用地及耕地是水质恶化的"源"景观。园地与耕地相似，但结果无明显相关性，主要原因可能是园地占比过小。在其他用地中，400 m 尺度上与 TDP 呈显著正相关（$P < 0.05$）。林地、草地与主要水质参数呈负相关且在 200 m 尺度上较明显。

表 4-6　景观类型与水质指标的相关性

指标	缓冲区尺度/m	建设用地	耕地	园地	其他用地	林地	草地
pH	100	−0.2	−0.13	0.04	0.09	—	
	200	−0.04	−0.07	0.15	−0.02	0.23	—
	300	0.03	−0.13	0.07	0.03	0.08	−0.02
	400	0.06	−0.22	0.02	−0.02	−0.04	−0.11
	500	0.09	−0.18	−0.04	−0.07	−0.04	−0.08

续表

指标	缓冲区尺度/m	建设用地	耕地	园地	其他用地	林地	草地
COND	100	0.17	0.30	−0.07	0.27	—	—
	200	−0.03	0.40*	0.09	0.17	−0.25	—
	300	−0.12	0.29	0.15	0.19	−0.04	−0.12
	400	−0.10	0.18	0.10	0.08	0.02	−0.24
	500	−0.16	0.12	−0.00	0.10	0.02	−0.26
DO	100	0.20	0.13	−0.05	0.09	—	—
	200	0.31	0.05	0.12	−0.13	−0.17	—
	300	0.32	−0.08	0.04	−0.02	−0.16	−0.30
	400	0.22	0.04	−0.03	−0.02	−0.28	−0.19
	500	0.11	0.11	−0.03	0.01	−0.28	−0.20
TDP	100	−0.00	−0.16	0.09	−0.18	—	—
	200	0.01	−0.03	−0.02	0.14	−0.05	—
	300	−0.06	0.20	0.13	0.25	0.04	−0.14
	400	−0.18	0.36*	0.04	0.35*	−0.01	−0.23
	500	−0.19	0.34*	0.02	0.23	−0.01	−0.23
NH$_3$-N	100	0.19	0.26	0.14	0.21	—	—
	200	0.10	0.39*	−0.02	0.06	−0.30	—
	300	0.04	0.21	0.03	0.16	−0.11	−0.16
	400	0.04	0.15	0.02	0.09	0.02	−0.10
	500	0.02	0.15	0.03	−0.02	0.02	−0.12

* 表示在 0.05 水平上显著相关。

冗余分析结果表明（图4-8），建设用地 PLAND 与 NH$_3$-N 呈正相关，自 200 m 半径缓冲区建设用地与 TDP 开始呈正相关，说明建设用地对于地区氮磷污染有一定加剧作用。耕地与其余主要水质指标均呈不同程度正相关，在一定程度上说明耕地对地区坑塘水质有着负面作用。园地在 300 m 范围内与 TDP 呈正相关，在 100 m 半径缓冲区园地与 NH$_3$-N 呈正相关，可能因为占比过小，其相关性规律呈现不明显特征。林草地与主要水质指标呈负相关，是地区水质变化的"汇"景观。由此可见，苏南地区农村坑塘水质受多种景观类型的综合影响且这些影响具有一定的空间尺度效应。

景观格局指数与水质指标有着不同程度的相关性，一定意义上可以揭示地区景观格局与坑塘水质的特征关系，在不同尺度上将水质指标与景观格局指数进行分析，研究景观格局与坑塘水质的关系。

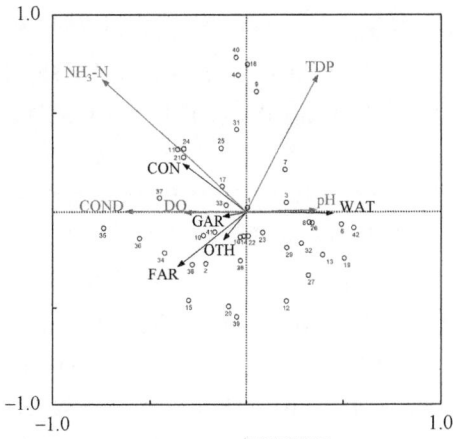

(a) 100 m半径缓冲区

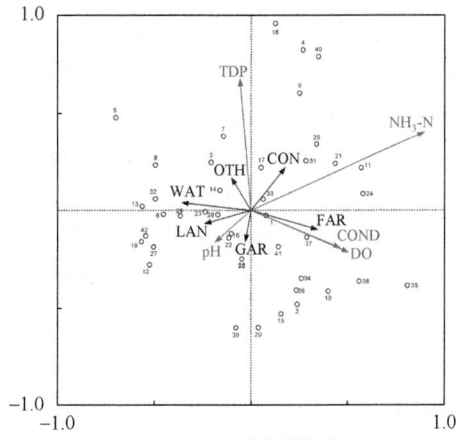

(b) 200 m半径缓冲区

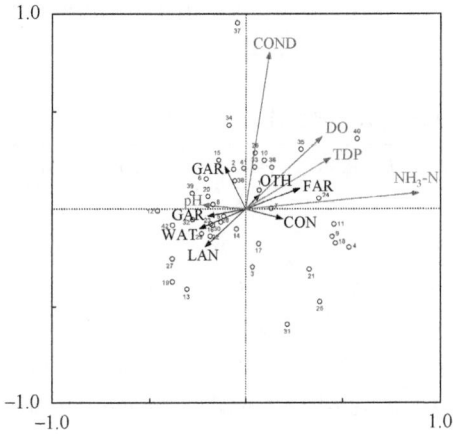

(c) 300 m半径缓冲区

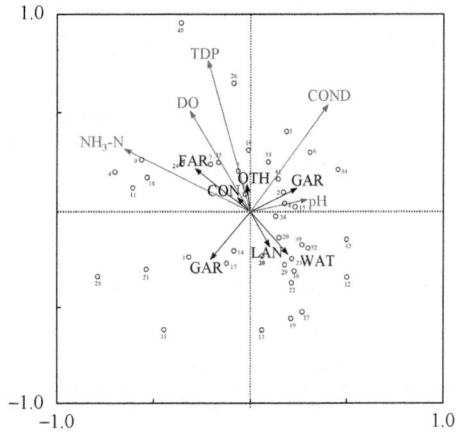

(d) 400 m半径缓冲区

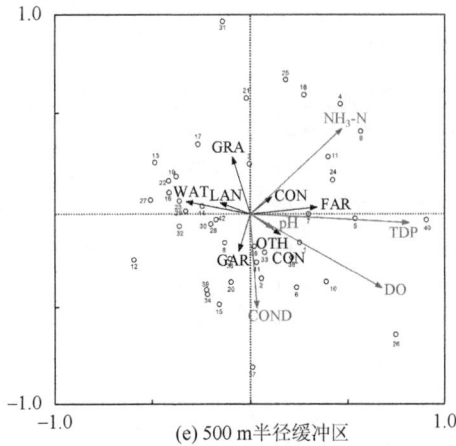

(e) 500 m半径缓冲区

图4-8　不同半径缓冲区景观组成与水质冗余分析

相关分析结果表明（表 4-7），在 100 m 半径缓冲区，COND 与 DIVISION 和 PD 呈显著正相关（$P<0.05$），与 LSI 呈极显著正相关（$P<0.01$），与 LPI、COHESION 和 AI 均呈显著负相关（$P<0.05$），在 200 m 半径缓冲区范围内，COND 与 CONTAG 呈极显著正相关（$P<0.01$），与 DIVISION 呈显著正相关（$P<0.05$），与 LPI 呈显著负相关（$P<0.05$），表明景观斑块越破碎、分离度越大，水体离子浓度越大，受到的污染也更明显。DO 和 TDP 与 PD、LPI 及 AI 主要呈正相关，与 LSI、DIVISION 主要呈负相关，说明随着人类活动强度增加，可能会导致水体有机污染加重。在 100 m 半径缓冲区，NH_3-N 与 PD、LSI 和 DIVISION 呈极显著正相关（$P<0.01$），与 AI 呈显著负相关（$P<0.05$），与 SHDI 呈显著正相关（$P<0.05$），在 200 m 半径缓冲区，NH_3-N 与 LPI 呈极显著负相关（$P<0.01$），与 LSI 和 DIVISION 呈显著正相关（$P<0.05$），在 500 m 半径缓冲区内，NH_3-N 与 LSI 呈显著正相关（$P<0.05$），与 AI 呈显著负相关（$P<0.05$），表明斑块的密度越高、形状越复杂、分离度越大，对应景观越破碎，NH_3-N 值越大，水质越差。

表 4-7　景观格局指数与水质指标的相关性

指标	缓冲区尺度/m	PD	LPI	LSI	CONTAG	COHESION	DIVISION	SHDI	AI
pH	100	−0.14	0.28	−0.19	0.10	0.19	−0.22	−0.08	0.19
	200	−0.11	0.25	−0.20	0.05	0.17	−0.23	0.15	0.24
	300	−0.05	0.34*	−0.23	−0.10	0.24	−0.25	0.29	0.23
	400	−0.00	0.26	−0.12	−0.38*	0.14	−0.21	0.28	0.15
	500	0.04	0.24	−0.15	−0.27	0.16	−0.21	0.16	0.16
COND	100	0.44*	−0.38*	0.45**	−0.23	−0.38*	0.39*	0.29	−0.40*
	200	0.11	−0.33*	0.20	0.47**	−0.18	0.36*	−0.11	−0.20
	300	0.08	−0.24	0.04	0.26	−0.13	0.11	−0.16	−0.05
	400	−0.10	−0.19	−0.01	0.21	−0.10	0.08	−0.07	0.01
	500	−0.16	−0.28	−0.04	0.16	−0.12	0.13	−0.10	0.04
DO	100	−0.11	0.14	−0.07	0.03	0.07	−0.13	−0.08	0.07
	200	0.15	0.14	−0.07	0.27	0.07	−0.14	−0.01	0.07
	300	0.17	−0.02	−0.05	−0.04	0.04	−0.07	0.16	0.04
	400	0.01	0.01	−0.09	−0.00	0.07	−0.05	0.02	0.08
	500	−0.05	0.02	−0.11	0.05	0.06	−0.04	−0.05	0.11
TDP	100	−0.16	0.24	−0.17	0.14	0.13	−0.16	−0.19	0.15
	200	0.08	0.07	−0.05	−0.05	−0.09	−0.03	0.05	0.05
	300	0.06	−0.05	−0.13	0.19	−0.03	−0.09	0.00	0.13
	400	0.13	0.01	−0.12	0.24	−0.04	−0.15	−0.16	0.12
	500	0.02	0.04	−0.15	0.20	−0.02	−0.16	−0.21	0.14

指标	缓冲区尺度/m	PD	LPI	LSI	CONTAG	COHESION	DIVISION	SHDI	AI
NH₃-N	100	0.48**	−0.47**	0.48**	−0.33	−0.54**	0.54**	0.43*	−0.44*
	200	0.20	−0.46**	0.34*	0.12	−0.24	0.41*	−0.16	−0.34
	300	0.22	−0.25	0.33	−0.01	−0.23	0.18	−0.03	−0.38*
	400	0.07	−0.18	0.28	−0.05	−0.22	0.19	−0.02	−0.28
	500	0.01	−0.22	0.37*	−0.07	−0.18	0.20	0.03	−0.37*

* 表示在 0.05 水平上显著相关；** 表示在 0.01 水平上显著相关。

冗余分析结果表明（图 4-9），PD 在小尺度范围内与 COND 及 NH₃-N 呈较强正相关，自 300 m 半径缓冲区与 DO、TDP 呈正相关。LPI 与 COND、NH₃-N 均在小尺度范围内呈负相关。LSI 与 DO、TDP 均呈负相关，与 NH₃-N 呈较强正相关，与 COND 呈正相关，但尺度具有不确定性。CONTAG 与 COND 在 200 m/300 m 半径缓冲区呈较强正相关，且与 NH₃-N 在较大尺度缓冲区呈正相关。COHESION 在 300 m 半径缓冲区相关性最大，与 COND、NH₃-N 均在 100 m 尺度上表现出较强负相关，随着缓冲区尺度的增大，其对水质的影响逐渐降低。DIVISION 与 COND、NH₃-N 在较大尺度上呈较强正相关。SHDI 与 NH₃-N 在 100 m 半径缓冲区呈较强正相关。AI 与 DO、TDP 均呈正相关，与 COND 和 NH₃-N 均呈负相关。

由此可见，景观格局指数一定程度上可以作为预测研究区坑塘水质的因子，且不同指数之间与坑塘水质的特征关系存在较大差异。农村坑塘水环境与多种景观指数存在不同程度的响应关系，且这些响应关系具有一定的空间尺度效应。

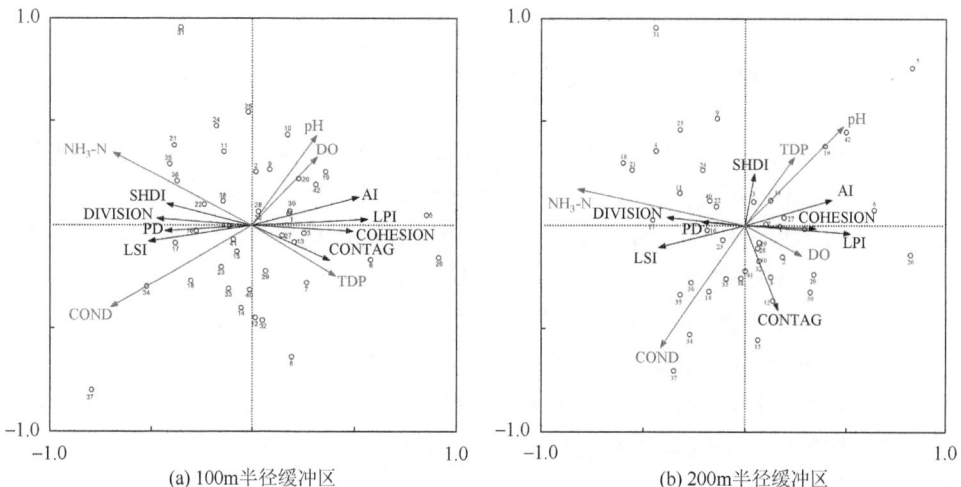

(a) 100m半径缓冲区　　(b) 200m半径缓冲区

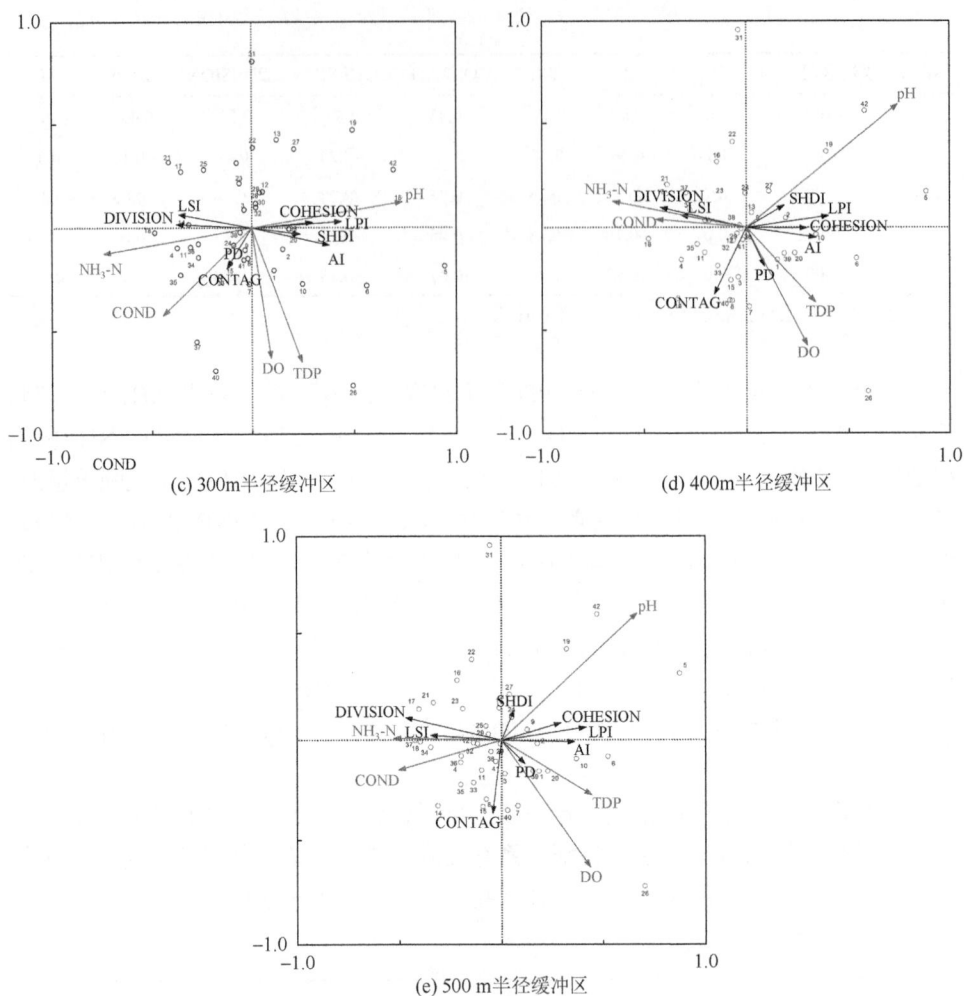

图4-9 不同缓冲区尺度下景观格局指数与水质参数冗余关系

综合景观类型/景观格局指数与坑塘水质的关联分析发现，其结果基本吻合。相较于 Spearman 相关性分析，RDA 分析的结果以二维形式展示在排序图上，可以直观地看到相关变量之间的关系。前人研究表明景观格局与水质指标存在空间上的差异性，本研究中，100 m 半径缓冲区范围内，景观类型和景观格局指数与水质的特征关系更为明显，且景观格局指数与水质的关系更为显著。RDA 排序中，景观类型/景观格局与环境因子（水质指标）主要体现在第一排序轴（约束轴）上。在 100 m 半径缓冲区内，第一排序轴的累积百分比为 94.4%，相关系数为 53.3%，说明排序图能够较好地表达水质指标与排序轴的关系，进一步说明其具有较好的水质变异解释能力。

4）研究结论

本研究通过实地采样获取研究区典型坑塘水质数据，基于地区土地利用数据，划分流域分区，利用综合指数及污染负荷比指数研究流域内坑塘样点的污染情况，并结合相关分析和冗余分析，设置不同尺度缓冲区探讨了景观格局与坑塘水质的特征关系。结果表明：

（1）苏南地区农村坑塘水质状况不一，参照地表水环境质量标准，研究区坑塘水质 DO 超过 V 类标准，NH_3-N 在 II 类和 III 类之间。研究区自北向南，COND、NH_3-N 有增加趋势，TDP 有减少趋势，DO 先降后增，整体上南部地区污染更为严重。从综合污染指数与污染负荷比指数来看，平原地区坑塘样点污染较为严重，低山丘陵地区污染程度相对轻，但总体上均处于"重污染"等级，低山丘陵地区流域磷元素和 DO 污染问题严重，平原地区流域 DO 污染问题严重，流域整体上 NH_3-N 污染问题较轻。

（2）缓冲区内耕地、建设用地占主导地位，平均面积占比在 57.34%～73.19%，建设用地和耕地是水质变化主要"源"景观，会增加并加速水体污染物向水体汇集，建设用地与 DO、NH_3-N 分别在 300 m、100 m 相关性最大，耕地在 200 m 尺度下对 COND、NH_3-N 有较好的解释度，在 400 m 及 500 m 尺度下对 TDP 有较好的解释度；林地和草地对水质净化具有一定的正效应，能够减缓污染物的流入。总体来说景观类型与水质的关系尺度具有不确定性。

（3）研究区景观格局指数与水质特征关系较明显，不同尺度缓冲区内景观格局指数与水质的特征关系存在较大差异。100 m 尺度下的 PD、LPI、LSI、COHESION、DIVISION、AI 及 200 m 尺度下的 LPI、CONTAG、DIVISION 能够较好地反映其与 COND 的特征关系；100 m 尺度下的 PD、LPI、LSI、COHESION、SHDI、DIVISION、AI 及 200 m 尺度下的 LPI、LSI、DIVIDION 对 NH_3-N 具有较好的解释度。总体来说，景观格局指数在 100 m 尺度上能较好地解释其与水质的特征关系。

（4）研究区内景观格局指数相较于景观类型与水质的特征关系更为显著。LPI、LSI、DIVISION、COHESION 及 AI 是影响地区水质的主要因子。斑块密度越小，破碎度越低，聚集与连接度越低，分离度越高越有利于地区坑塘水质的保护。

本研究发现在 100 m 半径缓冲区范围内景观格局指数能够较好反映水质与景观格局的相关关系，进一步研究可以得出，100 m 半径缓冲区范围内景观的斑块密度越大、形状指数越大、分离度越大，水质污染越重。说明地区景观破碎化程度直接影响地表径流，从而影响污染物进入坑塘的途径，未来此尺度范围内应着重开展土地整治与规划工程，减弱地区破碎化程度，优化调整范围内景观布局，从景观层面阻滞或延缓污染物进入坑塘的过程。

4.2　水乡地区高标准农田建设规划设计方法

目前针对江南水乡整治的研究多集中在水系分析与水网治理、乡村景观提升等，而根据其区域特征针对性地提出生态型土地整治规划设计方法的研究较少。本研究结合景观生态学理论，基于 GIS 和 RS 技术，提出了江南水乡生态型基本农田建设规划思路，形成规划方案。以期为丰富江南水乡地区高标准农田建设规划方法，探索土地整治生态转型路径提供参考与借鉴。

4.2.1　建设总体思路

具有水乡特色的高标准农田设计是在传承传统型整治优点的基础上提出的，主要从景观生态系统对农田生产功能、生态服务功能和文化服务功能等多个功能的实现为基本出发点，针对"田、水、路、林、村"等关键要素，对项目区景观生态格局进行定量描述和综合分析，识别项目区土地利用的障碍因素，针对性地提出项目规划设计方案和规划实施措施。水乡特色高标准农田建设在规划目标上，应将生态文明建设、生命共同体、人地和谐理念贯穿于高标准农田建设工作的始终，重视景观格局重构、生态功能重建和乡村污染控制；在规划方法上，将生态景观格局诊断与生态景观功能评价技术融入规划方案中，以达到营造绿色基础设施的生态目标；在工程设计上，重视河道防护、农田防护、道路绿化、沟渠绿化等不同生态化技术，引入土壤修复、污染源隔离、污染物集中纳管等技术；在规划效果上，不仅着眼于耕地质量和土地综合生产能力的提升，同时关注区域景观生态格局的稳定、生态服务功能的发挥和作为旅游观光资源价值的复合，实现整个系统经济、社会和生态等效益的统筹优化。

结合区域"江南水乡"的独特资源特点及建设条件，围绕高标准农田建设和生态环境改善的核心目标，相关规划设计应按照"资源要素诊断—规划目标设定—整治方式综合—方案评价反馈"的规划设计思路，通过功能空间优化、生态网络构建和绿色基础设施营造等生态化土地整治技术的联合应用，对核心区农田、水面、居民点、道路、林网等整治要素进行全域规划、综合整治，打造"生产-生活-生态"空间有序、设施完善、功能复合、景观融合的江南水乡田园综合体。总体思路框架如图 4-10 所示。

（1）景观特征分析＋功能分区。以场地的现状分析为基础，将生态景观格局诊断与生态景观功能评价技术融入规划方案中，立足要素功能和目标导向，依次对农田、水面、居民点、基础设施等整治要素进行特征分析和障碍诊断；结合区域上位规划和发展定位，遵循"因地制宜、统筹兼顾"的设计原则，以主导功能和优势资源为依据,进行核心区的功能分区,确定相应的发展目标。

(2)生态网络构建＋规划布局。采用"反规划"理念,立足场地的景观格局及其要素演变规律,按照"斑块-廊道-基质"的生态规划设计思路,通过敏感性分析、要素条件评价和准则控制规划,构建合理的生态网络格局,为农田、水系、沟渠、道路、林网等关键要素、骨干设施的配置提供布局控制;在生态景观单元总体布局稳定的基础上,考虑要素间的功能协调和内部结构优化,依据行业技术标准、研究成果总结的要素规划准则,利用适宜性评价和线性规划方法,进行核心区在土地利用、工程设施、利用模式上的规划布局。

(3)绿色设施营造＋工程设计。按照绿色设施建设的一般思路,通过国内外已有生态化土地整治工程技术的总结,结合核心区具体实际,以高标准生态良田建设、功能复合型水面修复为核心目标,引入生态衬砌技术、生物通道、缓冲带建设、污染物集中纳管等不同生态化技术,对农田防护、沟渠配型、道路绿化、河道修复等方面进行工程设计及施工技术的升级或改造。

(4)综合评价反馈＋措施综合。从核心区"生产-生活-生态"空间的协调及功能的统筹实现为评判基准,通过经济效益计算、社会效益分析和生态效益评价等方式,对初步的规划设计方案进行效益反馈;对显著存在负向效益的规划要素,进行方案的调整或借助工程、生物、社会等其他措施的组合,实现核心区生态综合型土地整治规划设计方案的优化。

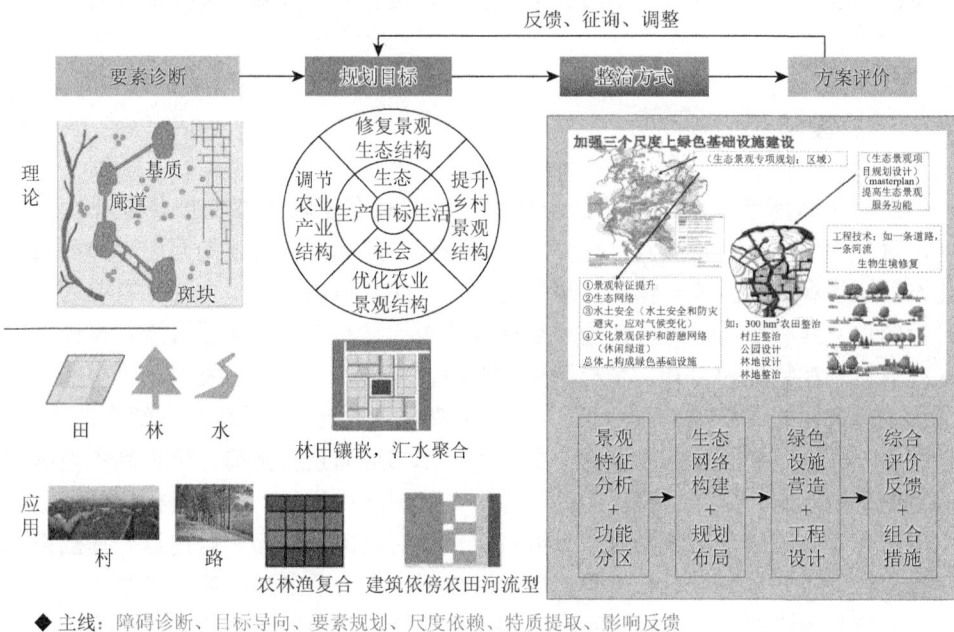

◆ 主线:障碍诊断、目标导向、要素规划、尺度依赖、特质提取、影响反馈

图4-10　水乡特色高标准农田设计总体思路

4.2.2　规划建设目标

　　具有水乡特色的高标准农田建设规划设计是立足江南水乡地域环境特征，以"绿色-生态"田园综合体为发展目标，重点通过高标准农田建设、水系生态修复和乡村功能复合等整治方式，提升农业生产效率、改善人居环境、完善生态系统，营造特色景观，激活乡村价值，将核心区打造为融合江南水乡风光、田园浪漫景色为一体，以现代农业生产为主，又兼具观光、休闲之独特功能的田园综合体。

　　具体而言：①农田要素以高标准农田建设为目标，通过地类调整、田块设计、设施完善、景观优化、利用提升等整治手段，提高耕地产能，促进规模经营，推进设施农业和观光农业的发展；②水系要素以生态环境保护为目标，通过水网连通、湿地设计、驳岸建设、污染防控等整治手段，优化水系结构，改善水体质量，提高景观功能和生态价值；③村庄要素以乡村功能复合为目标，通过设施完善、建筑重塑、污染防控、主题打造等整治手段，改善村庄居住条件，提升乡村景观风貌，增加地域农民福祉，促进美丽乡村建设。总体上，立足生态综合型土地整治，核心区内的农田、村庄、道路、水系等要素构成一个相对完整的乡村生态景观单元，在此基础上，推进土地流转和规模经营，整合乡村人力、资金、科技等资源要素，为农业现代化发展、美丽乡村建设和城乡统筹发展提供有力的平台支撑。

4.2.3　建设障碍诊断

　　当前在高标准农田建设项目规划中，普遍存在忽略生态保护和景观设计论证，盲目"田成方、路成网、渠相通、树成行"的标准化建设的问题，导致农田建设区域景观的类型单一化和格局重复化。因此，与传统的以生产性农业为建设目标的项目具有明显差异，江南水乡地区的高标准农田建设在项目规划设计上应重视乡村景观特征的提升、乡村污染的控制、乡村休闲旅游的发展及乡村基础设施与生活条件的改善等方面，建设目标具有明显的生态性、景观性和综合性特征。景观格局分析是开展规划设计的前提条件，本书遵循景观格局评价再到景观格局调整的基本原则，立足"斑块-基质-廊道"景观结构优化，以建设核心区土地利用现状为基础，结合区域资源要素调查，依次对农田、水面、居民点、基础设施等整治要素进行特征分析和障碍诊断，为规划目标的设定提供基础依据。

　　景观是由许多大小、形状不同及相互作用的斑块遵循一定的规律所组成的，是具有高度空间异质性的区域。在景观生态学中，将"斑块-廊道-基质"作为对任何一种景观进行分析的通用模式，并取得了广泛的应用。划分景观结构单元与观察尺度相关联，一般而言，斑块泛指在外貌或性质上与周围环境不同，具有一定内部均质性的空间单元；廊道是景观中与相邻两边环境不同的线状或带状结构，按功能可分为传输通道、过滤和阻抑作用、生境、源与汇四类；基质是指景观中连续性最大、分布最广的背景结构。在项目区尺度，"田、水、路、林、村"等土地整治要素可在土地利用现状分类的基础上，按照各自主要的结构特征与功能性质（包括数量、规模、宽度、形状、构成、内部环境及其与周边相互关系等）转换衔接至不同的景观类型（表 4-8），进而借助景观格局评价的基本方法，立足土地生态系统稳定视角，开展建设要素在特定目标发展下的障碍诊断。

表 4-8　土地利用类型与景观类型转换表

土地利用类型	景观分类	景观结构	景观大类
灌溉水田	耕地	斑块/基质	农业景观
水浇地	耕地	斑块/基质	农业景观
旱地	耕地	斑块/基质	农业景观
菜地	耕地	斑块/基质	农业景观
可调整有林地（宽>1.0 m）	林地	斑块	农业景观
可调整养殖水面	坑塘	斑块	农业景观
设施农业用地	设施用地	斑块	农业景观
农村道路（宽>1.0 m）	道路	廊道	农业景观
养殖水面	坑塘	斑块	农业景观
农田水利用地（宽>1.0 m）	沟渠	斑块	农业景观
晒谷场等用地	设施用地	斑块	农业景观
水工建筑用地（宽>1.0 m）	沟渠	廊道	农业景观
工业用地	工业用地	斑块	村庄景观
公共基础设施用地	居民点	斑块	村庄景观
农村宅基地	居民点	斑块/基质	村庄景观
葬墓地	葬墓地	斑块	村庄景观
河流水面	河湖	斑块/廊道	水系景观
坑塘水面	河湖	斑块	水系景观
苇地	河湖	斑块	水系景观
农田水利用地（宽<1.0 m）	计入最邻近的景观类型	同最邻近的景观类型	同最邻近的景观类型
水工建筑用地（宽<1.0 m）	计入最邻近的景观类型	同最邻近的景观类型	同最邻近的景观类型
可调整有林地（宽<1.0 m）	计入最邻近的景观类型	同最邻近的景观类型	同最邻近的景观类型

4.2.4　建设功能分区

按照"斑块-廊道-基质"的生态网络设计思路，进一步结合生态敏感性分析，构建合理的生态网络格局，为农田、水系、沟渠、道路、林网等关键要素、骨干设施的配置提供布局控制。生态敏感性是指生态系统面对人类活动的惊扰而遭到破坏的可能性大小，体现了人类和自然活动干扰区域生态系统时，该区域的生态是否会受到破坏、破坏到什么程序及发生怎样的破坏。高标准农田建设作为人类适应和改造自然的综合性活动之一，应优先考虑生态系统的稳定，对主要的要素进行敏感性分析，确定各要素的建设范围和发展边界，控制人为干扰所带来的负向生态影响。选取农田、居民点、坑塘水面、河流水面和农村道路等关键要素，依据相关环境保护标准、建设控制要求依次划分不同等级的敏感强度，对项目区划分建设功能分区（图4-11）。

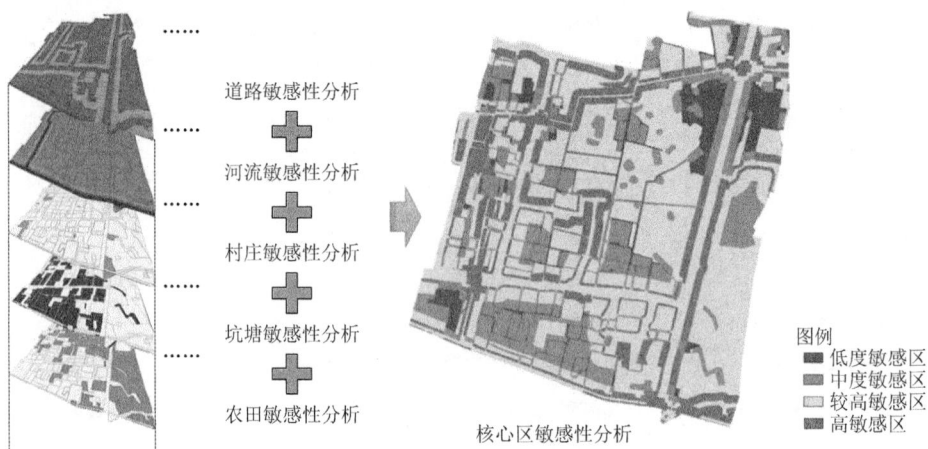

道路敏感性分析
＋
河流敏感性分析
＋
村庄敏感性分析
＋
坑塘敏感性分析
＋
农田敏感性分析

核心区敏感性分析

图例
■ 低度敏感区
■ 中度敏感区
□ 较高敏感区
■ 高敏感区

图 4-11　建设核心区敏感性分析

宜将项目区划分为农业生产区（必选）、水资源整治区（必选）、特色农业资源集中区（可选）、江南水乡景观提升区（可选）、生态保留区（可选）。针对不同工程分区提出相应的整治目标、主导工程类型及建设途径。

（1）农业生产区。以高标准农田建设为目标，以提高农业生产效率、改善耕地质量为原则，在尽可能减少生态扰动、生态破坏的前提下，通过实施土壤改良工程、土地平整工程、田间道铺设生态路面、灌溉排水工程等，宜结合生物田坎设计、田间道敷设生态路面及生物通道设计、沟渠生态护坡设计及人工湿地等工程措施，以在保证生态连通性及生物多样性的前提下实现耕地产能提升，农业生产效率提高，促进规模化经营。

（2）水资源整治区。以生态源地建设和绿色养殖水面建设为整治目标，以生态功能提升为原则，通过坑塘结构改造、人工湿地建设、修建河岸生态护坡、布设生态组合净化系统等，优化水系结构、改善水体质量，提高水体功能。

（3）特色农业资源集中区。针对集中连片经济作物种植区，以经济作物集中区建设为目标，以提高经济作物生产效率为原则。通过布局适应特定作物的灌溉排水工程、田间道路工程、土壤修复工程等，改善作物种植条件，防治经济作物连作障碍，促进特色农业资源规模化和产业化。

（4）江南水乡景观提升区。以特色乡村景观建设为目标，在保持良好、优美、卫生的生活环境基础上，布局具有游憩功能的道路工程，尽可能提高游玩步道视域范围内的景观丰富度。宜结合道路布局设置水乡风格的亲水平台、廊桥、凉亭等。实施乡村景观提升工程，形成"稻田-流水-人家"的江南特色景观体验，培育观光体验农业、休闲农业等新业态。

（5）生态保留区。以维护自然生态环境、提升生态功能为目标，针对项目区内的集中连片的自然湿地、自然林地及具有较高生物多样性的河道等重要生态源地，划定生态保留核心区和缓冲区，尽可能减少人类活动，避免项目建设对该区域造成生态扰动。对于该区域内的现有道路、沟渠等人工建筑物，应增设生物通道、生物池、生态护坡等生态设施，提高生态连通性和生态稳定性。

4.3　水乡地区高标准农田建设关键要素优化

高标准农田建设过程中不可避免地会造成区域生态环境、生物多样性、景观格局、水文环境变化等正负效应，随着高标准农田建设的内涵和外延的不断拓展，其目标由单一地关注耕地数量向侧重人地关系多元化发展转移。在夯实农业现代化和粮食安全基础上，需要激发、催化和保持农田内各个要素向有利于土地利用综合价值的方向流动。因而在建设过程中需要在土地平整、水面改造、基础设施等工程措施中贯彻生态化设计理念，实现提高土地利用效率、改善农业生产条件、促进生态可持续性。4.2 节介绍了融合水乡特色景观的高标准农田建设区规划设计原则和一般方法，根据农田建设中各个要素的类别、作用和功能，借鉴已有标准、规范及研究成果，并结合水乡地区高标准农田建设的区域特色，兼顾精简、实用需求，本节将水乡地区高标准农田建设区待优化要素分为耕地、水面、生态格局、水乡特色景观四个部分，并分别介绍其优化设计方法。

4.3.1 耕地优化设计

针对水乡地区优质耕地被城乡建设蚕食，被各种铁路、公路、管线分割，破碎化现象严重等问题，水乡地区高标准农田耕地优化需要有效提升耕作地块的平整度和规模度，进而实现田块集中连片、耕作田面平整、耕作层理化性质满足作物高产稳产要求。本书将耕地优化分为耕作田块修筑和耕作地力保持两个部分，并可进一步细分，详见表 4-9。

表 4-9   耕地优化及其分类构成

一级工程类型	二级工程类型	三级工程类型
耕地优化	耕作田块修筑	条田修筑
		梯田修筑
		其他田块修筑
	耕作地力保持	物理化学修复
		生物修复

高标准农田耕地优化应满足灌溉、排水和田间耕作等要求，提高水肥利用效率和灌水均匀度，促进作物生长及防止水土流失，便于经营管理。因此在进行耕地优化时，应先进行单元划分，并应符合以下原则：①平原地区宜以末级固定道路或沟渠控制的田块作为平整单元，山地丘陵地区宜以一个梯田台面作为平整单元；②渠道自流灌区宜以满足末级灌水单元及其水位衔接条件的格田作为平整单元；③对于低（洼）地回填或高地降低高程的，可将区域内土方量实现自身平衡的局部低（洼）地或局部高地作为平整单元。在进行耕地优化时，应先对布局不合理、零散的田块进行归并和集中，需要合并的田块，应通过挖高填低，实现田块内部土方的挖填平衡和工程量最小。当不能实现田块内部土壤挖填平衡时，应按照就近原则进行土方调配。

1. 耕作田块修筑

耕作田块是最基本的耕作单元，它是由末级沟、渠、路所合围形成的地块，也包括了其中的沟渠、道路、田坎等农业生产附属设施等零星地物。耕作田块的修筑要根据项目区地形条件，结合灌溉排水系统、田间道路系统等的布置要求和作物种植、机械耕作需要，按照一定的设计标准，对田块按照一定的规格、方向、高程、平整度等要求进行施工建设。按照田块形态，耕作田块修筑可以分为条田修筑工程、梯田修筑工程及其他田块修筑工程。在长三角平原区水网以修建水平条田为主,丘陵区以修建水平梯田为主,并配套坡面防护措施。

条田修筑适用于地面坡度较缓的地区(区域地面坡度小于2°),通过工程建设,条田田面高程设计应因地制宜,并与灌溉排水工程设计相结合,使田块布局有利于作物生长发育,有利于田间管理和水土保持,满足灌溉排水和防灾需求,便于实施规模化经营与管理。平原地区水稻田宜采用格田形式,格田设计应保证排灌畅通,排灌调控方便。水田区内格田埂高宜为20~40 cm,埂顶宽宜为10~20 cm。耕作田块的长宽应根据耕作机械工作效率、田块平整度、灌水均匀程度及排水畅通度等因素确定,长三角地区耕作田块外形宜规整,形状宜为长方形,长宽比不宜小于4:1。条田长度宜为100~600 m;宽度应考虑地形地貌、机械作业、灌溉排水等要求,宜为 50~300 m。水田区耕作田块内部宜布置格田。格田长度宜为30~120 m,宽度宜为20~40 m。以降低地下水位为主的农田和以洗盐除碱为主的滩涂田块田面宽宜为30~50 m,长宜为300~400 m。

为实现条田高程的有效控制和顺接,对田面高差较大的田块进行田面平整。田面高程设计应因地制宜,并与灌溉排水工程设计相结合,使挖填土方量最小,并应符合以下要求:①地形起伏小,土层厚的旱涝保收农田,田面设计高程根据土方挖填量确定;②以防涝为主的农田,田面设计高程应高于常年涝水位0.2 m以上;地下水位较高的农田,田面设计高程应高于常年地下水位0.6 m以上。

梯田包括水平梯田、坡式梯田、隔坡梯田三种类型,梯田修筑工程适用于地面较陡的地区(一般指地面坡度大于 2°丘陵区),为确保生态环境,防治地质灾害,地形坡度大于 25°的区域,原则上不进行梯田建设。应根据地形、地面坡度、机耕条件、土层厚度的不同,梯田修筑成水平梯田、反坡梯田、隔坡梯田、坡式梯田等。规划布局应统筹兼顾,并应符合以下规定:①梯田布置应以沟、渠、路为骨架划分耕作区,耕作区形状宜为长方形或扇形,梯田田面之间应设计田坎;②梯田田面长边应沿等高线布置,梯田形状呈长条形或带形,遵循"大弯就势、小弯取直"的原则;③梯田田面长度宜为 100~200 m,纵向比降宜为 1:500~1:300;宽度应考虑灌溉和机耕作业要求,陡坡区田面宽度宜为 5~15 m,缓坡区宜为 20~40 m。

其他田块布置应遵循下列原则:①对于盐渍化、地下水位较高的地区,可布置为台田;②对于地势起伏较大的岗洼田,可参照梯田布置;③对于田块面积较小的地块,可参照条田或格田布置。

2. 耕作层地力保持

耕作层地力保持是为充分保护及利用原有耕作的熟化土层而采取的各种措施,也称为耕作熟化层地力保持,包括控制耕作层厚度、有效土层厚度、土壤理化性状等。耕作田块修筑应尽量避免或减少对耕作层的破坏。动土范围较大或者土地平整单元内高差大于 30 cm 时，应开展耕作层剥离再利用。项目区内的复垦建设用地地块、污染土地地块应结合耕作田块修筑，合理布局建设用地复垦工程、土壤改良工程和污染土壤修复工程，以恢复土地生态化再利用，提高耕地质量。

当项目区耕作土壤质量不能满足作物生长、灌溉排水和耕作需要时，需要进行土壤修复。农田土壤修复技术主要包括：工程措施、物理修复、化学修复、生物修复、农艺调控措施和联合修复技术。小面积土壤修复宜采取客土、耕作层剥离置换等措施，按照贫瘠土壤改良的措施和技术，恢复土壤肥力，保护耕作层；轻、中度污染的土壤宜采用化学改良剂修复技术；土壤表层的轻、中度重金属污染的农田宜采取植物修复、微生物修复或植物-微生物联合修复技术，通过重金属超积累植物和微生物固定、转移或转化土壤中的重金属。在进行土壤污染修复时，其过程可分为以下几步：①初筛。根据污染区域的土壤特性、污染特征、修复模式等，综合考察技术特点、修复效果、时间和成本等，初步筛选修复技术。②集成修复技术。土壤含多种污染物时宜采取集成修复技术。③确定修复技术。比选初筛结果，选择实用、经济、有效的修复技术。④根据主要技术指标、工程费用估算和二次污染防治措施，比较单一修复技术及多种修复技术组合方案，确定最佳修复方案。参照《建设用地土壤修复技术导则》（HJ 25.4—2019）执行。⑤制定环境管理计划。修复前、修复中和修复后验收应进行环境监测、二次污染监控，并制定场地修复工程应急安全计划。

4.3.2　水面优化设计

河流、坑塘、湿地等地表水面是水乡地区重要的景观元素，也是"江南水乡"文化肌理的有机组成部分，对高标准农田建设区水面进行优化对区域内农业生产、生态功能，以及体现江南水乡特色具有重要促进作用。过去一段时间，高标准农田建设区内水面作为农村水利的一个方面，较多注重引水灌溉、防洪排涝等基本需求，较少兼顾水生态和水文化，项目区水面存在河流阻塞、岸坡损毁、河道淤积、水体污臭等一系列现象，农田水面空间减少、水面缩窄、行洪蓄洪能力降低、生态修复能力下降等问题日益突出。

针对这些问题，需要考虑到江南水乡地区人和自然对水面的共同需求，通过建立生态化的水利工程规划、设计、施工和管理的运行机制，达到水乡地区水生态的改善、水资源持续利用、人与自然和谐发展的目的。因此，对高标准农田建设区水面进行优化，应当按照生态化的指导方针和建设目标，运用工程措施、净化措施、社会措施等必要手段，因地制宜地进行优化，并针对当地实际情况，其优化设计应有所侧重。例如，富水区域，重点是防止洪水及其他自然灾害和枯水季节的富营养化和水体污染；水面较少区域，重点是保持常年流水，以及防止出现坑塘河道的阻塞、淤积、污臭等问题；山地丘陵地区，重点是防洪与蓄水相结合，做好水土保持等。

1. 水面功能评价

在进行高标准农田建设区水面优化前，应做好项目区水面现状评价，掌握项目区及其周边坑塘、河道、湿地等水体的详细情况，并对现状进行定量或定性评价。项目区水面评价应在流域、区域水系规划、国土总体规划的基础上，确定规划的河流水系总体布局。水面规划应做到：①遵循整体性、连通性、生态性、景观性、经济性原则，改善项目区水体环境质量，保障水系畅通，维系乡村水体景观网络，彰显区内历史与人文资源。同时考虑行政区界线，避免水利矛盾，提出规划方案，并对方案进行比较论证。②对项目区水网格局进行规划时，应以项目区水域的平面分布形态为依据，对项目区湖泊/湿地、河流、坑塘及其他水体景观进行综合规划。③水系功能分区应从政策引导、工程建设、景观营造等方面对不同水系功能区内的要素进行合理安排，进行合理水面率控制，构建完善的水系格局，保障项目区水系生态环境安全，优化项目区水系空间结构。

基于景观生态网络连接度概念，评价项目区水网功能的水系连通程度，建立水系格局与连通性评价指标体系，如表 4-10 所示。水系质量评价可参照《地表水环境质量标准》（GB 3838—2002）。

表 4-10　水系格局与连通性评价指标体系

体系	指标		单位	参考范围
水系结构	河流数量	主干河流	条/km²	—
		分支河流	条/km²	—
	河流长度	主干河流	km	—
		分支河流	km	—
	河网密度		km/km²	0.5~3.75
	水面率	河流水面率	%	—
		坑塘水面率	%	8~16
连通性	α 指数			0.4~0.6
	β 指数			1.54~2.37
	γ 指数			0.11~0.77

α 指数为水系环度，表示河网水系现有节点形成的环路存在程度，是河网水

系实际成环水平的指标。计算公式为

$$\alpha = \frac{L-N+1}{2N-5} \quad (N \geqslant 3) \tag{4-10}$$

式中，L 为连接线数；N 为水系节点个数；α 指数在 0～1，0 表示水网无环路，1 表示最大环路。

β 指数为节点连接率，表示河网水系中每个节点与其他节点连接的难易程度。计算公式为

$$\beta = \frac{2L}{N} \quad \beta \in [0,6] \tag{4-11}$$

γ 指数为网络连接度，表示河网水系中廊道相互连接数与最大可能连接数之比。0 表示各节点之间不连接，1 表示每个节点都与其他节点互相连接。指数越大，表示河网水文连通度越高。计算公式为

$$\gamma = \frac{L}{3(N-2)} \quad (N \geqslant 3) \tag{4-12}$$

根据对项目区高标准农田建设和生态环境保护的不同侧重程度，可以参考表 4-11，对项目区水系构建多等级生态功能区，制定不同的开发利用保护措施及管制规范，以完成不同分区的利用及保护目标。

表 4-11　水系功能分区

等级	分区	特点	保护措施
一级功能区	水系特殊保护区	水源保护区	强调维持河湖湿地自然形态，重点保护其水源涵养功能，禁止从事可能对区域水质水量产生不利影响的一切活动
	水系重点保护区	水系发达；生物多样性丰富	强调维护河流水系的自然形态和连通性，禁止随意进行人工干涉
二级功能区	水乡风貌保留区	水系具有重要的生产生活价值或独特的景观价值	维护水系原有的景观风貌
三级功能区	水系生态建设区	开发利用程度较高	以河道生态建设为主，完善垃圾处理、水质净化系统
	水系景观恢复区	水体受外界影响较大，妨碍了其自身循环及平衡	对受损区域开展生态修复，恢复其生态功能

2. 坑塘优化

坑塘是指人工开挖或天然形成的积水洼地，包括养殖塘、种植塘以及湿地、河渠形成的水体等。坑塘比池塘的范围更广，而且封闭的坑塘更需要进行改造成水体循环的水面。坑塘应保障使用功能，满足村庄生产、生活及景观需要。坑塘

使用功能包括旱涝调节、渔业养殖、农作物灌溉、污水净化、生活用水、滨水景观等。在下列情况时，应根据当地条件进行坑塘整治：①坑塘使用功能受到限制，影响村庄公共安全、经济发展或环境卫生；②废弃坑塘土地闲置，重新使用具有明显的经济、生活或生态效益。

应根据自然条件、环境要求、产业状况及坑塘现有水体容量、水质状况等调整和优化坑塘功能，并应符合下列条件：①临近湖泊、湿地的坑塘应以旱涝调节为主要功能，兼顾渔业养殖功能；临近村庄的坑塘应以生活、景观休闲为主要功能；临近村庄集中排污方向的坑塘宜优先作为污水净化功能使用；②坑塘功能调整不应取消和降低原有坑塘旱涝调节功能；③已废弃坑塘可以采用拆除障碍物、清理坑塘、疏浚坑塘进出水明渠、改造相关涵闸等措施整治，恢复其基本使用功能。对坑塘的改造应符合下列规定：①具备补水和排水条件，满足水体利用要求；②水体容量、水深、控制水位及水质标准应符合相关使用功能的要求；不同功能的坑塘对水体的控制标准可按表 4-12 确定。

表 4-12　不同功能坑塘水体控制标准

坑塘功能	最小水面面积/m²	适宜水深/m	水质类别
旱涝调节坑塘	50000	1.0～2.0	V
渔业养殖坑塘	600～700	>1.5	III
杂用水坑塘	1000～2000	1.0	IV
水景观坑塘	1000～2000	>0.6	V
灌溉用坑塘	1000～2000	1.0	V
污水处理坑塘（厌氧）	600～1200	>2.0	—
污水处理坑塘（好氧）	1200～3000	1.0～1.5	—

当坑塘水体容量不能满足功能要求时，可以进行坑塘扩容。可通过扩大坑塘面积、提高坑塘有效水深等方式进行坑塘扩容，并应结合坑塘使用功能、用地条件选择扩容方案。宜优先采取清淤疏浚的方式，满足坑塘的有效水深。当坑塘改造与周边其他土地利用发生矛盾时，对旱涝调节、污水处理等涉及生产保障、公共安全、环境卫生的坑塘应遵循扩容优先的原则，其他坑塘应遵循因地制宜、相互协调的原则。坑塘改造完成后，应对坑塘实施维护管理，定期清淤保洁，保障整治成效。

坑塘安全防护应针对坑塘水深采取不同措施，保障村民生命安全。安全措施包括设置护栏、警示标志牌、改造边坡、拓宽及平整岸边道路等措施，并符合下列规定。

（1）水深在 0.8～1.2 m 的水体，应在显著位置设置固定的警示标志牌；水深超过 1.2 m 的水体除设置警示标志牌以外，还应采取安全措施。

（2）坑塘水体宜减少直立式护坡，采用缓坡形式边坡，边坡比不应大于 1∶2。

（3）不宜设置缓坡的水体，应在滨水村庄的道路、公共场所等地段设置安全护栏，高度不应低于 1 m，栏条净间距不应大于 12 cm；其他滨水区段水边通道宽度不应小于 1.2 m 且应保证通道平整。

3. 河流水面优化

项目区河道改造应在保障行洪功能和水系畅通的前提下，遵循总体规划布局，重点解决项目区引水、排水、水质保护、景观效果等问题。改造内容主要包括河道布局及配套工程设施布局，并明确各种设施的建设规模和建设标准等要求。河道改造必须与流域水系相协调，确保流域或区域水系在项目区范围内保持水流畅通和行洪安全。在施工建设中，应尽量减少对自然河道的开挖与填埋，避免过度人工化，以保持水系的自然特征和风貌。

根据项目区建设条件评价结果，可以将项目区水系分为骨干河道、景观河道、进村河道、田间河道。其中，骨干河道以行洪排涝为主，应主要采取清淤疏浚和恢复滩地；景观河道集中在公路旁与居民点之间，应以疏浚展宽、生态护坡、亲水平台为主；进村河道指进出村庄的主要河道，应以综合清理、绿化美化为主；田间河道指田间地头的各类小河道，应以维持自然风貌、植被加固为主。

河道防洪标准应根据当地防洪规划和保护对象的重要性分析确定。具体应按照《水利水电工程等级划分及洪水标准》（SL 252—2017）、《防洪标准》（GB 50201—2014）和《堤防工程设计规范》（GB 50286—2013）相关规定及要求进行设计。

在清淤疏浚工程中，可适当保留一定量的底泥，以为鱼类和其他水生生物的生存保留场地，体现自然景观。生态护岸及绿化景观的规划设计应满足提升生态环境、结构稳定安全、视觉景观美化、亲水可游赏等功能要求。宜遵循以下原则：①生态护岸应满足河道功能的稳定要求，降低工程造价。②河道护岸应尽量减少刚性结构，增强护岸在视觉中的"软效果"，美化工程环境。③护岸应设置多孔型构造，为生物提供安全的生长空间。④布置滨水构筑物时应考虑当地居民的亲水要求。⑤生态景观建设用于减少地表径流中的多余沉积物、有机材料、农药等，生态景观缓冲带一般宽度为 5～10 m。⑥在设计滨水景观时，应将河流景观融入乡村田园文化氛围中，采用一些无污染、渗透性较好的生态材料进行铺装，用乡土耐水物种进行绿化等。⑦植被选取应适应当地土壤、水文和气候条件，并利用本地和非侵入性的乔灌木树种；充分考虑沿河动物迁徙和河岸栖息地的需求，设计滨水区宽度，建立适宜水生和陆生野生动植物群落。⑧应增加滨水地带的开放性，建立适度的开放空间，增加景观的连续性和通达性，满足人们亲近自然的需求。可采取多种方式构建生态廊道，文化休闲区和滨水生态观赏区，并形成自然起伏多变、高低错落有致、形成连续、丰富多变的空间形态。

4.3.3 生态格局优化设计

为改善高标准农田项目区生态环境、防止水土流失、优化景观生态、配置生态廊道并为当地群众提供休憩场所，需要对建设区生态格局进行优化设计。设计应遵循因害设防的原则，结合项目区边界、田间道路、灌排沟渠等情况，统筹布设，并与生态环境和景观建设相协调。针对长三角高标准农田建设实际情况，本书将介绍项目区农田林网工程、水质净化工程及岸坡防护工程。

1. 农田林网工程

农田林网主要包括农田防风林、梯田埂坎防护林、护路护沟林、护岸林等，工程布置应符合以下要求：①农田防风林应在项目区周边，路、沟、渠两侧，条田的周围合理布置。林带走向宜沿渠、沟、路平行布设，渠、沟、路应位于林带的阴面。②梯田埂坎防护林应在确保埂坎稳定性的基础上，沿梯田埂坎进行布设。③护路护沟林宜配置在干沟（渠）道与道路两侧岸边上，或山、丘陵区冲沟沟头及其周围。④护岸林应配置在坡岸、坡脚、陡岸岸边及近岸滩地上。

农田防风林主要用于沿海沿江农田防风，宜采用林带混交形式。主林带走向应垂直于主风方向，或与主风向垂直线呈不大于 45° 的偏角，副林带和主林带垂直。水网圩田工程模式农田防护林应结合河、沟走向进行布局，其他工程模式应与田间道路布局相结合。农田防风林主林带采用乔木 1～2 行、灌木 1 行，主带宽 2～4 m，副带宽 1～2 m。乔灌配置宜采用疏透结构，疏透度为 25%～35%，透风系数为 50%～60%。农田防风林主林带间距宜为树高的 15～25 倍，副林带间距宜为树高的 30～50 倍。树种应选择根深、冠窄、干直、抗风的树种，如水杉、池杉、女贞等。

护路护沟林建设应符合以下规定：①宜在道路、沟渠两侧营造护路护沟林，改善农田生态环境。②护路护沟林的配置应与农田防护林中的主副林带、渠道系统中各级固定渠道及田间道路布置相结合，配置模式采用带状混交或行间混交方式。③护路护沟林宜充分考虑本地特有优势树种，乔木、灌木、地被植物相结合，形成复层结构，坡面不宜裸露土壤，起到保持水土、涵养水源、保护生产、改善环境和维持生态平衡的作用。田间道护路林单侧宽度 1～2 m，生产路两侧种植地被植物。④防护林建设应先保护后绿化，加强对地标树和乡土林的保护，维护古树古木周边生态环境。⑤防护林要尽量模拟自然条件下植物群落，结合经济草种、树种和绿篱种植建设绿桥、绿廊等生态化道路及沟渠，尽量为当地鸟类迁徙提供可供通行的生态廊道。⑥护沟护路林配置及树种选择可参考《生态公益林建设 技术规程》（GB/T 18337.3—2001）。

护岸林采用带状混交或行间混交方式；树种应选择灌木和乔木并与地被植物相结合；相关标准及树种选择按照《农田防护林工程设计规范》（GB/T 50817—2013）执行。

2. 水质净化工程

在灌溉水源地要设置水源净化池，对灌溉水质、含沙量等方面进行检测，必要时采取适当措施进行水源净化。生态净化池应尽可能利用原有塘堰、低洼地，水深不低于 60 cm，水力坡度宜为 0.5%～1%。农田渍水在排入河道前应增加生态净化措施，去除或者降低化肥、农药等农业污染物质含量，防止污染扩散。在农田灌溉系统中可设置农田回归水收集工程，将灌水时渠道水质良好的退水、弃水、稻田落干排水、灌区出露的渠系渗漏水、地下水等收集后循环利用。在原有溪沟中设置透水坝、拦截坝等辅助工程设施，拦截、吸附水体中氮、磷等物质。

灌溉水源地要设置水源净化池，对灌溉水质、含沙量等方面进行检测，必要时可采用沉沙槽、接触氧化、氧化塘、人工湿地等方式有针对性地进行水源净化。农田渍水在排入河道之前应增加生态净化措施，去除或者降低化肥、农药等农业污染物质含量，防止农业污染扩散。通过精准施肥和田间管理等方法，结合生态沟渠、人工湿地技术、曝气增氧等工艺措施，从源头控制农业面源污染和排放。

3. 岸坡防护工程

岸坡防护工程包括植物护坡和工程护岸，力求实现"安全、亲水、景观、生态"。岸坡防护工程布置应与河势流向相适应，布置在土质较好与稳定的滩岸上，并遵循蓄、引、灌、排相结合的原则，合理布设蓄水池、截水沟、排洪沟等。

植物护坡包括植树护坡和种草护坡两种，种草护坡工程适用于坡比小于 1∶1.5，土层较薄的沙质或土质坡面。草种要求选择抗逆性强，地上部矮，根系发达，生长迅速的多年生草种，可选草种有高羊茅、狗牙根、多年生黑麦草、苜蓿、结缕草等。

工程护岸宜采用生态型护岸，如现浇绿化混凝土护岸、生态混凝土预制块挡墙护岸、木桩钢筋混凝土压顶护岸等形式。现浇绿化混凝土护坡的抗压强度宜不低于 8 N/mm²，气孔隙率不低于 30%，厚度为 10～15 cm。

生态挡墙护岸应在设计常水位以下，宜采用土质断面，边坡 1∶2～1∶3.5。在设计常水位以下预留高度 0.5 m 修筑 1.2～1.5 m 平台，并种植水生植物。在设计常水位至堤顶采用预制混凝土块护坡，堤顶可预留一定高度的草皮种植区，预制块顶部应现浇钢筋混凝土压顶并做混凝土护栏栏杆，保证预制块基础稳固，基础应在水生植物平台以下 0.5～1.0 m。

木桩混凝土压顶护岸以双排木桩护坡为基础，木桩一般直径 15 cm 左右，长度为 3～7 m，木桩部分打入堤内固牢，木桩后侧铺无纺土工布，土工布上端铺至桩顶，下端铺至平台下 0.5 m。木桩顶用钢筋水泥板压顶，压顶顶部至堤顶可预留一定高度的草皮种植区。

当坡面下部是梯田或林草，上部是坡耕地或荒坡时，应在其交界处布设截水沟。当无措施坡面的坡长太大时，应在此坡面增设截水沟，间距宜为 20～30 m，应根据地面坡度、土质和暴雨径流情况，通过设计计算具体确定。

排水型截水沟基本上沿等高线布设，排水型拦截沟首尾两端的高程差与两端间的水平距离之比应在 1%～2%。当截水沟不水平时，应在沟中每 5～10 cm 修一高 20～30 cm 的小土挡，防止冲刷。排水型截水沟的排水一端应与坡面排水沟相接，并在连接处做好防冲措施。

排水沟一般布设在坡面截水沟的两端或较低一端，用以排出截水沟不能容纳的地表径流。排水沟的终端连接蓄水池或天然排水道。排水沟在坡面上的比降，根据其排水去处（蓄水池或天然排水道）的位置而定，当排水出口的位置在坡脚时，排水沟大致与坡面等高线正交布设；当排水去处的位置在坡面时，排水沟可基本沿等高线或与等高线斜交布设。各种布设都必须做好防冲措施（铺草皮或石方衬砌）。

4.3.4　水乡特色景观设计

水乡景观包括自然景观和人工景观。自然景观是指分布于农田区域的具有独特观赏价值和生态价值的复合景观生态学原理的自然景观，如天然林地、草地、水体等；人工景观是指运用景观生态学原理建设的与区域人文相适应的符合景观美感的建设项目，如亭台、水井、观赏植物、古迹等。

水乡景观评价应先调查评价项目区景观生态现状和可能的污染源，开展项目区景观生态格局、生态适宜性和生态敏感度等评价，最后提出适合项目区景观提升的各项工程措施。人工景观应着重体现乡村的景观风貌，采用高低和谐、疏密合理的景观廊道，提高景观的通透性和开阔度。

水乡景观受多种因素影响，应结合水体自身生态特征、水系景观视觉效果及乡村整体环境对水系景观的影响进行评价。宜从乡村水系景观的生态性、景观性、社会性三个方面进行评价，评价方法可以参考表 4-13。

表 4-13　水乡景观评价方法

水乡景观特征	评价因子	因子描述
生态性	水体健康	水体是否浑浊，有无刺鼻气味
	水系连通	水体是否与河流水网连通，或处于截断、废弃状态
	河岸带状况	河岸带植物群落、分布能否形成适宜多种生物栖息场所
	河岸坡度	水体两岸坡度是否影响水陆生物之间交流及人们日常亲水行为
	村镇环境	村镇环境卫生是否良好，水边有无垃圾、废弃物堆放，是否铺设污水管道
景观性	水体形态	乡村水体是否有湖泊、河流、坑塘、湿地等多种形式，水体形态是否曲折，是否具有视觉观赏效果
	植被覆盖	植物种类是否多样，形成稳定植被群落，能否与水体相互结合形成良好观赏效果
社会性	桥梁	桥梁能否满足日常交通需求，其样式、材料是否具有一定的观赏性
	驳岸	驳岸能否发挥包括防洪固堤、生物交流、景观美化功能
	滨水建筑	建筑物与水体的融合能否形成丰富多样的水岸立面空间
	历史遗存	项目区范围内是否存在历史遗留的具有较高文化价值、纪念意义和观赏效果的构筑物，如传统建筑、古井、古树等

　　结合相关规划要求，项目区应保留对村庄有一定影响、具有一定年代或重要象征意义的植被，项目区建设应严格保护已有古迹。应对树龄 100 岁以上的古树木及 80～100 岁的古树后续资源进行严格保护，禁止深挖深埋。工程建设应根据有关规定控制其保护范围，并进行隔离保护。

　　项目区应保护传统民居、古寺庙等历史遗迹；继承和发扬传统文化，突出江南水乡特色。严格保护已列入各级文物保护单位和登记为不可移动文物的建筑。对具有一定历史的、但未列入文保单位的建筑通过规划界定进行保留保护。提倡保留村镇具有一定年代的公共水井、古树、桥梁、河埠头等传统生产、生活景观，对破损处进行整修维护，保留其原有风貌。引导拆除影响环境的破旧杂乱建筑，主要包括残墙断壁、彩钢板搭建及乱堆乱放。拆除后场地平整，界定院落空间，留出房前屋后休闲空间。

　　项目区村镇格局评价包括以下方面：总体层面上农村居民点的空间布局；为满足生产生活的农宅建房、道路、市政、水系、公共服务配套对村镇生产、生活、生态的支撑性；村镇产业、建筑、文化的风貌特色性等。

　　村镇评价应遵循总体规划、专项规划对农村居民点的分类原则，综合考虑农业生产、生态保护、城市建设的影响，落实农村居民点迁并、保留的空间布局，确定村镇用地规模总量，分类提出村镇的建设整治要求和管理措施。宜从村镇的自然本底条件、生态环境状况、基础设施配套等方面进行评价，评价方法可以参考表 4-14。

表 4-14　村镇布局评价方法

评价维度	评价因子	评价方法	指标说明
自然本底条件	地形	实际测量	反映村镇所在地形信息，坡度越大，越不适宜居民点布局
	村镇面积	实际测量	反映居民点布局集聚程度
	人均用地面积	实际测量	反映村镇土地利用集约程度
生态环境状况	距邻近水体距离	实际测量	反映居民生产生活便利程度
	距生态敏感区距离	实际测量	反映村镇生态质量，距离越近，越不适宜居民点布局
	绿地面积	实际测量	反映居民点内部生态环境质量
基础设施配套	距最近公共服务设施距离	实际测量	反映村镇居民生活便利程度
	基础设施用地比重	分类赋值	反映村镇受城镇带动程度
	道路通达度	分类赋值	反映村镇对外联系的便利程度
	特色资源	分类赋值	反映村镇特色资源状况，如古建筑、景区、特色文化等

本章主要参考文献

程迎轩，王红梅，刘光盛，等. 2016. 基于最小累计阻力模型的生态用地空间布局优化. 农业工程学报，32（16）：248-257.

范业婷，金晓斌，项晓敏，等. 2018. 苏南地区耕地多功能评价与空间特征分析. 资源科学，40（5）：980-992.

国土资源部. 2012. TD/T 1033—2012 高标准基本农田建设标准. 北京：中国国家标准化管理委员会.

国土资源部. 2016. TD/T 1012—2016 土地整治项目规划设计规范. 北京：中国国家标准化管理委员会.

国土资源部，农业部. 2014. GB/T 30600—2014 高标准农田建设通则. 北京：中国国家标准化管理委员会.

韩博，金晓斌，沈春竹，等. 2019. 基于景观生态评价与最小阻力模型的江南水乡土地整治规划. 农业工程学报，35（3）：235-245.

何灏，师学义. 2012. 基于景观格局的农用地整理道路规划布局方法. 农业工程学报，28（11）：232-236.

环境保护部. 2010. HJ 2005—2010 人工湿地污水处理工程技术规范. 北京：中国国家标准化管理委员会.

贾成霞，张清靖，刘盼，等. 2011. 北京地区养殖池塘底泥中重金属的分布及污染特征. 水产科学，30（1）：17-21.

姜广辉，张凤荣，孔祥斌，等. 2011. 耕地多功能的层次性及其多功能保护. 中国土地科学，25（8）：42-47.

林兰钰，史字，罗海江，等. 2016. 2001—2015 年松花江流域水污染变化特征研究. 中国环境监测，32（6）：58-62.

凌霄. 2010. 坑塘河道改造. 北京：中国建筑工业出版社.

刘浩，马琳，李国平. 2016. 1990s 以来京津冀地区经济发展失衡格局的时空演化. 地理研究，35（3）：471-481.

刘利花，尹昌斌，钱小平. 2015. 稻田生态系统服务价值测算方法与应用——以苏州市域为例. 地理科学进展，34（1）：92-99.

刘绿怡，丁圣彦，任嘉衍，等. 2019. 景观空间异质性对地表水质服务的影响研究——以河南省伊河流域为例. 地理研究，38（6）：1527-1541.

农业部. 2012. NY/T 2148—2012 高标准农田建设标准. 北京：中国国家标准化管理委员会.

钱凤魁，张琳琳，贾璐，等. 2016. 基本农田划定中的耕地立地条件评价研究. 自然资源学报，31（3）：447-456.

乔郭亮，周寅康，顾铮鸣，等. 2021. 苏南地区景观格局特征与坑塘水质关联关系. 农业工程学报，37（10）：224-234.

饶胡敏，黄旺银. 2017. 影响水体中溶解氧含量因素的探讨. 盐科学与化工，46（3）：40-43.

水利部. 2008. SL 429—2008 水资源供需预测分析技术规范. 北京：中国国家标准化管理委员会.

宋小青，吴志峰，欧阳竹. 2014. 1949 年以来中国耕地功能变化. 地理学报，69（4）：435-447.

孙芹芹，黄金良，洪华生，等. 2011. 基于流域尺度的农业用地景观-水质关联分析. 农业工程学报，27（4）：54-59.

孙瑞，金晓斌，项晓敏，等. 2018. 土地整治对耕地细碎化影响评价指标适用性分析. 农业工程学报，34(13)：279-287.

孙艺杰，任志远，赵胜男，等. 2017. 陕西河谷盆地生态系统服务协同与权衡时空差异分析. 地理学报，72(3)：521-532.

王丹，王延华，杨浩，等. 2016. 太湖流域农田生产-畜禽养殖系统氮素流动特征. 环境科学研究，29（3）：457-464.

王高龙，马旭洲，王武，等. 2016. 上海松江泖港地区成蟹养殖对水质的影响. 安全与环境学报，16（3）：299-304.

杨晓英，袁晋，姚明星，等. 2016. 中国农村生活污水处理现状与发展对策——以苏南农村为例. 复旦学报（自然科学版），55（2）：183-188.

俞孔坚，姜芊孜，王志芳，等. 2015. 陂塘景观研究进展与评述. 地域研究与开发，34（3）：130-136.

张莹莹，蔡晓斌，杨超，等. 2019. 1974-2017 年洪湖湿地自然保护区景观格局演变及驱动力分析. 湖泊科学，31(1)：171-182.

中国标准化研究院. 2015. GB/T 32000—2015 美丽乡村建设指南. 北京：中国国家标准化管理委员会.

住房和城乡建设部. 2013. GB/T 50817—2013 农田防护林工程设计规范. 北京：中国国家标准化管理委员会.

自然资源部. 2017. GB/T 33130—2016 高标准农田建设评价规范. 北京：中国国家标准化管理委员会.

Doody D G，Withers P J，Dils R M，et al. 2016. Optimizing land use for the delivery of catchment ecosystem services. Frontiers in Ecology and the Environment，14（6）：325-332.

第5章 江苏省高标准农田综合利用监测

江苏省高标准农田建设正在由以往的"重建设，轻管理""重前期，轻后效"向建设与管理、前期与后效并重的方向发展，建设过程具备多目标兼顾、规模大、周期长、风险高，系统性、区域性强、对生态环境的保护意识强，监督管理难度大等特征。开展江苏省高标准农田综合利用监测可以切实反映区域内高标准农田建设前后利用状态、变化及问题，进而助力区域乃至国家层面指引高标准农田建设方向，进一步助力落实区域内高标准农田建设任务，解决区域内重大基础设施建设或土地利用问题。在江苏省高标准农田建设优化与规划设计的基础上，本章对高标准农田综合利用监测进行介绍，包括高标准农田综合利用监测目标与任务、监测体系等内容。

5.1 高标准农田综合利用监测目标与任务

5.1.1 高标准农田建设监测监督机制现状

高标准农田建设有助于提升耕地生产能力和保障国家粮食安全，国家通过机构重组和政策引领，为高标准农田建设提供制度保障。对高标准农田建设进行全过程监督监管，对保障其建设成效、促进农业可持续发展具有重要意义。2013年起，我国先后颁布《高标准农田建设 通则》（GB/T 30600—2014）、《高标准农田建设评价规范》（GB/T 33130—2016）、《高标准农田建设评价激励实施办法（试行）》（农建发〔2019〕1号）等政策规范；地方部分土地整治、农田建设的相关文件也要求落实高标准农田建设的评价、监测和绩效考核，质量监测和绩效评价成为高标准农田监督管理的主要手段。2018年，国家层面对农田建设职责整合，为进一步完善建设标准和监督机制提供了机构依托。

当前我国高标准农田建设监督评价工作的主要内容一是开展评价激励，2020年国务院组织开展了2019年度综合评价和督察激励，根据结果完成奖励和通报批评；二是完善制度办法，结合实际建立健全农田建设政策制度体系，推进农田建设管理体系和管理能力现代化；三是创新监管手段，尝试运用互联网和人工智能、大数据等技术和载体，全程、全方位监控农田建设的管理体系。

2019 年 11 月《国务院办公厅关于切实加强高标准农田建设 提升国家粮食安全保障能力的意见》（国办发〔2019〕50 号）颁布后，各省市相继出台政策，对高标准农田建设监督监管机制作出规定。其中，重庆市鼓励多形式、多渠道筹集管护资金，建立多元化长效管护经费保障机制；山东省建立一体化监管评价机制和"定期调度、分析研判、通报约谈、奖优罚劣"的任务落实机制；陕西省鼓励农民合作社和集体经济组织以承包形式参与管理；江苏省则结合粮食安全省长负责制，强调对农田建设参与者个人诚信缺失行为的监督，同时鼓励社会力量自愿、民主参与农田建设，兵役公示方式接受社会和群众监督等。整体而言，我国高标准农田监督管理机制仍处于探索阶段，各省根据实际情况、结合国家规范做出了一些尝试，但受监督资金落实不力，组织部门整合不到位，已建高标准农田质量标准不一，高标准农田建设监督管理机制仍不完善。

5.1.2　高标准农田综合利用监测目标任务

高标准农田建设在保障粮食安全、提升耕地质量、推进生态文明建设等方面发挥了越来越重要的作用，成为优化土地利用、改善土地利用冲突的重要手段。但是，在高标准农田建设取得积极成效并将继续加大资金投入、扩大建设范围的同时，也在一定程度上存在建设项目规划设计、工程建设、后期使用之间的脱节，部分项目在实施中出现的资金使用不规范、工程质量不达标、规划目标未落实、综合效益不显著、区域生态环境受到破坏等问题日渐突出（管栩等，2014）。综合利用监测作为保障高标准农田建设有序开展、提高建设成效的手段，一直是学术研究和行政管理的重点。在学术研究方面，相关学者围绕监测系统设计、监测方法改进、监测体制完善等方面，进行了有益的探索；在行政管理方面，国土管理部门先后制定了工程监理、工程质量评定、竣工验收、权属管理等技术标准，并建立了农村土地整治监测监管系统，为规范土地整治行为、统一信息采集等提供了技术支撑。但现有研究和实践中还普遍存在监测范围过窄、数据准确性较差等问题，因此为保障高标准农田建设项目切实发挥效益，有必要在整合现有监测措施和方法的基础上，建立高标准农田综合利用监测体系，以规范监测环节、统一监测指标、集成监测方法，实现监测目标。

现阶段，围绕土地资源管理和高标准农田建设项目管理的需要已形成了土地利用动态监测、农用地质量监测、农村土地整治项目监测管理、土地整治项目施工监理等监测活动，各类监测活动的目标与任务不同，相应的监测内容、监测时点、监测方法也存在差异（表 5-1）。高标准农田综合利用监测与上述土地利用相关监测有着众多交集，一方面，区域层面的土地利用动态监测和农用地质量动态监测可为高标准农田综合利用监测提供数据支持；另一方面，农村土地整治监测监管系统和土地整治项目施工监理等围绕高标准农田建设活动和管理的内容与成果可直接为综合监测系统所使用。

表 5-1　土地利用相关监测分析

监测类别	监测主体	监测对象	监测内容	时点与周期	监测方法
土地利用动态监测	自然资源管理部门	重点城市	土地资源状况、利用状况、权属状况、土地条件状况、土地质量和等级状况	年度	变更调查、遥感监测、实地调查统计
农用地质量动态监测	自然资源管理部门	标准样地监测点	地形、水文、土壤、田间工程、农业生产背景、技术投入、资本投资等	1 年、5 年	实地调研、遥感监测、实验分析
农村土地整治监测监管系统	自然资源管理部门	土地整治项目	项目建设与管理基本信息，包括：建设规模投资、新增耕地、主要工作量等	计划与预算下达、实施阶段、竣工验收阶段	信息统计与上报
土地整治项目施工监理	自然资源管理部门/施工监理单位	土地整治项目	质量控制、进度控制、造价控制、安全生产监督、资料管理等	工程建设当期	现场监理、施工审核

资料来源：管栩等（2014）。

因此，本书认为高标准农田综合利用监测目标与任务是指自然资源部门基于高标准农田建设的战略定位，着眼农田建设全阶段，以项目区建后土地资源利用、基础设施利用、农业生产效益、生态环境效益等为监测对象，综合运用遥感、调查、实验等技术手段和方法，根据一定的监测指标对项目工程建后利用状况进行定点、定位、定期、定量的跟踪观测，形成一套系列全面、尺度可比、动态长期、精细评价的监测数据集，并应用时空分析法、定量分析法、定性分析法、层次分析法、指标标准化等方法，对项目区建设前、中、后利用状况进行科学分析，以满足新时期高标准农田建设项目在实施管理、后期管护、绩效评价、效应分析等方面的管理和应用需求，为决策部门及相关研究提供支持。本研究认为高标准农田综合监测的具体目标与任务如下。

（1）衔接土地利用领域相关监测，实现全生命周期全覆盖监测。通过全面监测，为各阶段项目管理提供信息支撑。在前期准备阶段，为项目可行性研究等技术材料编制提供数据支撑；在工程建设阶段，及时掌握资金使用、工程进度和质量等信息，保障项目有序推进；在竣工验收阶段，汇总项目建设的全面信息，为质量评定、竣工验收、绩效评价等提供可靠的数据；在效益发挥阶段，定期提供工程运行和使用情况，统计建设成效，反馈存在问题。同时应加强与土地利用动态监测和农田质量动态监测数据的衔接，拓展数据来源渠道，提高数据利用效率。

（2）获取高标准农田建设活动多元信息，满足不同层级管理需要。服务于各级行政管理需要，按照分级管理目标，及时、充分、准确地获取建设项目全过程信息，提升高标准农田建设的管理质量。

（3）积累各类监测数据，拓展高标准农田建设相关分析与研究。通过以建设项目为基本单元开展综合监测工作，积累各类监测数据并逐步上报汇总，及时分析和处理各类监测数据，为统计分析各类规律、发现高标准农田建设项目可能存在的问题、完善建设制度设计、制订相关规范标准等提供科学依据。

5.2 高标准农田综合利用监测体系

5.2.1 高标准农田综合利用监测对象

高标准农田建设前后，工程措施和叠加措施直接影响了土地自然生态子系统，并进一步影响了土地社会经济子系统。本书采用管栩等（2014）的研究成果，从工程建设前后利用途径的角度出发，监测对象主要可以分为项目实施、土地利用、农业生产、社会经济、生态景观五种类型。

1）项目实施

项目实施包括基本信息、工程进度、工程质量、资金管理、后期管护和公众信息六种监测类型。总体把握项目基本信息，对高标准农田建设项目管理各阶段均具有重要作用，工程进度和工程质量监测能及时发现工程建设中存在的问题或隐患，建设管理和绩效管理都要求对项目资金使用全过程进行监测，后期管护是保障项目能够持久发挥效益的关键，公众信息的监测对项目开展评价也有着重要作用。

2）土地利用

土地利用包括土地利用结构、土地权属、土壤质量三种监测类型。优化土地利用结构与布局，实现集中连片，发挥规模效益是高标准农田建设的核心目标之一，建设活动在短期内显著地改变了土地利用状况，该类型指标监测对高标准农田项目的规划设计、过程管理和后期评价均具有重要作用。加强权属管理是土地整治政策顺利实施和确保成效的关键，该类型指标监测对持续发挥建设效益具有重要作用。土壤资源是农业生产的基础，提高土壤质量对作物产量有着不容忽视的作用，需要对该类指标进行监测。

3）农业生产

农业生产包括农田质量、农田设施、作物种植三种监测类型。通过增加农田基础设施配套程度，可有效提高耕地综合生产能力，农田质量和农田设施这两类指标监测对项目规划设计、施工管理、效益评价、后期管护均发挥着重要作用。

优化调整作物种植结构，也是高标准农田建设的任务之一，为评价高标准农田建设项目促进农业生产的效益，需对该类指标进行监测。

4）社会经济

社会经济包括人口就业和经济收入两个监测类型。人口就业和经济收入是高标准农田建设项目开展对项目区社会经济最显著的影响要素，建设促进了农业规模化、产业化经营，降低了农业生产成本，增加了农民务农收入，其社会效益评价需要对该类指标进行连续监测。

5）生态景观

生态景观包括生态环境、景观格局两个监测类型。优化农地生态结构是高标准农田建设的趋势，开展生态型农田建设，需要对该类指标进行严格的监测。高标准农田建设使得原有景观格局在短期内发生剧烈变化，该类指标监测对建设项目规划方案评价和项目后评价都具有重要作用。

5.2.2　高标准农田综合利用监测方法

在具体监测实践中，高标准农田综合利用监测一般是根据地方高标准农田建设规划确定的项目区，各级政府或投资主体组织本行政区内的高标准农田建设监测评价工作。上级政府对下级政府高标准农田建设监测成果进行总体评价和抽样考核。建设的监测工作贯穿基本农田建设的前、中、后三个阶段。基本农田建设的评价工作在建设后完成。

高标准农田建设综合利用监测评价工作应遵循系统科学性、可操作性、实用性、客观公正、问题针对性的原则。一般划分为建设前、建设期、建设后三个时间阶段。其中建设前时长为1~3年，建设期为1~3年，建设后为1~3年。基本农田建设监测过程贯穿三个时间阶段，总计持续3~9年。

建设前主要实施高标准农田质量的本底监测，为制定高标准农田建设方案提供依据。建设中和建设后全面开展高标准农田质量、建设项目质量、社会生态效应监测，实时获取建设工程进展、高标准农田质量变化信息，从而为提升高标准农田质量、确保建设工程质量、增加/减少社会生态正面/负面影响提供依据。

高标准农田建设综合利用监测由专门的监测评价工作机构实施，该机构负责监测信息的获取、汇总和分发。基本农田建设的规划设计单位、利益相关方（农户、农村集体经济组织、土地经营者、基层政府的职能部门，如农业经济经营管理站、水利和环境保护部门）、其他感兴趣的机构和个人可共同参与。

传统的土地信息获取和监测主要依赖于人工野外测量，无法满足相关工作对监测时效、成本及精度等方面的要求，而我国高标准农田综合利用监测正处于从传统信息获取向现代化智能监测的转变过程中，随着技术的进步与发展，各种新技术如农业卫星遥感、无人机技术等，发展到观测尺度能够达到厘米级别的近地遥感观测水平，提高了观测效率，提升了观测精度，降低了观测成本，成为高标准农田监测的有力依托。自然资源部近年形成"部级监管、省负总责、市县组织实施"的土地整治管理格局，充分利用遥感技术手段，实现了对土地整治区土地利用现状、土地质量、城镇地籍等的有效监管（李少帅，2014）；以"一核两深三系"为主体的自然资源重大科技创新战略的全面实施，更将遥感技术广泛应用于耕地"三位一体"监管体系的建设中，为监测提供实时、精准的技术支撑。通过构建高标准农田动态监测体系，获取海量基础信息数据，实现动态、精准监测，对于全面实施基本农田建设项目具有深远意义。相关方面技术方法应用现状如下。

1. 土地利用监测技术

土地利用监测是立足于现代计算机软件与硬件之上，充分利用不同时间的卫星遥感资料对土地利用变化情况进行动态分析，利用影像对土地利用变化做到及时、有效的动态监测，为土地管理提供快速、准确、可靠的资料。目前国内外土地利用动态监测大都以技术为基础，充分发挥遥感、地理信息系统、技术和实地调查互补优势，实现土地利用的多尺度、高频率、高精度和高效监测。近年来，我国土地利用监测行业相关学科不断发展，影像获取的难度逐渐降低，软件与硬件技术逐步加强，加之国家土地管理部门的重视，土地利用动态监测变得可行、可靠与及时准确（雷坤平，2014）。

土地利用遥感技术应用，从空间层面上可分为全域监测、重点地区监测和特定地区监测；在时间序列上围绕土地管理的迫切需求，注重"快速、宏观、应急"的响应能力，监测周期包括年度变化、半年变化、季度变化、月度变化；从监测信息获取类型上可分为现状信息、变化信息和分类信息；从应用领域上可分为土地利用基础数据、服务于国土资源日常管理和实施土地利用变化监测；从应用部门上可分为国土资源管理部门、违法用地执法检查部门和土地督察部门；从目标任务上可分为城市监测、开发区监测、生态环境监测和宏观变化趋势监测等（温礼等，2014）。

目前的土地利用监测技术主要集中于以下几个方面。

（1）多源、多时相遥感数据相结合。采用不同时相中、高分辨率可见光（全色＋多光谱）与雷达卫星数据，包括中巴地球资源卫星（CBERS）、"遥感"系列卫星（YG）和北京1号小卫星（BJ-1）等国产卫星数据；采用专业图像处理系统，实施工程化与规模化的纠正、配准、融合、镶嵌等技术作业，生成兼具高分辨率和多光谱信息的正射遥感基础影像图，以提高各级地类及其变化信息的可见性。

（2）多种信息发现与提取方法相结合。利用计算机自动处理技术与人机互相结合的方法，全面、客观地发现和提取土地利用变化信息；以互相检核、互为补充的操作方式，避免或减少信息漏提、误提现象；满足变化信息提取精度，提高作业效率。

（3）栅格数据与矢量数据相结合。除遥感影像数据和扫描制作的数字栅格地图（DRG）及土地利用数字栅格地图（LUDRG）为栅格数据外，其他与国土资源调查、土地利用动态遥感监测及国家级监管业务运行系统和土地利用现状数据库的共享数据均采用矢量格式存储，形成栅格数据与矢量数据一体化的工程信息文件。

（4）遥感数据与基础图件相结合。利用土地利用数据库、总体规划图、批次项目用地审批库、开发区总体规划图和用地分布图等，与最新遥感影像进行套合、分析，以提高监测精度、减少外业调查工作量。

（5）内业处理与外业调查相结合。对所有内业提取的土地利用变化信息，特别是内业难以确定的疑似变化信息，制作完整、规范的图、表、数字文本提交外业调查，实地核对监测信息的真伪、类型、范围，补充监测遗漏图斑，调查规划执行与用地审批情况，修正有关界线、注记和原图错误，以及核对土地利用分类结果等。

（6）精度评价与实地测量相结合。对遥感监测成果进行多方位、深入的精度评价工作。采用外业 GPS 实测检查点评价数字正射影像图（DOM）精度，对于下垫面条件差异较大的地区，按平原、丘陵和山区分别进行精度评价；针对直接提供管理应用的关键环节，重点分析、评价不同监测数据分辨率和不同土地利用特征条件下的变化信息识别正确率（属性误差）、遗漏程度（遗漏误差）和分等级图斑面积量算精度（面积误差）。

2. 农业遥感技术

现代遥感技术是应用各类主被动探测仪器，不与探测目标相接触，从卫星、飞机等平台来记录地面目标物的电磁波特性，通过分析，揭示物体的特征性质及其变化的综合性探测技术。由于遥感技术具有获取信息量大、多平台和多分辨率（时间和空间）、快速、覆盖面积大的优势，是及时掌握农业资源、作物长势、农业灾害等信息的最佳手段，对改变或部分改变农业生产的被动局面具有特殊的作用（史舟等，2015）。遥感技术是在现代物理学、空间科学、电子计算机技术、数学方法和地球科学理论的基础上发展起来的一门新兴的、综合性的交叉学科，是一门先进的、实用的探测技术。从 20 世纪初的以航空摄影技术为主到 60 年代进入卫星遥感时代，遥感技术已发展了多种不同平台不同方式的传感器，遥感探测地物的能力（包括地物的性质和大小）和应用范围得到了极大的拓展（杨红卫和童小华，2012）。

农业是遥感最先投入应用和收益显著的领域。据美国数据统计，农业遥感的收益占卫星遥感应用总收益的 70%。目前，遥感技术在农业资源调查、生物产量估计、农业灾害预测和评估等方面得到了广泛的应用。特别是近年来，各国先后发射了各类民用卫星平台和传感器，从光学资源卫星为主向高光谱、高空间、高时间分辨率的方向发展（李军玲等，2017）。高光谱成像仪技术相继取得了很大的研究进展，如美国国家航空航天局（NASA）和日本经济产业省（METI）联合研制的 ASTER，NASA 研制的 Hyperion 等。2008 年，我国也发射了环境一号卫星，该卫星上搭载了一个有 115 个波段的高光谱成像仪 HSI，其数据可应用于农业灾害和资源调查。同时，诸如 QuickBird、GeoEye-1、WorldView-2、Pléiades-1 等商用化亚米级光学卫星，可与航片媲美，且成本低、精度高、更新周期短，对精确农业的发展是一个极大的机遇。另外，美国地球观测系统的中分辨率成像光谱仪（MODIS），从可见光、近红外到热红外设置有 36 个通道，覆盖周期为 1～2 d，并业务化提供标准的植被指数、地表温度、生物量等数据产品，为全球各地进行大面积农作物的周期性监测提供了重要的数据支撑。目前，不断有各类新型的遥感数据或遥感平台的出现，如米级分辨率的雷达卫星数据，每 3 d 覆盖全球一次的微波遥感数据，各种灵活多样的无人机平台等，都为现代农业遥感技术的发展提供了新的机遇（庞治国和蔡静雅，2017）。

从 20 世纪 70 年代开始，美国和欧洲国家就采用卫星遥感技术建立大范围的农作物面积监测和估产系统，不但服务于农业实际生产指导，同时为全球粮食贸易提供了重要的信息来源。90 年代，农业遥感的重点转入作物管理，农业资源调查、农业灾害遥感等方面的应用得到了拓展（吴炳方等，2016）。近 10 年，各类高空间分辨率民用卫星陆续出现，遥感与地理信息系统、全球导航技术及最新物联网技术发展相结合在精准农业的管理与作业等方面得到了应用与推广。

中国农业遥感技术的研究与应用经历了从 20 世纪 70 年末的技术引进、80 年代到 90 年代中期的关键技术攻关、90 年代中后期到现在的快速发展、业务应用几个阶段（陈仲新等，2016）。过去的 20 年，中国农业遥感技术研究和应用从深度与广度上都得到长足发展，取得显著进展。但我国的农业遥感起步相对晚，而且，由于作物种植种类分布的分散性及地域复杂性，常规的地面调查方法，受人为因素影响较大，耗时费力，难以适应相关部门决策管理的需要，因此迫切需要大力发展农业遥感的相关技术。特别是关于粮食安全的全局性重大战略问题，发挥农业遥感技术的优势，及时、客观、准确地获取作物面积、长势、产量等信息在我国显得尤为重要（表 5-2）。此外，高光谱遥感在中国农业方面的应用，不仅可以有效地提高对农作物与植被类型的识别精度，而且对于农作物的长势的监测、反演农作物的理化特性都有很好的效果（姚云军等，2008）。目前，高光谱遥感已经成为中国农业遥感重要的发展趋势，并作为一种新的农业遥感技术在植被的生物化学参数分析、植被的生产量及作物单产估计、农作物的病虫害监测等很多方面得到了广泛的应用。高光谱遥感在中国农业方面的应用还处于基础研究的前期,对于相关的指数确定、建模等方面的问题,还需要进一步的探究与实际的应用检测。

表 5-2　多源遥感的主要类型及其在农田监测中的应用

典型数据源	优点	缺点	主要应用	应用效果
GF-2、SPOT-6/7、QuickBird	成像细节好、空间及纹理信息丰富、边缘清晰	光谱信息有限、获取周期较长、观测范围较小、数据成本高	获取基本农田建设基础地理信息和高精度底图	土地利用类型的平均识别精度在 90%以上
GF-5、CHRIS	光谱信息极丰富、空间分辨率高、可实现定量或半定量分析	技术难点大、获取周期长、空间分辨率较低、信息存在冗余	反演基本农田建设中土壤理化性质、提高地物识别精度	土壤理化性质的反演精度最高可达 95%
FY 系列、GF-4、Landsat 系列	观测范围较大、获取周期短、成本低	空间分辨率较低、光谱信息有限	动态采集基本农田建设进展信息、精确识别地物类型	定量表征土地利用及净初级生产力(net primary productivity,NPP)等信息
ASTER、MODIS、HJ-1A/B、IRS	全天时成像、识别伪装能力强、可获取对象状态	分辨率低、细节不清晰、边缘模糊	快速目视解译地物类型、反演地表温度等	地表温度的误差可在 1 K 以内
TerraSAR-X、RADASAT-2	全天候/全天时成像、特征反演能力强、对冰雪/土壤有穿透力	空间分辨率低	探测基本农田建设的地下信息和目标地物的空间形态、理化特征	土层厚度等地下特征的探测误差可满足工程质量监测的精度要求
无人机航测	空间分辨率高、机动性强、小型化、成本低	飞行环境受限	获取地形复杂基本农田建设区域的高分辨率影像	与面向对象技术结合,实现对精细地类的识别与提取

资料来源:张超等(2019)。

3. 无人机技术

我国无人机市场经历了 30 年从军用到民用的发展,逐步形成了军工企业、民营企业相互结合的无人机应用新局面。我国无人机发展主要经历三个阶段:①20 世纪 80 年代前,无人机多为军用无人机,应用也为军用需求,无人机的应用以科学实验和航拍测图等为主,此时无人机控制系统及航拍数据快速处理技术不成熟,风险较大,成本较高;②20 世纪 90 年代至 2005 年,无人机系统多为民用专业级的无人机系统,随着对国外民用无人机的引进和国产民用无人机的发展,各行各业也开始进行了民用无人机技术的应用探索,此时的无人机多为低端民用小型的专业级无人机;③2007 年至今,是无人机快速发展的阶段,民用消费级的无人机技术已逐步走向成熟,开始广泛应用于各行各业。随着多旋翼无人机在专业市场的应用增多,多旋翼无人机成为民用无人机的主流机型,在航测、农业、水利、环境、物流、防灾减灾、影视制作等各行各业得到广泛应用。

无人机技术应用优势如下：

（1）现场作业速度快、数据精度高，可同时获取高精度航拍数据和点云数据，适合小范围高精度数据获取。无人机搭载激光雷达设备，可穿透树木与植被得到地表信息；可通过对点云数据的分类处理，结合高分辨率影像数据，快速和自动得到测区的数字高程模型（DEM）数据、数字线划地图（DLG）数据、数字正射影像（DOM）。

（2）实施周期短、成本低，能够得到地表和地面的各种高精度数据，可弥补人工实测效率低、不连续、不直观的缺点。

（3）利用专业数据处理软件，通过航拍数据、点云数据及反射强度信息等得到水利、岩土、交通、林业、国土等行业的专用数据产品及参数数据，结合行业专业分析模型，可进一步拓展其应用范围。

5.2.3　高标准农田综合利用监测框架

本研究在高标准农田建设项目全生命周期分析的基础上，从监测对象、监测时点、监测方法出发，初步构建综合监测体系，以期为规范高标准农田建设体系和完善土地整治监管工作提供参考和借鉴。项目全生命周期是指从项目设计到完成使用管理的所有阶段。项目的独特性导致不同项目的生命周期不完全相同，但其生命周期阶段大体相同。一般来说，根据时间维度，可以将项目划分为概念阶段、开发或定义阶段、执行（实施或开发）阶段和结束（试运行或结束）阶段，或者简单划分为决策阶段、实施阶段、运营阶段。项目全生命周期监测管理是指从项目准备阶段直至建设结束、运营管理阶段的全过程中，运用系统的手段和方法实现监测和管理的有效和高效。项目全生命周期管理理论的核心在于关注事物发展的全过程视角，作为有效的管理理论，被用于社会学、环境学科、经济学和管理学等各类项目管理和研究中。

高标准农田建设作为一项工程项目，其监测监管行为应该遵循全生命周期管理的基本理论，即从高标准农田建设的立项规划、建设使用到运营管护的全过程阶段进行监督和管理。根据项目全生命周期的概念，本研究认为高标准农田建设项目的全生命周期是从项目立项到效益发挥结束的全过程，可具体分为前期准备、项目实施、竣工验收和效益发挥四个阶段。

高标准农田项目生命周期较长，涉及各级政府及农业、财政、水利、林业等多部门、施工单位、监理机构、农民、村集体等多个利益相关主体，各阶段的多要素均影响着高标准农田建设项目的最终使用成效。目前专项的监测内容已基本具有较为有效的监测方法，如通过遥感分析和实地调查获取土地利用结构数据；通过试验分析获取土壤理化数据等。有效监测方法的选取应综合考虑监测对象、监测阶段、监测成本、监测效率等因素，结合监测任务综合确定，备选的监测方法见表 5-3。

表 5-3　高标准农田综合利用监测方法

监测方法	说明	特点
现场监测（A）	对施工过程进行现场查看、抽检、安全监督等	针对性强、效率较高
资料审查（B）	细查或抽查工程建设、资金使用、项目管理等中形成的文件、台账、日志、清单、报告等	专业要求较高、调查面宽
听取汇报（C）	听取实施单位和相关人员的工作汇报	效率较高、信息准确性不易辨别
实地调研（D）	对项目区及相关机构进行实地调研、勘测	针对性较强、成本较高
问卷访谈（E）	通过调查问卷或访谈方式进行调查	工作量表达、结果易受主观影响
实验分析（F）	实地采集样本，在实验室进行检测分析	专业性强、成本较高
遥感监测（G）	利用遥感、无人机等手段监测工程建设、土地利用变化等情况	专业要求较高、成本较低、效率较高

高标准农田综合监测的对象是项目的全生命周期，监测的范围包括项目区（进行项目建设的区域）和项目所在区域（项目区所在的行政区域或流域范围）。本研究综合高标准农田建设项目监测对象和监测方法，系统构建高标准农田建设项目综合监测体系（表 5-4）。

表 5-4　高标准农田建设项目综合监测体系

监测目标	监测类型	监测指标	监测时点	监测方法
土地利用	土地利用结构	土地利用类型、各地类面积	I、III、IV	D + G
	土地权属	权属性质、权利人、用途、面积、界址、位置	I、III、IV	D + G
	土壤质量	有效土层厚度、土体构型、表层土壤质地、土壤 pH、土壤有机质含量、土壤全氮、土壤全钾、土壤全磷、土壤侵蚀程度、土壤盐渍化程度等	I、III、IV	D + F
农业生产	农田质量	地形坡度、灌溉水源、灌溉保障率、排水条件、平均田块规模、田块规模化率等	I、III、IV	D + F
	农田设施	水源条件、渠道现状、沟道现状、田间道路现状等	I、III、IV	D + G
	作物种植	作物种类、种植面积、作物单产、灌溉面积、机械化耕作面积、机械化收割面积、生产成本等	I、III、IV	D + E
社会经济	人口就业	项目区总人口、农业人口、就业人数等	I、III、IV	D
	经济收入	人均年纯收入、人均农业收入、农业产值、总产值、产业结构等	I、III、IV	D + E

续表

监测目标	监测对象		监测时点	监测方法
	监测类型	监测指标		
生态景观	生态环境	地表水质量、水土流失面积、植被覆盖率、生物多样性、岸坡防护工程、沟道治理工程、防风固沙工程现状等	I、III、IV	D + E + F
	景观格局	斑块数、斑块面积、斑块密度、斑块形状指数、破碎度、分维数、边缘长度、边缘面积等	I、III、IV	G
项目实施	基本信息	名称、位置、建设规模、基本农田整治面积、新增耕地面积、建成高标准基本农田面积等	I、III、IV	B
	工程进度	动工面积、土方工程量、土地平整工程、灌溉与排水工程、田间道路工程、农田防护林与生态保持工程、资金进度等	II、III	A + B + D
	工程质量	单位工程合格情况、单项工程合格情况、分部工程合格情况、单位工程优良等级、单项工程优良等级、分部工程优良等级等	II、III	A + B
	资金管理	计划投资金额及来源、实际投资金额及来源、资金预算、资金实际支出等	I、II、III	B + C
	后期管护	管护主体、管护资金来源及使用等	III、IV	B + D
	公众信息	公众支持率、公众参与度、公众满意度等	I、II、III、IV	D + E

注：I 表示建设前期论证，II 表示工程建设期，III 表示项目验收期，IV 表示效益发挥期。A～G 的含义见表 5-3。

本章主要参考文献

陈仲新，任建强，唐华俊，等.2016. 农业遥感研究应用进展与展望.遥感学报，20（5）：748-767.

管榈，金晓斌，魏东岳，等.2014.土地整治项目综合监测体系构建.中国土地科学，28（4）：71-76.

郝建新，邓娇娇.2011. 土地整理项目管理. 天津：天津大学出版社.

胡静，金晓斌，陈原，等.2012. 土地整治重大工程项目建设监测监管系统的设计与实现. 中国土地科学，26（7）：44-49.

金晓斌，周寅康，汤小橹，等.2014. 黄土高原台塬区土地整治方法与技术. 南京：南京大学出版社.

雷坤平.2014. 基于 3S 技术的土地利用监测与现状变更研究. 成都：西南交通大学.

李军玲，郭其乐，任丽伟.2017. 基于近地高光谱和环境星高光谱数据的冬小麦越冬冻害遥感监测方法研究.自然灾害学报，26（2）：53-63.

李少帅.2014. "天眼"看整治——对土地整治遥感监测工作的思考. 中国土地，11：45-46.

廖小罕，肖青，张颢.2019. 无人机遥感：大众化与拓展应用发展趋势. 遥感学报，23（6）：1046-1052.

庞治国，蔡静雅.2017. 遥感影像发展趋势及其在农业中的应用. 测绘通报，7：45-48，54.

师诺，赵华甫，任涛，等.2022. 高标准农田建设全过程监管机制的构建研究. 中国农业大学学报，27（2）：173-185.

史舟，梁宗正，杨媛媛，等.2015. 农业遥感研究现状与展望. 农业机械学报，46（2）：247-260.

温礼，程博，柴渊，等.2014.SAR 遥感数据监测土地利用变化的研究.测绘科学，39（6）：65-69，78.

吴炳方，张淼，曾红伟，等.2016. 大数据时代的农情监测与预警. 遥感学报，20（5）：1027-1037.

杨红卫，童小华.2012. 中高分辨率遥感影像在农业中的应用现状. 农业工程学报，28（24）：138-149.

姚云军，秦其明，张自力，等. 2008. 高光谱技术在农业遥感中的应用研究进展. 农业工程学报，7：301-306.

张超，吕雅慧，郧文聚，等. 2019. 土地整治遥感监测研究进展分析. 农业机械学报，50（1）：1-22.

张继贤，刘飞，王坚. 2021. 轻小型无人机测绘遥感系统研究进展. 遥感学报，25（3）：708-724.

周同，朱少华，孙法军，等. 2020. 高标准农田建设与管理模式的探索创新. 中国农业综合开发，3：24-26.

自然资源部. 2016. GB/T 33130—2016 高标准农田建设评价规范. 北京：中国国家标准化管理委员会.

第6章　江苏省高标准农田建设综合评价

高标准农田建设对区域经济、社会、生态三个方面均产生了积极的影响，取得了良好的综合效益。开展高标准农田综合评价可以切实反映区域内高标准农田建设前后利用状态、变化及问题，进而助力区域乃至国家层面指引高标准农田建设方向，进一步助力落实区域内高标准农田建设任务，解决区域内重大基础设施建设或土地利用问题。在第 5 章介绍高标准农田综合利用监测的基础上，本章对高标准农田建设综合评价进行介绍，包括高标准农田建设综合评价体系、高标准农田建设风险评价、高标准农田建设成效评价和高标准农田建后管护评价。

6.1　高标准农田建设综合评价体系

6.1.1　建设评价内容

通过高标准农田建设可以有效解决耕地分割细碎、基础设施滞后、耕地质量低、农田环境恶化等问题，实现田块结构与布局优化、基础设施配套改善、耕地质量提升、农田生态改善，从而推进以转变农业发展方式为主线的中国特色农业现代化。对高标准农田建设全过程进行有效评价，是高标准农田建设的重要内容之一，是认识以往建设过程、效应与存在问题的重要手段（崔勇和刘志伟，2014；钱凤魁等，2015）。"十四五"规划中"藏粮于地、藏粮于技"战略突出了对耕地质量的高标准要求，要通过实现农田、道路、沟渠等设施的匹配，提升耕地的生产能力，契合新形势下对高标准农田建设及耕地保护制度创新的需求，实现由数量保护向生态、质量、数量保护并重转变。为确保国家耕地面积不减少、质量不降低、管护不缺位和生态改善的综合目标，需要对高标准农田建前风险、建设成效、建后管护进行有效的综合评价。

高标准农田建设作为提高耕地资源利用效率的一类涉农民生性工程，建设区域和惠及群众面广泛，参与主体和涉及部门众多，对部门合作沟通、区域差异协调、群众矛盾调处等的要求较高，增加了风险主体与风险类型，拉长了风险持续时间与风险传播链条，容易引发社会矛盾、影响工程效益。在实施过程中面临的问题和困难往往难以准确预测，潜在风险和后期影响在前期准备阶段一般难以全面估计，加强工程建设与项目管理中的风险管控，对完成高标准农田建设任务和保障项目效益发挥具有重要意义。

理论研究方面，相关学者对高标准农田建设项目风险的研究对象多集中于资金、廉政、生态、自然等专项风险，也有少量涉及综合社会稳定风险等内容；在风险识别方面，多基于风险之间相互独立的假设条件，采用核查表法、工作分解结构法、专家调查法等进行分析；在风险评价方面，有学者采用模糊层次分析法、风险矩阵法、熵权法等定量计算风险值。综合而言，现有研究侧重于建设项目专项风险的识别、评价与管理，针对综合风险的系统分析尚不多见。同时项目复杂的建设环境，以及多要素协同下的土地利用目标，对于项目建设、建后利用等不同阶段的衔接性有了更高的要求，忽略不同阶段风险之间的联系与扩散会造成风险的误判。

高标准农田建设成效评价是根据特定的标准和评价方法，分析高标准农田建设对项目区所在区域各方面发展带来的影响，对其产生的综合效果进行定性定量评价与分析判断。从评价内容上看，包括社会效益分析、经济效益分析、生态效益分析和建设效应分析等方面。社会效益分析是从粮食生产潜力、农业可持续发展等方面进行研究；经济效益分析主要是从耕地投入产出变化、耕地质量提升、农民收入增加、区域农业经济发展等方面进行研究；生态效益分析主要是从生态环境质量、生物多样性、抵御灾害等方面进行研究；建设效应方面，主要是分析高标准农田建设管护现状，提出建设管护方面存在的问题。对于建设过程中所存在的问题，诸多研究也进行了总结探讨和对策分析。例如，李少帅和郧文聚（2012）总结了高标准农田建设以来所取得的研究进展和面临的问题，并提出了相应的改进建议，认为当前高标准农田建设工作中存在着田块破碎度大、资金投入分散、权属状况复杂、涉农资金投入和耕地资源的禀赋不匹配等问题。

早期对高标准农田建设成效评价方面的直接研究较少，更注重建设结果（张庶等，2014；李冰清等，2015），并从以经济效益评价为主转向经济、社会和生态效益并重；随着高标准农田建设的全面开展，围绕经济、社会和生态三个维度进行单一要素或综合效益评价仍是研究主流。但总体而言，针对高标准基本农田建设实施后的实际效果和影响研究仍然存在不足，尤其缺乏深入细致的分析和论证，致使在高标准基本农田建设的投资决策和项目管理中，一些共性问题反复出现，如后期管护不到位、建设成效不显著等情况，严重影响了高标准基本农田建设的效果（梁伟峰和刘娜，2012；黄玉娇等，2013）。因此借助多源、实时连续、较高精度数据建立评价体系，实现对高标准农田建设成效的客观、有效评价，有助于将建设效果与其后续效应连接起来，形成对建设效果的连续性认识和监测，为高标准农田的建设理论和实践提供借鉴和指导。

高标准农田建设成效的发挥有赖于基础工程设施的使用，但相关设施在利用阶段不可避免地会发生损耗、破坏，为了实现工程的长效利用，客观上要求采用科学有效的方法对其进行管理与评价。高标准农田建后管护是需要整合人、财、物等资源，保持和维护建设成效的管理行为，涉及工程学、经济学、管理学等多种学科。由于目前高标准农田建设制度设计和项目管理中并未明确规定相关建后管护的主体、资金和方式等，在实践中主体不明、资金不足等问题层出不穷（赵微等，2016）。这不仅浪费项目建设资金、闲置工程设施，也制约了区域生产潜力发挥和可持续发展（汪文雄等，2015）。

　　已有学者从建后存在问题、影响因素、绩效评价等方面对建后管护进行了深入研究，研究指出主体不明晰、资金缺乏保障、公众参与度低等原因是当前建后管护工作面临的主要问题；在管护绩效方面，基于价值增值链、多级利益主体等视角，采用逐级突变等模型构建测度指标体系；在分析不同的管护模式绩效存在显著地区差异的同时，指出社会条件（政府管理保障、农业产业化潜力等）和经济条件（投入保障、管护成本、交易费用等）是绩效的主要影响因素。综合而言，相关研究主要针对建后管护的影响因素识别、绩效评价、模式创新等方面，而对建后管护影响因素及其模式之间的内在关联机制鲜有涉及，对建后管护的系统性研究有待进一步深入。

6.1.2　建设评价体系

　　高标准农田建设具有投资大、技术性强、涉及面广、见效慢等特征，并与粮食安全、农业现代化、农村发展等国家战略或区域发展问题密切挂钩。随着建设活动的不断开展，当前对其建设风险、成效、管护的综合评价的界定和评价结构尚未统一，既有单一的耕地数量、质量评价，也有整合了整个建设区的空间布局、资源禀赋、生态环境和配套工程设施等多重属性的综合效应评价。当前对高标准农田建设的多样化利用需求赋予了其多样性的功能与要素组成，因此需要体现高标准农田的整体功能及不同利用特征的综合评价体系来准确认识和评价高标准农田的建设过程与效应。

　　本书在高标准农田建设全过程质量综合监测的基础上，展开高标准农田建设综合评价。综合评价要求以高标准农田建设全过程监测数据为基础，在高标准农田建设全过程，及时全面地开展评价工作。注重时效性，选取的评价指标和方法应当能够全面反映农田建设质量的综合状态。高标准农田建设综合评价结果应以促进解决建设区的现实问题为导向，要求评价结果能够客观反映建设前后建设区各类问题的解决程度，并为高标准农田建设后的管理、经营和持续利用提供依据。

　　根据已有研究，本书将高标准农田建设综合评价内容概括为建设任务、建设过程、建设成效、建后管护四个方面。其中建设任务评价是对高标准农田建设按照有关规划和计划确定的任务量完成情况进行评价，具体指标包括建设范围、建设规模、工程任务完成情况、建设风险等；建设过程评价是对高标准农田建设实施过程的合格性或质量开展评价，具体包括工程质量、耕地质量、建设管理三个方面的评价；建设成效评价是对高标准农田建设产生的经济效益、社会效益和生态效益进行评价的过程；建后管护评价是针对高标准农田建设竣工验收后围绕工程长效使用和土地持续利用总体目标进行的评价。具体指标包括管护模式、管护主体、管护环境等。具体指标可以参考表 6-1。

表 6-1　高标准农田建设综合评价指标体系

评价内容	一级指标	二级指标	三级指标	
			必选指标	备选指标
建设任务	建设任务	建设任务	建设范围、建设规模、工程任务完成情况	资金使用与管理、权属调整成果、后期管护措施等
	建设风险	建设风险	政府政策、资金落实、规划设计合理性、施工监理	参与主体沟通情况、施工经验等
建设过程	工程质量	土地平整工程	进场材料质量、田面平整度、表土剥离厚度、客土回填厚度	堆料、观感等
		灌溉与排水工程	水源质量、材料质量、表面平整度、表面坡度、通畅程度	氮磷截留量等
		田间道路工程	进场材料质量、路面宽度、路面平整度、地基压实度、完好程度	堆料、道路衔接等
		农田防护与生态环境保持工程	进场材料质量、存活率、种植面积	植被配置、株距等
		其他工程	进场材料质量	输配电水平等
	耕地质量	自然生态质量	土层厚度、土壤质量、土壤 pH、土壤污染状况、土壤养分状况、面源污染负荷	障碍层深度、剖面构型、土壤盐碱状况、产能稳定性等
		社会经济质量	灌排保证率、耕作距离、利用集约度	林网化程度、田块大小、经营规模等
		区位质量	道路通达度、中心城市影响度	对外交通便利度、生态网络连通度、水系连通度等
	建设管理	建设管理	工作程序合规性、管理制度落实情况、公众参与度、公众满意度、技术标准和质量控制措施执行情况	规划方案合理性、组织保障水平、信息化建设水平、后期管护等
建设成效	经济效益、社会效益、生态效益	经济效益	粮食产能提升量、减少农业生产成本	新增农业产值、农民人均增加年收入等
		社会效益	建设基本农田面积、新增耕地面积、收入增加	受益总人口数、转移农村劳动力数等
		生态效益	耕地质量等级提高量、新增林网面积	土壤剥离利用量，土壤酸化治理面积，氮磷负荷减少量等
建后管护	管护效益	管护效益	管护模式、管护主体、管护环境	工程建设复杂度、沟通程度等

在进行综合评价时，可以采用多种方法确定相关指标的权重。当评价指标在两个以上时，各指标的权重由指标间的相对重要性决定，可由专家打分法或层次分析法进行确定。对指标进行赋值时，指标赋值可以采用百分制，常用方法有目标比较法、专家判断法、数学模型法、相对比较法等。其中，目标比较法是指高标准农田建设目标与实际建设成效相比，得到建设目标的完成程度。专家判断法是指经过相关领域的判断，直接对难以量化的指标进行评议，得到各指标的评分。数学模型法是指利用模糊数学方法，对各指标隶属于某个分数或分数区间的程度进行测算，得到某个指标的评分。相对比较法是在区域选取建设示范区作为参照，比较待评价指标与参照值的大小，得到某个指标权重。

6.2 高标准农田建设风险评价

6.2.1 建设风险识别框架

本研究拟在识别相关风险的基础上，引入社会网络分析方法，建立风险之间的关系模型，识别主要风险并进行评价。基于全生命周期理论，针对不同阶段的环节特征与管理要求，以参与者行为偏差为特征识别风险因素，引入社会网络模型，从"关系"的角度建立不同风险间的联系并度量其影响程度，结合案例进行风险评价与分析，以期为高标准农田建设项目实施风险管理提供参考。

风险识别是项目风险管理的首要环节。基于高标准农田建设中参与主体对要素的组织情况，以及外界环境对客体的影响两方面，可以从项目实施阶段（规划、设计、施工建设、验收、利用、管护等）与要素整合（时间、信息、资金、经验、技术、方法、质量、自然环境及社会、经济环境等）两个维度识别不同阶段可能存在的风险主体与风险类型，风险结构及识别路径如图 6-1 所示。其中风险主体即可能引起风险的主要参与者，包括政府（S1）、设计单位（S2）、施工单位（S3）、监理单位（S4）、管护单位（S5）、村集体（S6）、农户（S7）7 类；风险类别即风险的种类，包括缺乏沟通（F1）、资金不足（F2）、经验不足（F3）、设计失误（F4）、资质不满足要求（F5）、技术能力不足（F6）、工期紧张（F7）、材料质量不合格（F8）、工程质量不达标（F9）、工作方式不合理（F10）、纠纷处理不及时（F11）、自然条件限制（F12）、责任落实不到位（F13）13 类。

对于风险主体而言，政府作为项目全生命周期的主要领导者与协调者，其管理方法、协调方式与监督力度对项目的运行具有重要影响。在工程建设阶段，规划设计单位、施工单位、监理单位是主要的风险主体。规划设计单位对政府规划目标与建设任务的理解及其对施工单位设计方案的传达影响着施工单位的施工情况；施工单位对政府规划方案、设计单位设计方案的理解及其实践情况是工程质

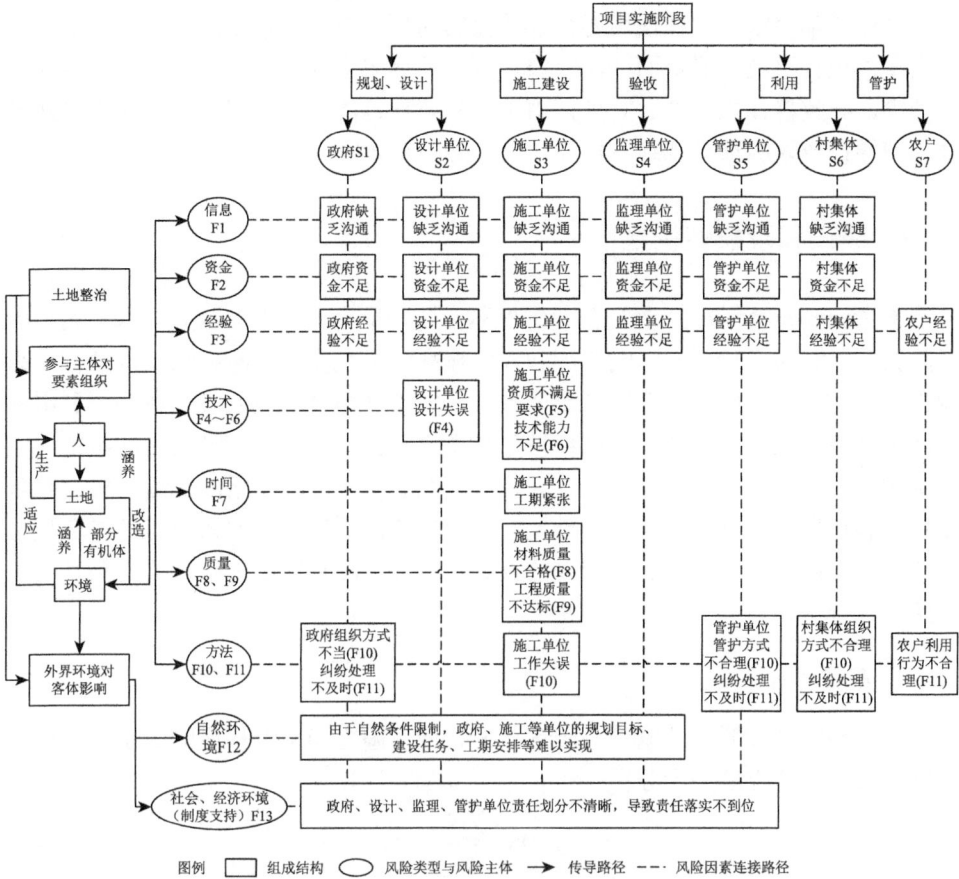

图 6-1　土地整治重大项目实施风险识别结构路径

量的直接影响因素；监理单位作为工程质量、进度、造价等控制主体，是控制工程建设风险的重要参与者。在建后利用阶段，管护单位、村集体和农户是主要的风险主体。管护单位保障工程设施的正常运行和效益的持续发挥，是控制设施利用风险的主体。村集体管理、农户生产等行为则是农业生产风险的主体。

　　对于风险类别，其影响主要表现在以下方面：①信息上，各参与主体之间的有效沟通是解决问题与矛盾的基础，缺乏沟通会增加信息传递的成本，降低效率，导致供需信息不匹配、责任与权利划分不清，引发误解、冲突等，从而影响项目实施；②时间上，工期紧张会增加项目的实施难度，降低工程进度和质量的保障程度；③资金上，资金状况直接影响不同实施阶段和不同参与主体对于人力、财力、物力的分配情况，资金不足会影响人员物资调配、工期进度安排等；④经验与技术上，参与主体的经验、技术水平会影响工作效率，如纠纷的协调与处理能力、排查问题的技能等；⑤方法与质量上，施工失误、工程质量不达标、管护工作不到位等都会影响工程使用寿命，从而制约项目效益的长效发挥。高标准农田建设重大项目惠及的群众面广泛，农户利益的诉求多样，纠纷处理不及时容易引发冲突，导致群体性事件。此外，由于项目建设范围广、面积大，区域内自然条件的差异也会限制项目规划目标与建设任务的有效实现。

6.2.2　建设风险模型构建

参考 Steward（1981）提出的设计结构矩阵，量化土地整治重大项目实施中的风险关系，利用风险之间影响程度和发生概率的乘积作为风险影响程度分值。影响程度和发生概率均采用五级测量体系，其中 5 表示最大，1 表示最小。利用社会网络模型，从凝聚特性和代理特性分析土地整治重大项目风险网络的特征。由于基本农田建设重大项目不涉及社会阶层关系，故不考虑网络的等级特性。在凝聚特性和代理特性分析结果的基础上，借鉴熵值法原理，依据风险特性排名变化的离散程度赋予关键风险影响程度的权重，实现对项目区土地整治重大项目关键风险的综合评价。

1. 凝聚特性

表示网络节点联系的紧密与疏远情况，即风险之间影响程度的大小。本研究从网络密度与节点度进行分析：

$$D = \frac{\sum L_{\mathrm{w}}}{2C_N^2} \tag{6-1}$$

式中，D 为网络密度；L_{w} 为网络中所有连线的赋值总和；C_N 表示网络节点总数。

$$I_{S_iF_i} = \sum \mathrm{RSM}_{S_{II}F_i, S_iF_i} \tag{6-2}$$

$$O_{S_iF_i} = \sum \mathrm{RSM}_{S_iF_i, S_{II}F_i} \tag{6-3}$$

$$G_{S_iF_i} = O_{S_iF_i} - I_{S_iF_i} \tag{6-4}$$

式中，$I_{S_iF_i}$、$O_{S_iF_i}$、$G_{S_iF_i}$ 分别为 S_iF_i 节点的入度、出度与度差；$S_{II}F_i$ 表示在网络中与 S_iF_i 有直接相关的风险；$\mathrm{RSM}_{S_{II}F_i, S_iF_i}$ 表示 S_iF_i 与 $S_{II}F_i$ 的网络关系矩阵。

2. 代理特性

代理特性表示社会网络中的联系枢纽及关键位置，本研究从中心性和代理角色两个方面进行分析。中介中心性采用中介中心度表示，是指经过某一节点的测地线占网络中所有其他节点之间测地线的比例，测地线为两节点之间的最短距离。代理角色主要从协调人（圈内协调者）、顾问（圈外协调者）、代理人（发言人）、守门人和联络人等进行分析。

3. 关键风险综合指数

关键风险综合指数表示项目区的整体风险影响情况，采用影响权重较大的前十位风险评价值与相应权重的乘积计算：

$$R = r_i \times w_i \tag{6-5}$$

式中，R 为关键风险总和指数；r_i 为第 i 位风险的评价分值（$i = 1, 2, \cdots, 10$）；w_i 为相应风险的权重。

6.2.3 建设风险识别结果

研究选择某土地整治重大项目作为研究案例。该项目总建设规模 22.59 万 hm^2，实现新增耕地 5.32 万 hm^2，总投资 35.55 亿元。经过 6 年实施，共完成土方工程 5759 万 m^3，砌护渠道 30739 km，铺设管道 27550 km，治理沟道 7070 km，修建田间道路 16403 km，栽种防护林 792 万株。项目竣工后，新增农田灌溉面积 5.73 万 hm^2，耕地质量平均提升 1 个等级，受益人口达 191 万人。该项目实施过程中面临的困难主要体现在以下方面：①自然条件限制增加了项目施工过程中的工期、技术等风险；②项目区，中低产田比重较高，农业发展相对落后，项目资金（地方配套资金）风险较为突出；③农田基础设施不完善，纠纷调处、信息沟通等风险较为明显。

在综合案例基本情况的基础上，研究针对案例区自然资源条件限制、社会经济发展水平、社会关系等主要矛盾，设计了包含风险环节、风险因素、评分标准等内容的调查问卷，对土地整治领域专家、基础政府工作人员和项目区村委会代表充分咨询、调查后获取调查评价数据，通过社会网络分析软件 Pajek，得到项目区包含 39 项关键风险节点及 246 个影响关系的社会网络图（图 6-2），并基于此进行分析。

1. 项目风险评价

1）凝聚特性分析

凝聚特性表示网络节点之间联系的紧密与疏远情况，即风险之间影响程度的大小。结合土地整治重大项目风险特征，对网络密度与度差两个指标进行分析。项目区社会网络结构的密度为 0.57，平均中心度为 21.641，网络趋于紧凑、可达性较高，表明风险之间有较为密切的关系。箭头表示风险之间的影响关系，颜色越深，表明影响程度越大。影响关系越多的风险处于网络的中间位置，影响关系越少的风险则处于网络的边沿位置（图 6-2）。总体上看，该区域"政府"是影响较大的风险主体，而"缺乏沟通"和"经验不足"是影响较大的风险类型。

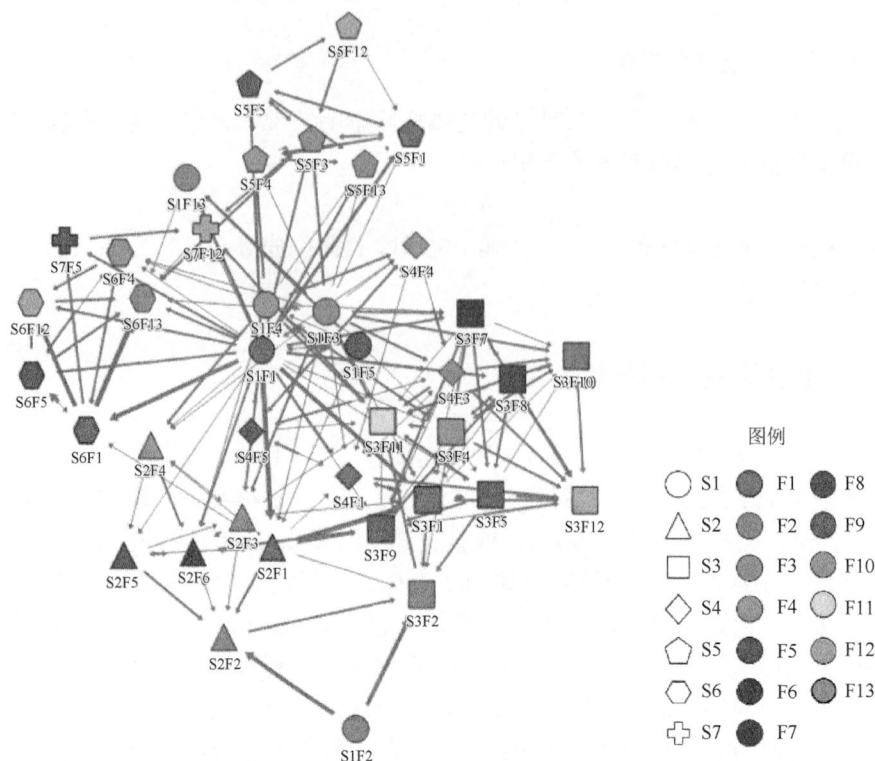

图 6-2　土地整治重大项目实施风险社会网络图

节点度表示网络中一个节点所拥有的连线数量，入度表示网络中进入定点的数量，即风险受其他风险的影响频次，出度表示网络中定点发出的数量，即风险影响其他风险的频次，度差是表示出度与入度的差值，一个风险的度差越大，表明该风险对其他风险的影响越大。表 6-2 列出的是项目区度差排名前十位的关键风险因素，"政府缺乏沟通"是首要风险，且由于出度较大，度差远大于排名其后的其他风险，表明"政府缺乏沟通"对各风险的影响次数最多，控制"政府缺乏沟通"风险可以有效降低网络的连接数量。此外，度差排名前十位的风险中有 4 项风险与"政府"有关，4 项风险属于"缺乏沟通"类型，因此在项目区内加强参与主体的沟通，尤其是政府部门的沟通至关重要。

表 6-2　土地整治重大项目实施关键风险网络节点度（前十位）

序号	风险名	风险编号	入度	出度	度差
1	政府缺乏沟通	S1F1	5	163	158
2	政府责任落实不到位	S1F13	11	52	41
3	村集体缺乏沟通	S6F1	16	42	26

续表

序号	风险名	风险编号	入度	出度	度差
4	设计单位缺乏沟通	S2F1	22	43	21
5	政府资金不足	S1F2	6	26	20
6	自然条件限制	S1F12	0	18	18
7	施工单位经验不足	S3F3	17	34	17
8	监理单位缺乏沟通	S4F1	17	32	15
9	监理单位责任落实不到位	S4F13	19	33	14
10	施工单位技术能力不足	S3F6	24	38	14

2）代理特性分析

代理特性表示社会网络中的联系枢纽及关键位置，本研究从中心性和代理角色两个方面进行分析。中介中心度是用来度量一个节点对于其他节点的控制能力，若一个节点处于非常多不相邻节点的交互路径上，则其为地位重要的参与者，即该风险是连接众多风险的重要纽带。表 6-3 列出的是项目区中介中心度排名前十位的风险因素，排名前三均属于"缺乏沟通"类型，"施工单位缺乏沟通"具有最高的中介中心度，在整个风险网络中具有极为重要的地位，随后依次是监理单位、设计单位缺乏沟通。中介中心度排名前十的风险中有 5 项属于"缺乏沟通"类型，5 项与"施工单位"有关。因此在该项目区内加强施工单位的监管，对保障工程质量非常重要。

表 6-3　土地整治重大项目实施关键风险节点中介中心度（前十位）

序号	风险名	风险编号	中介中心度
1	施工单位缺乏沟通	S3F1	0.0493
2	监理单位缺乏沟通	S4F1	0.0374
3	设计单位缺乏沟通	S2F1	0.0329
4	施工单位工程质量不达标	S3F9	0.0264
5	政府缺乏沟通	S1F1	0.0244
6	施工单位技术能力不足	S3F6	0.0198
7	施工单位资质不满足要求	S3F5	0.0173
8	村集体缺乏沟通	S6F1	0.0168
9	施工单位工作失误	S3F10	0.0135
10	农户利用行为不合理	S7F10	0.0132

代理性分析是网络中的经纪人（或中间人）分析。经纪人角色在网络中相当

于一个连接两点、甚至两个子网络的"桥"，如果经纪人拒绝作媒介人，则其所连接的节点，或子网络之间就无法沟通。因此，经纪人是信息交流、矛盾协调的重要参与者，即参与风险连接与传播的关键风险节点。经纪人可以分为5类：协调人（圈内协调者）、顾问（圈外协调者）、代理人（发言人）、守门人和联络人。表6-4所示为代理性排名前十位的风险，一旦这些关键风险被消除，网络中大量的关系就会被切断。在项目区内，"政府缺乏沟通"风险最具代理特性，它扮演了大量发言人的角色。从协调风险群体内部矛盾而言，排名前十位的风险均缺乏圈外协调者，大部分依靠圈内协调者，具有协调成本低、时效性强的特点，但协调的客观性有待提高。少数风险（监理单位缺乏沟通，政府、监理单位责任落实不到位）由于圈内和圈外协调者的缺少，可能会导致利益纠纷在内部无法疏解，引发更大冲突。从协调风险群体之间矛盾的角度而言，"政府缺乏沟通"这一风险所承担的角色数量最多，说明其在协调与外部风险的矛盾时占据了优势地位，具有较大的掌控权，但是其守门人和联络人角色的缺失，导致不能顺利为其他外界主体疏通矛盾。排名前十位的风险中有4项风险与"施工单位"有关，因此施工单位在传递风险中扮演重要角色，也是切断风险传播的有效突破口。

表6-4　土地整治重大项目实施关键风险代理特性表（前十位）

序号	风险名	风险编号	圈内协调者	圈外协调者	发言人	守门人	联络人	总数
1	政府缺乏沟通	S1F1	4	0	57	0	0	61
2	施工单位缺乏沟通	S3F1	1	0	3	31	1	36
3	设计单位缺乏沟通	S2F1	2	0	14	9	9	34
4	施工单位资质不满足要求	S3F5	6	0	0	14	0	20
5	监理单位缺乏沟通	S4F1	0	0	6	7	5	18
6	政府责任落实不到位	S1F13	0	0	18	0	0	18
7	监理单位责任落实不到位	S4F13	0	0	12	1	5	18
8	施工单位资金不足	S3F2	1	0	0	16	0	17
9	管护单位责任落实不到位	S5F13	4	0	8	3	1	16
10	施工单位工程质量不达标	S3F9	0	0	8	0	6	14

2. 重大项目风险评价

基于上述网络的凝聚特性和代理特性分析结果，在排名次序的基础上，借鉴熵值法原理，按照不同特性排名变化的离散程度赋予关键风险影响程度的权重（表6-5）。影响最大的是"施工单位缺乏沟通"风险，其次是"政府资金不足"

风险，排名前十的风险中有 4 项与"施工单位"有关，3 项风险与"政府"有关，4 项风险属于"缺乏沟通"类型。在项目区内，"政府"和"施工单位"是关键的风险主体，"缺乏沟通"是关键的风险类型。

表 6-5 土地整治重大项目实施关键风险影响程度权重表 （单位：%）

序号	风险编号	风险名	数值权重	熵值权重	平均权重
1	S3F1	施工单位缺乏沟通	10.19	7.24	8.71
2	S1F2	政府资金不足	4.17	11.86	8.01
3	S1F13	政府责任落实不到位	7.87	7.21	7.54
4	S3F9	施工单位工程质量不达标	5.09	9.69	7.39
5	S6F1	村集体缺乏沟通	6.48	7.66	7.07
6	S1F12	自然条件限制	3.70	10.38	7.04
7	S1F1	政府缺乏沟通	13.43	0.57	7.00
8	S3F5	施工单位资质不满足要求	6.48	6.36	6.42
9	S2F1	设计单位缺乏沟通	12.04	0.04	6.04
10	S3F3	施工单位经验不足	3.24	8.64	5.94
11	S4F1	监理单位缺乏沟通	9.72	1.81	5.77
12	S3F6	施工单位技术能力不足	4.17	7.14	5.66
13	S3F2	施工单位资金不足	2.78	6.60	4.69
14	S4F13	监理单位责任落实不到位	4.17	4.62	4.40
15	S3F10	施工单位工作失误	2.31	4.25	3.28
16	S5F13	管护单位责任落实不到位	2.31	4.24	3.28
17	S7F11	农户利用行为不合理	1.85	1.69	1.77

在实际操作中，依据重要程度优先控制影响较大的风险因素，本研究依据权重排名选取项目区前十位风险因素，对不同风险程度进行量化，见表 6-6。

表 6-6 土地整治重大项目实施关键风险影响程度分数表

风险指标	好 （0~0.2）	较好 （0.3~0.4）	较差 （0.5~0.6）	差 （0.7~0.8）
参与主体信息交流情况	建立了定期交流讨论的工作机制，各主体能够有效传达实际需求，协调解决问题	形成了交流讨论的工作模式，各主体能够协商解决主要问题	没有形成固定的交流讨论工作模式，各主体交流频率较低，解决问题周期较长	没有形成有效的交流讨论工作模式，出现问题难以及时有效解决
资金运行情况	地方有稳定的资金支持，配套资金充足，能按进度及时拨付		地方资金不能按时、足额到位	

续表

风险指标	好 （0~0.2）	较好 （0.3~0.4）	较差 （0.5~0.6）	差 （0.7~0.8）
参与主体责任落实情况	权责划分清晰，有专项管理规定	权责划分较清晰，有相关管理规定	缺乏明确的权责划分依据	
工程质量情况	单体工程按照设计文件建成、质量符合标准；各类工程衔接顺畅，辅助工程与主体工程同步建成		单体工程按照设计文件建成、质量符合标准；工程衔接性存在一定问题，辅助工程与主体工程不能同期建成	
自然条件情况	自然条件和施工条件较好，无影响工程实施的自然灾害		自然条件较差，对工期或施工造成影响	自然条件差，严重延误工期或增加施工难度
施工单位资质与经验	承包方具备相应资质、经验丰富；施工单位具有严格的工作程序与管理制度等；总承包商严格按照施工合同施工	承包方具备资质，具有一定经验；建立了相关工作程序和管理制度等；总承包商能遵守施工合同	承包方具备资质，但相关经验较少；相关管理制度存在薄弱之处，部分工程内容存在分包	承包方具备资质但缺乏相关经验，管理制度不健全，工程存在分包、转包

本研究基于土地整治重大项目全生命周期，在识别关键风险的基础上，建立社会网络模型量化风险之间的关系，结合案例分析主要得到以下结论：①通过风险间影响程度和影响可能性构成的矩阵，可得到不同风险之间的社会网络关系。案例分析显示，项目区政府缺乏沟通对其他风险的影响最大，施工单位缺乏沟通对其他风险的控制能力最强。其中，政府缺乏沟通在协调与外部风险的矛盾时占据优势地位，具有最大的掌控权。②案例分析显示，政府、村集体、施工单位与设计单位缺乏沟通，政府资金不足与责任落实不到位，施工单位资质不满足要求、经验不足与工程质量不达标，以及自然条件限制等风险为影响权重较大的风险。可以通过健全多方主体需求表达机制、构建多维资金保障体系、加强工程质量管理、落实评估机制等方式，降低关键风险综合指数。

6.3　高标准农田建设成效评价

鉴于评价高标准农田建设成效具有复杂性、多样性、离散型等特征，本书遵循来源客观、获取方便、目标量化的原则，主要选择遥感时序数据，通过选取关键指标进行反演，以表征高标准农田的建设成效，同时也借助其他社会经济数据和访谈结果来反映综合建设成效。本书以农田产能、生态环境质量、基础设施完好程度为例，进行实证研究。

6.3.1　耕地产能变化评价

耕地产能常指一定地域范围内、一定的时期和一定的经济、社会、技术条件下，在土地自然禀赋的基础上，各种社会经济要素、农业资源要素投入所形成的耕地生产能力。它是各种自然社会经济资源要素综合作用的结果，是在长期的生产过程中逐渐形成的现实生产能力（宋戈等，2014）。提高耕地产能是确保粮食安全的根本，对耕地产能变化实现有效监测评价对于摸清粮食安全家底、制定针对性耕地保护政策，确保国家粮食安全具有重要意义（韩博等，2019）。

目前，在项目区尺度进行产能变化监测主要包括直接法和间接法。其中，直接法多采用样地监测、农户调查、统计上报等方式，其数据准确性和数据获取范围受调查区域、调查方法，以及调查者和调查对象等的限制；间接法多采用耕地质量等别变化、土地生产潜力估算、生产能力评价等方法，其虽能综合反映区域耕地产能变化的趋势和特点，但结果有效性难以验证且难以体现动态性。与传统数据相比，遥感数据由于具有时空连续性好、区域覆盖大等优势，为产能变化有效监测创造了条件。NPP 是广为使用的产能表征参数，其代表了绿色植被在单位时间和面积上所累积的有机物数量，能避免用作物产量衡量耕地生产力时作物品种变化、农业结构调整等的干扰，为不同作物生产能力提供统一的衡量标准，可以很好地表征耕地产能变化。

1. 产能评价研究思路

高标准农田建设通过工程措施（土地平整、灌溉与排水、田间道路、农田防护与生态保护等工程）、土地管理方式、土地利用方式等综合作用会对耕地生产特征产生明显影响。通常认为，工程中一系列人为干扰造成生产环境的短期扰动，使得耕地产能变化存在时间变异过程；同时建设区内的局部差异，使得建设区内耕地结构、形态及其产能变化存在空间变异过程。传统的统计调查方法难以有效反映这一动态过程。尽管目前利用 NPP 来衡量大区域耕地生产力动态变化的研究已日趋成熟，但受现有卫星与传感器的局限，难以直接将其数据应用于项目区尺度的耕地产能监测。

为了克服在项目区尺度现有遥感数据产品时空分辨率上的限制，研究基于 MODIS、TM/ETM＋/OLI 数据，结合 CASA（the Carnegie-Ames-Stanford-Approach）光能利用率模型和增强型时空自适应反射率融合模型（enhanced spatial and temporal adaptive reflectance fusion model，ESTARFM）方法，探索基于多源遥感数据融合的基本农田建设区产能动态监测技术方法，主要思路如下。

（1）获取高时空分辨率 NPP，将该结果作为耕地产能度量指标。采用 ESTARFM 算法对高空间分辨率 NDVI 和高时间分辨率 NDVI 进行融合，得到高时空分辨率 NDVI，进而模拟出植被吸收光能的能力；基于气象站点和辐射站点数据获取的水分、温度、光照等限制因子，结合耕地最大光能利用率得到实际光能利用率；根据光能利用率模型模拟出高时空分辨率 NPP。

（2）结合高空间分辨率土地利用数据，在空间细节反映能力、耕地剥离能力及时空变异性反映能力等方面，对高时空分辨率 NPP 与现有 1 km×1 km NPP（MOD17A3 产品）以及基于高时间分辨率 NDVI 模拟的 NPP 进行比较。

（3）利用 GIS 缓冲区分析功能设置对照区，即项目区边界外 1 km，未经过基本农田建设的区域。对照区在气象条件、作物类型、种植制度、田间管理等内外部要素上，与建设区基本相同；通过对比分析一定时期建设区和对照区的 NPP 差异情况，可以基本视为是由高标准农田建设引起的耕地产能提升程度和稳定性变化。

2. 产能评价技术实现

1）NPP 估算

研究使用 CASA 模型模拟 NPP 时空动态过程，该模型是 Potter 等于 1993 年首次提出，由气象、植被、土壤、地貌及遥感等多数据共同驱动，反映绿色植被现实光合作用的变化，进而可用于评估绿色植被生产有机物的能力（NPP）。朱文泉等（2007）对模型进行了改进，通过调整光能利用率等参数使其更接近中国实际。目前，该模型已经在中国得到广泛应用。模型主要表达式如下：

$$NPP = APAR \times \varepsilon \tag{6-6}$$

$$APAR = PAR \times FPAR \tag{6-7}$$

$$\varepsilon = \varepsilon_{max} \times T_1 \times T_2 \times W \tag{6-8}$$

式中，APAR 为植被吸收的光合有效辐射；ε 为实际光能利用率；PAR 为入射光合有效辐射，取太阳总辐射的 50%；FPAR 为植被吸收入射光合有效辐射的比例；ε_{max} 为最大光能利用率，与植被类型有关；T_1、T_2 分别为低温和高温对植被光能利用率的限制因子，由植被光合作用最适温度和月平均气温计算得到；W 为水分限制因子，由区域实际蒸散发模型和 Boucher 提出的互补关系计算得到。

2）ESTARFM 时空数据融合方法

ESTARFM 方法是 Zhu 等（2010）在 STARFM 方法的基础上发展而来，基于观测时间 t_m 和 t_n 的低空间分辨率影像和高空间分辨率影像，以及长时间序列的待测时间 t_p 的低空间分辨率影像，模拟对应时间的高空间分辨率影像。已有研究证明该方法在 MODIS TM/ETM + OLI 等遥感数据的融合效果方面表现良好。其表达式如下：

$$G_p = T_m \times G_{p(m)} + T_n \times G_{p(n)} \tag{6-9}$$

$$G_{p(t)} = G_t + \sum_{i=1}^{n} w_i \times v_i \times (D_{pi} - D_{ti}) \qquad t = t_m, t_n \tag{6-10}$$

式中，G_p 为最终待测时间 t_p 的高空间分辨率影像；$G_{p(m)}$ 和 $G_{p(n)}$ 分别为基于观测时间 t_m 和 t_n 的高、低空间分辨率影像得到的待测时间 t_p 的高空间分辨率影像；T_m 和 T_n 分别为 t_p 相对于 t_m 和 t_n 的时间权重；G_t 为时间 t 的高空间分辨率影像；D_{pi}

和 D_{ti} 分别为相似像元在 t_p 和 t 的低空间分辨率影像；n 为相似像元个数；w_i 和 v_i 分别为相似像元对中心像元的权重和转换系数。其步骤如下：①基于两幅高分辨率影像选择与中心像元相似的像元；②计算所有相似像元的权重 w_i；③利用线性回归方法获取转换系数 v_i；④基于待测时间 t_p 的低空间分辨率数据以及 w_i、v_i，模拟得到对应时间的高空间分辨率数据 G_p。

3. 产能评价应用成果

研究选取江苏省南通市某土地整理项目作为研究区。建设区属江苏省脱盐平原工程类型区，土壤含盐量较高，土质疏松，保水保肥能力较差；整治前排灌设施不健全；主要种植小麦、水稻、油菜及玉米等作物。研究区的项目建设规模达 630.27 hm^2（其中耕地占建设总面积的 58%），通过项目建设，研究区实现新增耕地 6.35 hm^2；项目总投资 1279 万元；实施期为 2006～2008 年。

1）NPP 拟合精度

研究区 1 km、250 m、30 m 分辨率 NPP 分布如图 6-3 所示。30 m 分辨率 NPP 结果在边界处受混合像元影响程度最低，且在研究区内部具有更好的空间细节信息表达能力，能一定程度上刻画出居住用地、河流与道路边界、耕地等土地类型的差异。

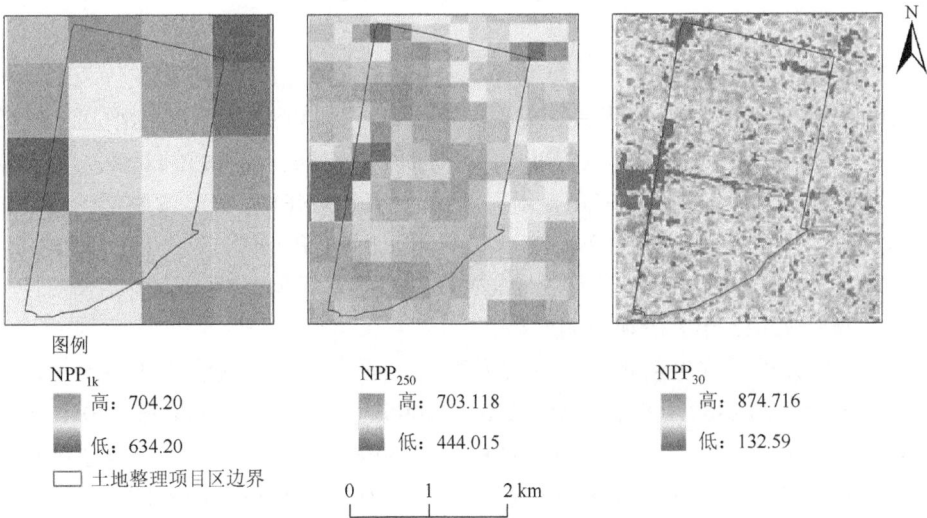

图例

NPP$_{1k}$
- 高：704.20
- 低：634.20
- ▢ 土地整理项目区边界

NPP$_{250}$
- 高：703.118
- 低：444.015

NPP$_{30}$
- 高：874.716
- 低：132.59

0　　1　　2 km

图 6-3　研究区 3 种不同分辨率 NPP 分布

通过将 3 种分辨率 NPP 与时间进行拟合，得到 3 条拟合曲线，如图 6-4 所示。

1 km 分辨率 NPP 虽然在拟合精度上最为显著，但在变化趋势上却表现出先升后降的倒 U 形，这不符合基本农田建设对产能的影响特征。而 250 m NPP 和进行数据融合后的 30 m NPP 在所拟合的曲线上形态相似，趋势更贴近基本农田建设实际变化过程。结果表明，基于 MODIS 影像与 Landsat 数据融合的 30 m 空间分辨率 NPP 模拟结果可较为有效地反映研究区耕地时空动态信息。

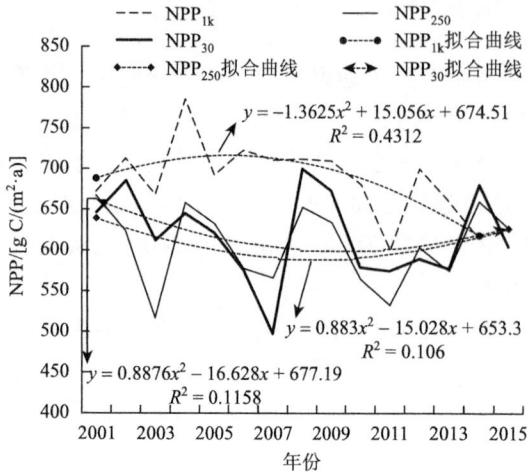

图 6-4　3 种不同分辨率多年 NPP 模拟值

2）耕地产能变化

以项目区边界外 1 km 范围生成缓冲区，以缓冲区内耕地作为对照区，计算 30 m 空间分辨率下缓冲区耕地 NPP（NPP_{HG30}）并与项目区 NPP（NPP_{G30}）比较（图 6-5）。结果显示，2001～2015 年，项目区 NPP（NPP_{G30}）有较明显的波动过程，波动范围为 519.87～728.29 gC/(m^2·a)。项目区 NPP 与缓冲区 NPP（NPP_{HG30}）随时间变化的差异在整治前一阶段（2001～2008 年）表现不明显，而在整治后一阶段（2009～2015 年）表现较为明显。

进一步分析研究区耕地产能的提升特征。研究区耕地产能变化特征可以分为 3 个阶段（图 6-6）：整治前期（2001～2005 年）、扰动期（2006～2010 年）和整治后期（2011～2015 年）。用 NPP_{G30} 与 NPP_{HG30} 的差值（D）、差值绝对值的多年平均与缓冲区耕地 NPP 的比值（R）、扰动期与整治前期 R 的差值（D_r）、整治后期与整治前期 R 的差值（D_h）来综合表征基本农田建设对耕地产能提升的影响。

在项目区建设前期，D 多为较小的正值[1.44～4.74 gC/(m^2·a)]，R 为 0.57%；在扰动期期，D 多为负值[−6.65～17.43 gC/(m^2·a)]，R 为−1.68%；在整治后期，D

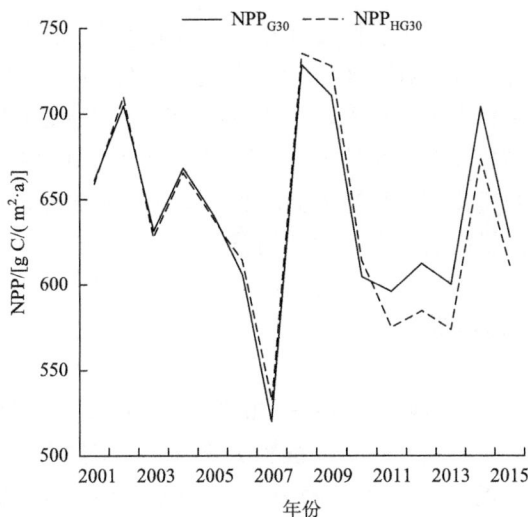

图 6-5　研究区与缓冲区耕地 NPP 年际变化

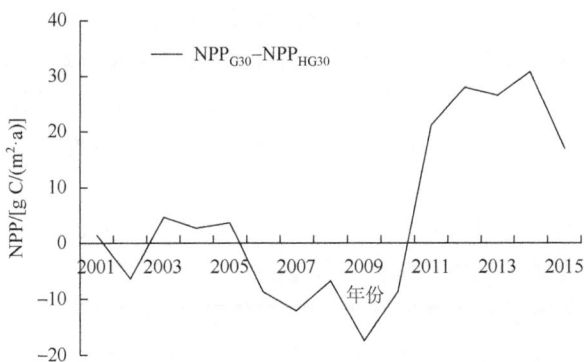

图 6-6　基本农田建设带来的耕地产能变化

为整治前期[16.94～30.69 gC/(m²·a)]数倍，R 为 4.08%。在整治前期、扰动期及整治后期，各时期内年际间 D 值均存在不同程度的波动，研究区与缓冲区作物生产条件、管理差异等可能是造成这一结果的原因；扰动期平均 D 值低于建设前期，可能是因为基本农田建设短期内引起的土壤结构和层序破坏；建设后期平均 D 值远大于前两个阶段，原因可能是土壤经过恢复后，耕地质量得到改善。总体来看，基本农田建设在短期内使产能变化呈现先减（D_r 为−2.25%）后增（D_h 为 3.51%）的变化趋势。

研究结果表明，采用融合数据和光能利用率模型估算的长时间序列、高时空分辨率 NPP，可有效监测基本农田建设区耕地产能动态变化。相较于 250 m、1 km分辨率 NPP，融合后的 30 m NPP 能更好地反映建设区地物细节且在生长季表现更为明显，其变化趋势更贴近实际变化过程，有助于像元内耕地产能的时间变异性表达。通过比较研究区与对照区 NPP 年际变化过程，研究发现，耕地产能的年际波动与对照区在总体上保持一致，这表明高标准农田建设并非耕地产能年际波动的决定性因素。与建设前一阶段相比，研究区内整治后一阶段的耕地产能与对照区耕地产能随时间变化的差异更为显著且高于对照区 NPP，这说明高标准农田建设确实对建设区内耕地的高产、稳产均发挥了积极影响。

6.3.2　农田生态质量评价

《全国高标准农田建设规划（2021—2030 年）》明确提出了将绿色发展理念贯穿于高标准农田建设全过程，切实加强水土资源集约节约利用和生态环境保护，强化耕地质量保护与提升，防止土壤污染，实现农业生产与生态保护相协调，提升农业可持续发展能力的主要目标和重要任务，着力推进高标准农田建设。建设区作为建设活动的直接作用对象和效益显化载体，对其进行生态环境质量的持续监测和动态评估，对改善局地生态环境、保证耕地质量、改善农业生产条件，乃至区域可持续发展具有重要意义。高标准农田建设区生态环境质量具有内涵丰富、表现多源、机制复杂、尺度差异等特点（孙东琪等，2012），对其进行监测评价在研究尺度的针对性、数据来源的客观性、评价指标的有效性、监测评价的过程性等方面还有待提升。

随着遥感技术应用的深入，生态环境评价方法也在不断改进。徐涵秋（2013）参照已有生态环境评价技术规划提出了遥感生态指数（remote sensing ecological index，RSEI），实现了利用遥感数据对区域生态环境的快速监测。据此本研究基于多源遥感数据，选取典型高标准农田建设项目，以建设前、中、后为研究时段，采用 Landsat-5 TM 和 Landsat-8 OLI/TIRS 影像数据，结合基础地理数据及项目建设资料，耦合湿度、绿度、热度和干度指标，运用主成分分析法构建 RSEI 模型，以实现对项目区生态环境质量时空变化的监测评估。

1. 生态质量评价研究思路

高标准农田建设过程是对土地资源及其利用方式的再组织和再优化过程。基于不同整治阶段，各项工程建设内容（土地平整工程、灌溉与排水工程、田间道路工程、生态防护工程和其他工程）及其进度、土地利用方式、土地管理方式等的综合作用对项目区生态环境产生诸多直接或间接、有利或有害的影响（王军和钟莉娜，2017）。受到直接影响的生态环境要素主要包括土壤、水、生物等。就建设过程而言，实施期内，工程建设的扰动对项目区生态环境的影响较为显著；工程建设结束后，土壤性质、生产能力和环境修复需要一定的恢复期，有研究认为这一过程一般需要 3～5 a（郭贝贝等，2015）；在经历一定阶段的恢复后，项目区的农业生产能力和生态环境质量一般会有一定程度的提升（洪长桥等，2017）。

土地整治引起的生态环境要素响应，具体可通过湿度、绿度、热度、干度等指标予以反映（徐涵秋，2013）。其中，土壤水分、水资源配置等引起湿度变化；植被类型及与植物生长密切相关的土壤肥力、水环境质量等引起绿度变化；土壤温度、地表覆被等引起热度变化；土壤质地、土壤温度、土地退化或非农建设活动等引起干度变化。在技术实现中，可利用专题信息增强技术来从遥感影像中提取相关指标的表征信息，如采用缨帽变换的湿度分量、植被指数和地表温度分别代表湿度、绿度和热度；建筑物是人工生态系统的重要组成部分，建筑不透水面取代原有自然生态系统，导致了地表的"干化"，因此利用建筑（裸土）指数代表"干度"。本研究应用耦合上述指标的 RSEI 模型进行高标准农田建设区生态环境质量监测评估，其中，湿度、绿度、热度和干度分别用湿度分量、归一化植被指数、地表温度及干度指数表征。

2. 生态质量评价技术方案

1）湿度指标

湿度分量（WET）可反映地表水体、土壤和植被的湿度状况。参考 Crist（1985）和 Baig 等（2014）的研究，基于 TM 和 OLI 数据进行 WET 提取，计算方法如下：

$$\text{WET}_{(\text{TM})} = 0.0315\rho_{\text{blue}} + 0.2021\rho_{\text{green}} + 0.3102\rho_{\text{red}} + 0.1594\rho_{\text{NIR}} \\ - 0.6806\rho_{\text{SWIR1}} - 0.6109\rho_{\text{SWIR2}} \tag{6-11}$$

$$\text{WET}_{(\text{OLI})} = 0.1511\rho_{\text{blue}} + 0.1972\rho_{\text{green}} + 0.3283\rho_{\text{red}} + 0.3407\rho_{\text{NIR}} \\ - 0.7117\rho_{\text{SWIR1}} - 0.4559\rho_{\text{SWIR2}} \tag{6-12}$$

式中，ρ_{blue}、ρ_{green}、ρ_{red}、ρ_{NIR}、ρ_{SWIR1}、ρ_{SWIR2} 分别为 TM 影像和 OLI 影像所对应的蓝波段、绿波段、红波段、近红外波段、短波红外 1 波段和短波红外 2 波段的反射率。

2）绿度指标

归一化植被指数（NDVI）是根据植物叶面在红光波段的吸收和近红外波段的反射特性构建，反映植物生物量、叶面积指数及植被覆盖度的参数。本研究以 NDVI 表征绿度指标。

$$\text{NDVI} = \frac{\rho_{\text{NIR}} - \rho_{\text{red}}}{\rho_{\text{NIR}} + \rho_{\text{red}}} \tag{6-13}$$

式中，ρ_{NIR}、ρ_{red} 分别为各影像所对应的近红外波段和红波段的反射率。

3）热度指标

地表温度与植被的生长与分布、农作物产量、地表水资源蒸发循环等过程密切相关，是反映地表环境的重要参数。本研究以经过反演的地表温度（land surface temperature，LST）表征热度指标。具体计算步骤如下。

（1）对于 Landsat 5 的 TM6 波段，利用热红外波段辐射定标参数将像元灰度值（digital number，DN）转换为传感器处的辐射亮度值（L_6），通过普朗克辐射函数得到包含大气影响的像元亮度温度（T_b），进而通过地表比辐射率（ε_6）转换为地表真实温度（LST）。

$$L_6 = \text{gain} \cdot \text{DN} + \text{bias} \tag{6-14}$$

$$T_b = \frac{K_2}{\ln\left(\dfrac{K_1}{L_6 + 1}\right)} \tag{6-15}$$

$$\text{LST} = \frac{T_b}{[1 + (\lambda T / \alpha)\ln \varepsilon_6]} \tag{6-16}$$

式中，gain 和 bias 分别为 TM6 波段的增益值与偏置值，分别取 0.056 和 1.238；K_1 和 K_2 为定标系数，通过影像元数据获取；中心波长 λ 取 11.48 μm，α 取 1.438×10^{-2} mK；ε_6 为基于 TM6 的地表比辐射率。

（2）对于 Landsat8 中的 2 个红外波段，选择波段 10 进行地表温度反演，在辐射定标后得到热红外波段的辐射亮度值（L_{10}），其中包含 3 个组成部分，即大气向上辐射亮度、地面的真实辐射亮度经过大气层之后到达卫星传感器的能量，以及大气向下辐射到达地面后反射的能量。卫星传感器接收到的热红外辐射亮度值的计算方法如下：

$$L_{10} = \tau_{10}[\varepsilon_{10}B_{10}(T_s) + (1 - \varepsilon_{10})I_{10}^{\downarrow}] + I_{10}^{\uparrow} \tag{6-17}$$

式中，L_{10} 为传感器处的辐射亮度值，由辐射定标获取；τ_{10} 为大气在热红外波段的透射率；ε_{10} 为地表比辐射率；T_s 为地表温度；$B_{10}(T_s)$ 为与 T_s 相同的黑体辐射亮度；$I_{10}^{\uparrow}$ 和 $I_{10}^{\downarrow}$ 分别为大气向上和向下的辐射亮度。

LST 由普朗克定律获取，计算公式如下：

$$\text{LST} = K_2 / \ln[K_1 / B_{10}(T_s) + 1] \tag{6-18}$$

式中，K_1 和 K_2 为定标系数，通过影像元数据获取。

在指标反演过程中，取水体的地表比辐射率为 0.995；地表比辐射率 ε_6 和 ε_{10} 通过 Sobrino 提出的 NDVI 阈值法获取。τ_{10}、$I_{10}^{\uparrow}$ 和 $I_{10}^{\downarrow}$ 参数，参考中纬度夏季标准大气剖面，依据影像成像时间集合中心经纬度，采用插值大气剖面的方法获取。

4）干度指标

应用建筑指数（index-based built-up index，IBI）和裸土指数（soil index，SI）合成干度指标，记为干度指数（normalized difference built-up and soil index，NDBSI）。

$$\text{NDBSI} = (\text{SI} + \text{IBI}) / 2 \tag{6-19}$$

$$SI = [(\rho_{SWIR1} + \rho_{red}) - (\rho_{blue} + \rho_{NIR})] / [(\rho_{SWIR1} + \rho_{red}) + (\rho_{blue} + \rho_{NIR})]$$

$$
\begin{aligned}
IBI = \{ & 2\rho_{SWIR1} / (\rho_{SWIR1} + \rho_{NIR}) - [\rho_{NIR} / (\rho_{NIR} + \rho_{red}) \\
& + \rho_{green} / (\rho_{green} + \rho_{SWIR1})] \} / \{ 2\rho_{SWIR1} / (\rho_{SWIR1} + \rho_{NIR}) \quad (6\text{-}20) \\
& + [\rho_{NIR} / (\rho_{NIR} + \rho_{red}) + \rho_{green} / (\rho_{green} + \rho_{SWIR1})] \}
\end{aligned}
$$

式中，ρ_{blue}、ρ_{green}、ρ_{red}、ρ_{NIR}、ρ_{SWIR1} 分别表示 TM 影像和 OLI 影像所对应的蓝波段、绿波段、红波段、近红外波段、短波红外 1 波段的反射率。

5）RSEI 综合指数

在对湿度、绿度、干度、热度分别度量后，采用主成分分析法对指标进行集成，构建初始遥感生态指数（$RSEI_0$）。

$$RSEI = (RSEI_0 - RSEI_{0\_min}) / (RSEI_{0\_max} - RSEI_{0\_min}) \quad (6\text{-}21)$$

式中，RSEI 为遥感生态指数，其值范围为[0, 1]，越接近 1 代表生态环境质量越好；$RSEI_{0\_max}$ 与 $RSEI_{0\_min}$ 分别为初始遥感生态指数的最大值与最小值。

3. 生态质量评价应用成果

本研究选取长江中下游某高标准农田建设项目作为研究案例。项目区属中亚热带向北亚热带过渡的季风湿润气候，日照充足，冬冷夏热，四季分明；多年均气温16.8℃，年降水量 1340 mm，全年无霜期约 281 d；项目区地势开阔平坦，平均高程 25 m。项目区农业生产以粮食作物为主，主要种植双季水稻；另有一些经济作物，主要为棉花、油菜。项目建设规模 2867.66 hm²，总投资 8541.78 万元，实施期为 2011～2013 年。实现新增耕地 217.45 hm²，共完成土地平整工程 309.80 hm²，开挖土方 31.18 万 m³。通过项目实施，完善了项目区内的灌排设施，提升了基础设施配套水平，完善了田间道路系统，促进农业生产由传统种植方式向多产业融合发展，实现了农业增效和农民增收。

1）RSEI 模型构建与检验

将标准化后的各期湿度、绿度、热度、干度指标进行波段合成，并对合成后的新图像进行 PCA 变换，得到主成分分析的结果（表 6-7）。结果显示：①3 个阶段各指标的第一主成分的贡献率分别为 62.99%、72.70% 和 66.89%，表明第一主成分集中了 4 项指标的大部分特征；②在第一主成分中，湿度指标（WET）和绿度指标（NDVI）为正值，表明二者对生态环境质量具有促进作用；热度指标（LST）和干度指标（NDBSI）为负值，说明这两项指标对生态环境质量具有负面影响；3 个阶段中干度指标的绝对值系数均最大，说明其对项目区生态环境质量的影响最大；③其他主成分指标的符号和大小均不稳定，结果解释力度较弱，故仅使用第一主成分进行模型构建。

表 6-7　主成分分析结果

阶段	指标	PC1	PC2	PC3	PC4
整治前	WET	0.258	−0.742	0.307	0.538
	NDVI	0.365	0.608	−0.068	0.702
	LST	−0.430	0.264	0.860	0.079
	NDBSI	−0.785	−0.106	−0.402	0.460
	特征值	0.094	0.035	0.018	0.002
	特征值贡献率%	62.99	23.59	13.21	1.17
整治中	WET	0.5872	0.0157	0.5828	0.5615
	NDVI	0.2435	−0.5406	−0.666	0.4521
	LST	−0.458	−0.7591	−0.462	0.0202
	NDBSI	−0.622	0.3623	−0.051	0.693
	特征值	0.116	0.027	0.015	0.001
	特征值贡献率%	72.70	16.93	9.48	0.88
整治后	WET	0.520	0.257	0.545	0.606
	NDVI	0.264	−0.695	−0.462	0.484
	LST	−0.440	−0.595	0.672	0.026
	NDBSI	−0.683	0.311	−0.197	0.631
	特征值	0.098	0.030	0.016	0.002
	特征值贡献率%	66.89	20.59	11.26	1.26

注：WET、NDVI、LST、NDBSI 分别指湿度、绿度、热度、干度指标；PC1、PC2、PC3、PC4 分别指第一、第二、第三、第四主成分。

采用相关系数检验模型的适用性，结果如表 6-8 所示。相关系数值越接近 1，表明 RSEI 的综合代表程度越高，模型的适宜性越强。指标间相关度最高的是 NDBSI，3 个阶段的均值为 0.788；其后依次为 WET、LST 和 NDVI，各阶段的均值分别为 0.737、0.699 和 0.670；而 RSEI 与 4 项指标各年的相关系数均大于 0.8，表明 RSEI 指标较单一指标更具代表性。

表 6-8　分项指标与 RSEI 的相关性统计表

阶段	指标	WET	NDVI	LST	NDBSI	RSEI
整治前	WET	1.000	0.720	−0.635	−0.838	0.838
	NDVI	0.720	1.000	−0.542	−0.760	0.852
	LST	−0.635	−0.542	1.000	0.869	−0.832
	NDBSI	−0.838	−0.760	0.869	1.000	−0.941
	平均相关度	0.731	0.674	0.682	0.822	0.821

续表

阶段	指标	WET	NDVI	LST	NDBSI	RSEI
整治中	WET	1.000	0.736	−0.683	−0.798	0.792
	NDVI	0.736	1.000	−0.718	−0.569	0.907
	LST	−0.683	−0.569	1.000	0.836	−0.825
	NDBSI	−0.798	−0.718	0.836	1.000	−0.925
	平均相关度	0.739	0.674	0.746	0.734	0.816
整治后	WET	1.000	0.698	−0.676	−0.848	0.838
	NDVI	0.698	1.000	−0.520	−0.765	0.833
	LST	−0.676	−0.520	1.000	0.808	−0.929
	NDBSI	−0.848	−0.765	0.808	1.000	−0.952
	平均相关度	0.741	0.661	0.668	0.807	0.851
	相关度3年均值	0.737	0.670	0.699	0.788	0.829

2）项目区生态环境总体评价

基于整治前、中、后 3 个阶段的项目区生态环境质量各分量指标及 RSEI 均值变化见图 6-7 以及表 6-9。结果显示：①整治前、中、后期，湿度指标持续增加；绿度指标整治中略有下降，整治后有所提升；热度指标整治中增加显著，整治后有一定下降；干度指标逐年增加且整治后的变化幅度更大。②WET 与 NDVI 对 PC1 的荷载值为正值，LST 与 NDBSI 对 PC1 的荷载值为负值；整治全过程 NDBSI 对 PC1 的荷载值绝对值最大，其后依次为 WET、LST、NDVI。基于实地

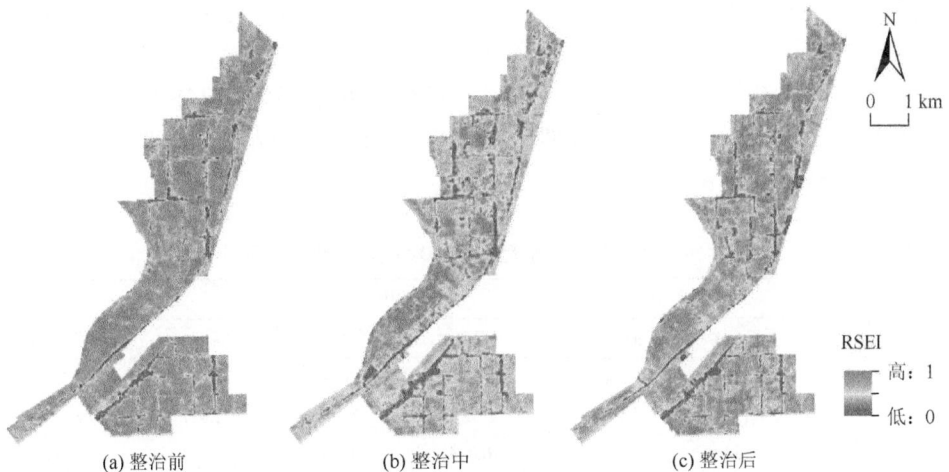

(a) 整治前　　　　　　　(b) 整治中　　　　　　　(c) 整治后

图 6-7　项目区建设前后 RSEI 分布图

调研结果，在项目区整治前、中、后，作物种植类型基本不变，但产量发生一定变化，整治后项目区灌溉保证率得到提高，农业生产稳定性有所增强；新建或改建道路、沟渠、桥涵、泵站等基础设施增加了一定的不透水区面积；现场调研情况印证了 NDVI、WET、LST、NDBSI 等指标的变化。

表 6-9　4 个指标和遥感生态指数 RSEI 的均值变化

阶段	项目	WET	NDVI	LST	NDBSI	RSEI
整治前	均值	0.359	0.819	0.350	0.358	0.652
	对 PC1 的荷载值	0.258	0.365	−0.430	−0.785	
整治中	均值	0.511	0.814	0.493	0.418	0.572
	对 PC1 的荷载值	0.587	0.244	−0.458	−0.622	
整治后	均值	0.577	0.833	0.475	0.447	0.605
	对 PC1 的荷载值	0.520	0.264	−0.440	−0.683	

同时根据 RSEI 的表征含义，从图 6-7 中可以看出，整治前，项目区整体生态环境质量相对最好；整治中，项目区生态环境质量相对差；整治后，项目区生态环境质量相对处于中等。总体上，RSEI 总均值呈"先下降-后上升-整体下降"的态势。

为更好地分析 RSEI 的代表性，进一步对 RSEI 进行定量分级与可视化分析，以 0.2 为间隔，从小到大划分为 5 个等级，分别为差、较差、中等、良、优，各等级所占面积及比例的统计结果如表 6-10 所示。结果表明，整治前项目区 RSEI 等级主要为优和良，相应占比分别为 38.94%、39.79%；整治中 RSEI 等级主要为中等，占比为 43.00%；整治后，RSEI 主要等级为良，占比为 45.07%。项目区整治前、中、后 RSEI 等级在良及以上的区域分别为 78.73%、39.55% 和 63.29%，处在中等及以下的区域占比分别为 21.27%、60.45% 和 36.71%。总体上，RSEI 优良等级从整治前到整治中降低 39.18%，从整治中到整治后提升 23.74%，从整治前到整治后降低 15.44%。

表 6-10　项目区整治前后生态环境质量等级面积和比例

RSEI 等级	整治前		整治中		整治后	
	面积/km²	百分比/%	面积/km²	百分比/%	面积/km²	百分比/%
差	0.817	3.48	1.405	5.99	1.265	5.39
较差	1.319	5.62	2.691	11.46	1.812	7.72
中等	2.858	12.17	10.094	43.00	5.541	23.60
良	9.341	39.79	7.139	30.41	10.579	45.07
优	9.140	38.94	2.146	9.14	4.278	18.22

3）项目区生态环境质量变化监测

基于整治期（整治前—整治中）、恢复期（整治中—整治后）和全过程（整治前—整治后）三个阶段，对 RSEI 的 5 个等级（差、较差、中等、良、优）进行等级差值划分，根据各等级向其他等级的变化，分为–4 级到 4 级，共归为 3 个级差类和 9 个级差。①级差类：包括变差、不变、变好三类；所有负值级差归为"变差"，0 值级差归为"不变"，所有正值级差归为"变好"。②级差：等级范围[–4, 4]；每相邻两个等级的变化幅度为 1 级（依次类推），负值为高级向低级变化，生态环境质量变差，0 值表征生态环境质量保持不变，正值表征生态环境质量变好。结果如图 6-8 和表 6-11 所示。

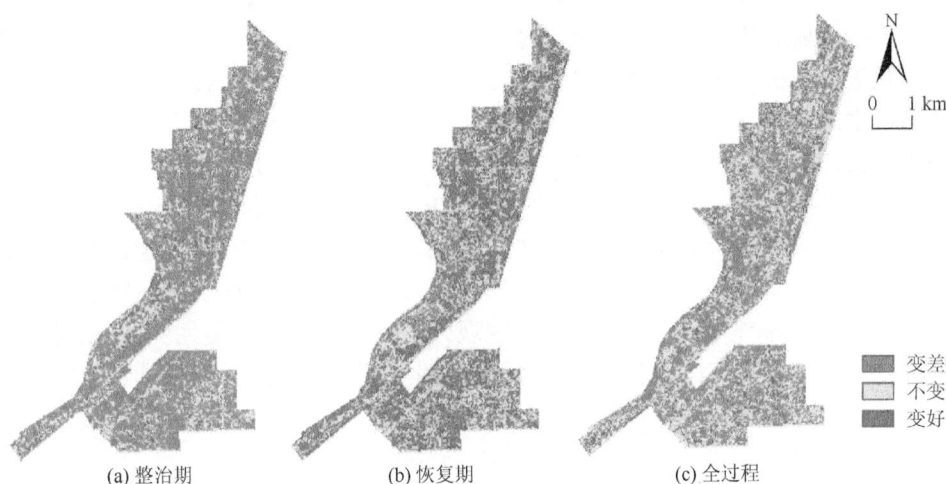

(a) 整治期　　　　　　　　(b) 恢复期　　　　　　　　(c) 全过程

图 6-8　项目区建设前后 RSEI 变化

表 6-11　项目区整治前后生态环境质量等级变化监测

级差类	级差	整治期				恢复期				全过程			
		级面积/km²	级比例/%	类面积/km²	类比例/%	级面积/km²	级比例/%	类面积/km²	类比例/%	级面积/km²	级比例/%	类面积/km²	类比例/%
变差	–4	0.100	0.43			0.018	0.08			0.031	0.13		
	–3	0.615	2.62	14.667	62.48	0.088	0.38	3.635	15.49	0.271	1.16	9.987	42.55
	–2	4.225	18.00			0.519	2.21			1.787	7.61		
	–1	9.728	41.44			3.010	12.82			7.898	33.65		
不变	0	6.994	29.79	6.994	29.80	9.419	40.12	9.419	40.12	10.858	46.25	10.858	46.25
变好	1	1.619	6.90			7.989	34.03			2.396	10.21		
	2	0.172	0.73	1.813	7.72	2.079	8.86	10.420	44.39	0.214	0.91	2.629	11.20
	3	0.019	0.08			0.306	1.30			0.018	0.08		
	4	0.003	0.01			0.046	0.20			0.001	0		

结果表明，①级差类变化情况：在整治期，项目区整体 RSEI 表征"变差"比例最高，62.48%，其后依次为"不变"和"变好"；在恢复期，项目区整体 RSEI 表征"变好"比例最高，达 44.39%，其后依次为"不变"和"变差"；在全过程中，项目区整体 RSEI 表征"不变"比例最高，达 46.25%，其后依次为"变差"和"变好"。②级差变化情况：按细分级差比较，在各个阶段，大部分等级变化集中在 –1 级、–2 级、0 级和 1 级。在全过程中，0 级占比最高；同时，分别有 33.65%和 7.61%的区域降低 1 个等级和 2 个等级，相应分别仅有 10.21%和 0.91%的区域提升 1 个等级和 2 个等级，正负向等级变化程度较为不均衡。

为在项目区尺度实现科学合理、客观直接、长期全面的农田生态环境质量监测评估，本研究基于多源遥感数据，尝试应用 RSEI，选取高标准农田建设区为案例，以整治前后共 6 年为研究期，对项目区尺度下的土地整治全过程生态环境质量变化进行分析。研究结果表明：①对该项目所在区域而言，湿度和绿度指标对项目区生态环境质量起正向作用，而热度和干度指标起负向作用且干度指标影响最大；②在整治前、中、后阶段，RSEI 优良区域占比分别为 78.73%、39.55%和 63.29%；在整治期、恢复期、全过程阶段，RSEI 主要变化状态为变差、变好、不变，相应比例分别为 62.48%、44.39%、46.25%；在整个研究期，RSEI 变差、不变和变好的比例分别为 42.55%、46.25%和 11.20%；③项目区生态环境质量呈现"先下降-后上升-整体下降"的态势，表现为"整治期变差-恢复期变好-全过程变差"的总体特征，高标准农田建设对项目区生态环境的扰动具有持续性，区域生态环境恢复与改善存在滞后期，在项目竣工 5 年后该项目区的生态环境质量水平仍低于整治前。

高标准农田建设、设施利用及农业生产，伴随着地表土地利用重构，直接或间接影响土壤理化性质、地表湿热状态、地表覆被变化，从而引起项目区湿度、绿度、热度、干度等指标不同程度的响应变化，进而对区域生态环境质量产生持续性影响，并在整治前后不同阶段呈现出一定的时空变化规律。具体而言：在时间上，建设期间，工程建设对土壤理化性质、地表覆被等造成阶段性负面影响，生态环境质量明显下降；恢复期间，得益于工程设施利用，区内灌溉保证率、作物长势等得以改善与提升，生态环境质量有所恢复。总体上，项目区生态环境质量先下降后上升，但恢复后的生态环境质量水平低于整治前，主要由于建后投入生产的道路、沟渠等不透水面区域占地面积较整治前有一定的增加。在空间上，基于研究结果、无人机影像识别及现场调研的印证，各阶段生态环境质量较差的区域主要分布在设施区与村庄区，生态环境质量变化较大的区域则主要分布在设施区与农田区，由此反映出工程实施及不透水面对项目区生态环境质量的负面影响较为显著，设施利用及农业生产对项目区生态环境质量的正向作用较为显著。

依据前述分析，高标准农田建设理念与技术是影响项目区生态环境质量的关键因素，因此需要理念提升与技术升级以实现建设的生态化转型。例如，将生态理念贯穿项目规划设计、工程实施、后期管护等环节；应用环境友好型田间砂石路面添加剂、软体护坡材料、重金属钝化剂、保水保肥剂等新兴环保型材料；进行生态沟渠设计与建设，采用生态衬砌方式代替传统预制板衬砌；进行生态化道路设计与建设，采用泥结石路面，在路面与路基之间埋种草籽，代替传统的砂砾石路面等。

6.3.3　基础设施质量评价

高标准农田建设的基础设施，直接服务于农民的生产生活，是实现农用地高产稳产、旱涝保收的重要保障，在农村社会经济发展中发挥着不可或缺的基础性作用。当前高标准农田建设项目竣工验收后主要采取整体移交方式，所建基础设施一般交由基层政府进行管理，但由于缺乏专项资金支持，部分基础设施管护责任不落实、管护措施不到位，出现路面损坏、沟渠淤积等问题，一定程度上影响了建设效益的持续发挥。因此，通过科学方法对建设项目基础设施建后利用进行实时、动态监测，对提升建设项目建后管理水平，促进基本农田建设成效持续发挥等都具有重要意义。

随着从大尺度到小尺度、从低精度向高精度的方向发展，遥感监测技术逐渐成为土地监测的重要组成部分。有效的基础设施监测不仅涉及建设任务和工程数量，还需了解工程质量和实际利用情况，而现阶段卫星影像的分辨率及纹理特征尚难以实现这一目标。因此，寻求一种可靠且高效的技术手段来提高基础设施监测的效率和精度是当前建设监管中亟待解决的现实问题。已有研究主要是对基本农田建设项目区内的现状地物如田间道路、沟渠等进行识别提取，但除目视解译外，已有研究方法对数据源的格式及精度均有较高限制。

近年来，无人机遥感平台具有运载便利、灵活性高、作业周期短，影像数据分辨率高等优势，在表达地物几何纹理、拓扑关系等特征方面更为细致，可提供丰富的空间结构和细节信息，在关键地物提取、自然灾害监测、水土保持监测等方面取得了广泛的应用。因此本研究针对土地整治基础设施遥感监测难以自动识别监测地物细部利用状态等问题，利用无人机遥感对项目建设区基础设施使用状况进行分类识别，以期获得实时、高效的监测结果，为土地管理部门和业务单位对高标准农田监测监管提供技术支持和数据支撑。

1. 研究思路

本研究对高标准农田建设项目基础设施使用状态的识别包括数据预处理、地物提取、特征分类和精度评价 4 个部分。首先，使用大疆无人机平台航拍影像并拼接；其次，使用 ArcGIS 10.2 进行关键地物提取；再次，基于词袋（bag of words，BoW）模型进行图像特征分类，并将样本特征库导入支持向量机（support vector machine，SVM）分类器进行训练；最后，对分类结果进行精度评价。总体技术框架如图 6-9 所示。

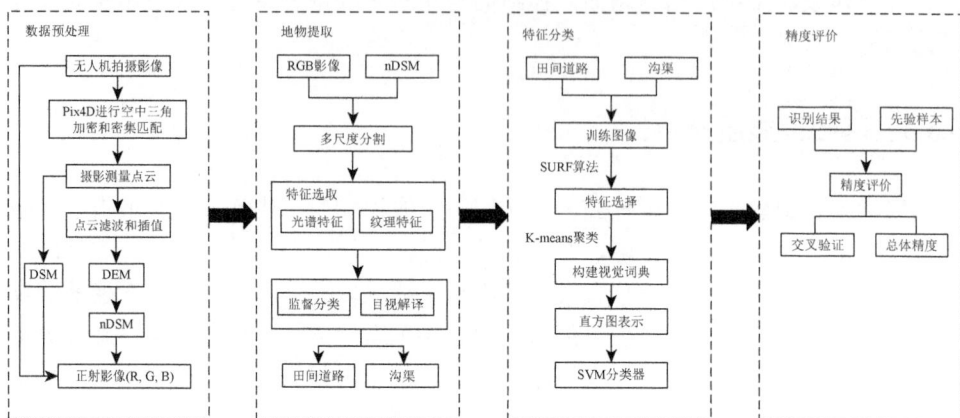

图 6-9　总体技术框架

判断地物特征的关键在于图像特征描述。虽然人工目视解译能够较为准确地对影像信息进行抽象，但存在工作量大、效率低、主观性强等缺陷。本研究基于影像的局部纹理特征，采用 BoW 模型进行特征抽象。BoW 模型最早用于文档识别与分类，近年来被广泛应用于图像目标分类与场景分类，其优点在于既可保存图像的局部特征，也能有效压缩图像描述。该模型首先获取影像的特征向量，通过聚类算法建立视觉词汇表，然后将图像解析为视觉单词，最后利用得到的影像视觉单词直方图来训练分类器。BoW 图像表达一般包含三部分内容，即特征提取、视觉词典构造和分类器训练。其中特征提取主要是为了表示图像，从给定的图像中提取全局或局部特征；视觉词典构造主要对提取的图像特征进行聚类，以聚类中心作为视觉单词，将所有聚类中心进行集合，从而构造视觉词典；分类器训练用于全部图像的分类与识别。本研究在特征提取阶段采用加速鲁棒性（speeded-up robust features，SURF）算法；在视觉词典构造阶段使用 K-means 聚类算法；在图像分类中使用 SVM 分类器。

根据《高标准农田建设通则》，高标准农田建设包括土地平整等面状工程，灌排沟渠、田间道路、防护林网等线状工程，以及机耕桥、泵站、闸门等点状工程。受航拍影像光谱及纹理特征的影响，线状工程由于具有灰度均一、排列有序、纹理特征明显等特点，其利用状况在遥感影像上易于识别。当线状工程出现损坏或出现堆积物，会引起地表粗糙度和反射率发生变化，从而改变影像中的灰度均一性及纹理结构。同时，单个像元对应的地面面积越小，地物轮廓特征也越清晰。考虑到本研究航拍照片精度（0.1～0.2 m），目视解译能识别的损坏一般大于 10 个像元，因此初步选择识别的整治工程线状地物宽度大于 2 m。

2. 技术方案

1）遥感图像特征提取

图像特征分为全局特征和局部特征，由于全局特征无法描述图像局部纹理，本研究基于图像局部纹理特征对典型地物进行特征提取。考虑到研究区影像图像拼接所导致的潜在形变及日照影响，使用 SURF 算法对图像特征进行识别。该方法通过对原影像求积分，使用 Harr 小波求导代替高斯滤波，并采用 Hesse 矩阵增加特征点的健壮性。通过该方法，图像在发生旋转、缩放和光照变化等情况下都具有较好的稳定性。具体实现过程如下。

（1）原始影像处理：将原影像的灰度值累加得到积分影像，提高获取特征点的速度。

（2）检测极值点：通过高斯卷积对影像进行平滑处理，再进行差分运算，对于非连续的影响空间点 $X(x, y)$ 和尺度参数 σ，Hesse 矩阵可写为

$$H(X, \sigma) = \begin{bmatrix} D_{xx}(X, \sigma) & D_{xy}(X, \sigma) \\ D_{yx}(X, \sigma) & D_{yy}(X, \sigma) \end{bmatrix} \tag{6-22}$$

$$D_{xx}(X, \sigma) = \frac{\partial^2 g(\sigma)}{\partial x^2} \tag{6-23}$$

式中，$D_{xx}(X, \sigma)$ 为高斯滤波二级导数 $\partial^2 g(\sigma)/\partial x^2$ 同图像卷积的结果；$g(\sigma)$ 为高斯-拉普拉斯变换算子中的高斯扩展函数；$D_{xy}(X, \sigma)$、$D_{yx}(X, \sigma)$、$D_{yy}(X, \sigma)$ 的含义与 $D_{xx}(X, \sigma)$ 类似。

（3）确定主方向：为保证 SURF 特征的旋转不变性，以特征点为圆心，在一定区域内对 $\pi/6$ 扇形区域内所有点在水平和垂直方向的 Haar 小波响应值进行累加，最大的 Harr 响应累加值即为该特征点对应的主方向。

（4）特征点匹配：首先将一幅影像中的一个特征点作为目标点，在另一幅影像中让每个特征点与之进行匹配，当某个特征点与目标点的特征向量之间距离小于某个阈值时则判断此点为同名特征点。本研究使用欧氏距离法，公式如下：

$$\text{Dist} = \sum_{i=1}^{N} (X_{i1} - X_{i2})^2 \tag{6-24}$$

统计另外一幅影像中所有特征点与目标点的距离，获得最短的 2 个距离 Dist1 和 Dist2，计算它们之间的比率：

$$\rho = \frac{\text{Dist1}}{\text{Dist2}} \tag{6-25}$$

如果比率小于设定的阈值，则判断该两点为同名点。

2）视觉词典构造

图像视觉词典即对图像局部特征进行聚类的构造过程。聚类得到的聚类中心即为视觉单词，所有视觉单词的集合构成图像的视觉词典，并对后续图像产生影响。从易于实现的角度，本研究选择 K-means 聚类算法。其表达式如下

$$\min \sum_{t=1}^{K} \sum_{x \in C_i} \text{dist}(C_i, x_j)^2 \qquad (6\text{-}26)$$

式中，K 为聚类中心数；C_i 为聚类中心，$i = 1, \cdots, K$；x_j 为聚类对象。

K-means 聚类主要分为以下 4 个步骤：①随机给出 K 个聚类中心作为待聚类点的聚类中心；②计算待聚类点与每个聚类中心的距离，然后将待聚类点划入与其距离最近的聚类；③计算每个聚类中心内全部点的坐标平均值，并将该平均值作为新的聚类中心；④重复步骤②与③，直到结果收敛。

3）SVM 图像分类

在提取图像的视觉特征的基础上，采用 SVM 分类器进行样本分类。SVM 属于监督型机器学习算法，在小样本、非线性情况下，具有更快的学习速度和精度，广泛应用于高分遥感影像分类中。SVM 的核心思想是通过在原空间或经过投影后的高维空间中构造最优分类超平面，在保证分类的情况下，使得两类的分类空白区域最大，通过引入核映射方法将低维空间中的非线性问题转化为高维空间的线性可分问题。应用二次规划方法求解最优决策函数为

$$f(x) = \text{sgn}\left[\sum_{i=1}^{m} a_i^* y_i k(x_i, x) + b\right] \qquad (6\text{-}27)$$

式中，a_i^* 为拉格朗日乘子；y_i 为类别标签；b 为分类阈值；$k(x_i, x)$ 为核函数。

SVM 的分类精度主要取决于核函数与参数选取，常见核函数有线性核函数、多项式核函数、径向基核函数（radial basis function，RBF）、神经网络核函数等。本研究使用 LibSVM 软件包进行 SVM 分类，基于径向基核函数采用网格划分法寻找最优参数（惩罚系数 c 与核函数半径 g），进而进行分类。

研究采用的拍摄系统为大疆精灵 4 小型无人机平台，搭载其自带相机，影像传感器为 1 英寸 CMOS，有效像素 2000 万，24 mm 光圈镜头。无人机飞行航线详细参数见表 6-12，飞行航线参见图 6-10。研究区内大部分为耕地，具有显著特征的地物较少，为保证影像匹配精度，在航线规划中增加了重叠度，航向重叠不低于 75%，侧向重叠不低于 80%。由于航拍片为单幅（面积约为 0.1 hm²）形式的栅格图片，故需对图幅进行拼接和预处理。使用 Pix4D Mapper 数字摄影测量软件进行空中三角加密，生成摄影测量点云及正射影像，使用 TerraScan 中的不规则三角网加密滤波方法进行点云滤波。在 ENVI 5.3 中对影像进行正射校正，经配准后得到研究区影像。为保障影像精度及对地物辨识的有效性作进一步验证，对重点

研究区域进行了补充拍摄和倾斜拍摄，以进一步探讨不同影像空间分辨率与线状工程宽度对分类结果的影响。其中由航线 1 所得到的影像空间分辨率为 0.2 m，拍摄面积为 25 hm^2；航线 2a 所获取的影像空间分辨率为 0.07 m，拍摄面积为 15 hm^2；航线 2b 所获取的影像空间分辨率为 0.1 m，拍摄面积为 15 hm^2。

表 6-12　无人机飞行航线详细参数

飞行航线	拍摄方式	飞行绝对高度/m	航向重叠率/%	侧向重叠率/%	航线全长/km	海拔范围/m	最低点分辨率/m	照片数	相机俯仰角/(°)
航线 1	垂直拍摄	300	75	65	6.4	25～40	0.2	360	90
航线 2a	垂直拍摄	150	75	70	3.6	25～40	0.07	201	90
航线 2b	倾斜拍摄	150	80	10	3	25～40	0.1	184	35

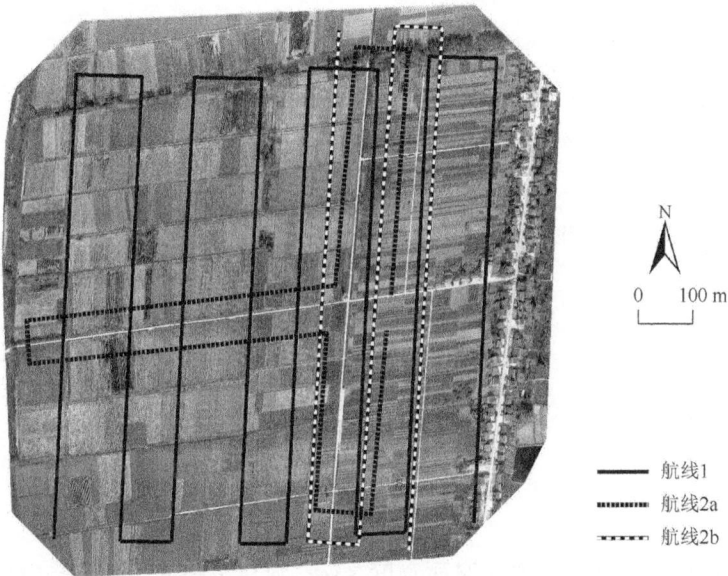

图 6-10　研究区飞行航线与影像范围

4）要素特征分类

项目竣工验收后，由于未建立明确的管护制度，也缺乏相应的管护资金，部分道路陆续出现破损、开裂、坑洼等损坏，沟渠也部分出现破损、淤塞等问题。其在影像上的光谱、纹理特征如图 6-11 所示。根据项目区实际，将项目区道路分为完好、裂缝、通行不畅和坑洼四种类型，其中，将路面完好影像特征描述为路面光洁，亮度较高，路面无阴影或斑块；路面裂缝特征为路面上有条带状不规则阴影；通行不畅特征为道路两侧不规则纹理特征过多，颜色发暗；道路坑洼特征为路面上存在团状或絮状斑块,纹理不特定。将沟渠(去除渠/沟上构筑物)分为通畅沟渠、轻度淤塞和重度淤塞三种类型,其中通畅沟渠影像特征为灌水沟渠渠道较暗,呈深绿色,两侧护坡特征明显;轻度淤塞特征为灌水沟渠内或两侧植被过多,但尚未完全覆盖水面;重度淤塞特征为灌水沟渠内或两侧植被完全覆盖水面。根据影像像元和纹理特征,构建沟渠样本特征库。考虑到分类精度,切片覆盖范围为 3 m×3 m。先验判定的影像切片即训练样本,占全部影像切片的 20%,剩余影像切片作为测试样本用于地物状态识别。

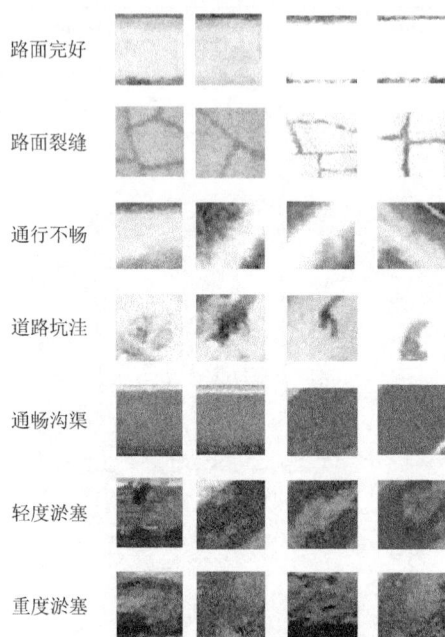

图 6-11   道路沟渠特征分类

本研究选择一级田间道(路面宽度 3 m,混凝土路面)、斗渠(底宽 1.0 m、上口宽 2.0 m、深度 1.0 m、边坡比 1∶0.5,混凝土板衬砌)和斗沟(底宽 1.6 m、上口宽 3 m、深度 1.4 m、边坡比 1∶0.5,混凝土板衬砌)作为监测对象。在 ArcGIS 10.2 中对道路、沟渠中线设置缓冲区,沿缓冲区对影像进行裁剪,利用"Create Fishnet"工具生成相应的矢量网格并编号,在 MATLAB 2017 中根据网格大小进行影像切片,切片名称与生成的道路、沟渠网格编号一致,所得到的影像库即为待判断的样本总体。

3. 应用成果

本研究选取某高标准农田建设项目作为研究案例。项目区属中亚热带向北亚热带过渡的季风湿润气候，日照充足，冬冷夏热，四季分明；多年均气温 16.8℃，年降水量 1340 mm，全年无霜期约 281 d；项目区地势开阔平坦，树木遮蔽少，平均高程 25 m，地面坡度小于 2°。项目区农业生产以粮食作物为主，主要种植双季水稻。项目建设规模 2867.66 hm²，总投资 8541.78 万元，实施期为 2011～2013 年。项目共涉及 12 个行政村，实现新增耕地 217.45 hm²，共完成土地平整工程 309.80 hm²，开挖土方 31.18 万 m³；新修、整修灌溉渠道、排水沟及灌排两用渠道 264.23 km，管涵 4548 座，蓄水池 180 座，新修泵站 180 座，机耕桥 60 座，输电线路 1.41 km；整修、新修田间道 297.44 km，生产路 173.81 km。通过项目实施，完善了项目区内的灌排设施，提升了基础设施配套水平，完善了田间道路系统，促进了农业生产由传统种植方式向多产业融合发展。

1）分类结果

道路使用状态的分类结果如图 6-12（a）所示。分类道路总长 3060 m（航线 1），其中，完好道路 2370 m，占分类道路总长度的 77.45%；有裂缝道路 173 m，占比 5.65%；通行不畅道路 194 m，占比 6.34%；坑洼道路 323 m，占比 10.56%。结果显示，研究区田间道建成后，面临的主要问题是通行不畅和道路坑洼。在空间分布上，路面裂缝主要发生在与项目区外道路联通或村庄通往田块的道路上；通行不畅主要分布在靠近下田坡道的部分，主要表现为路面泥土或杂物过多；坑洼道路主要分布在道路交叉口或与便桥、涵洞的交会处。

沟渠使用状态的分类结果如图 6-12（c）所示。分类沟渠总长 1779 m（航线 1），其中，通畅沟渠 1303 m，占分类沟渠总长的 73.24%；轻度淤塞沟渠 333 m，

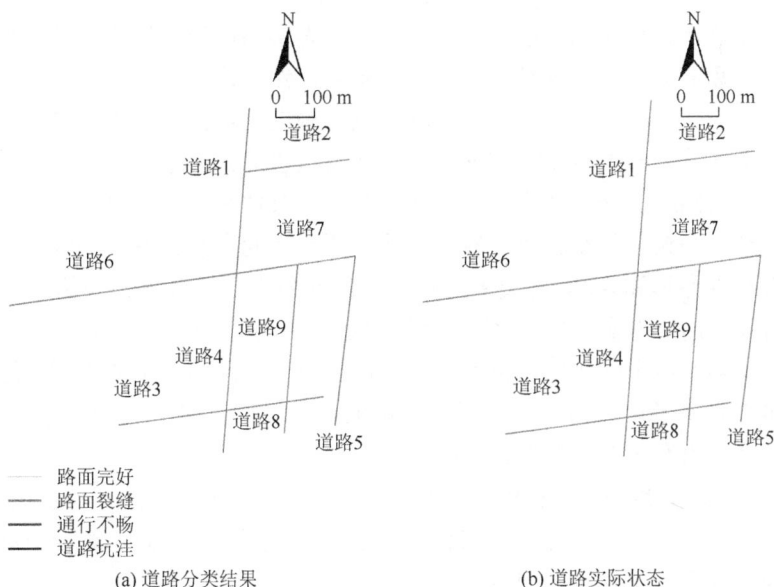

(a) 道路分类结果　　　　　　　　(b) 道路实际状态

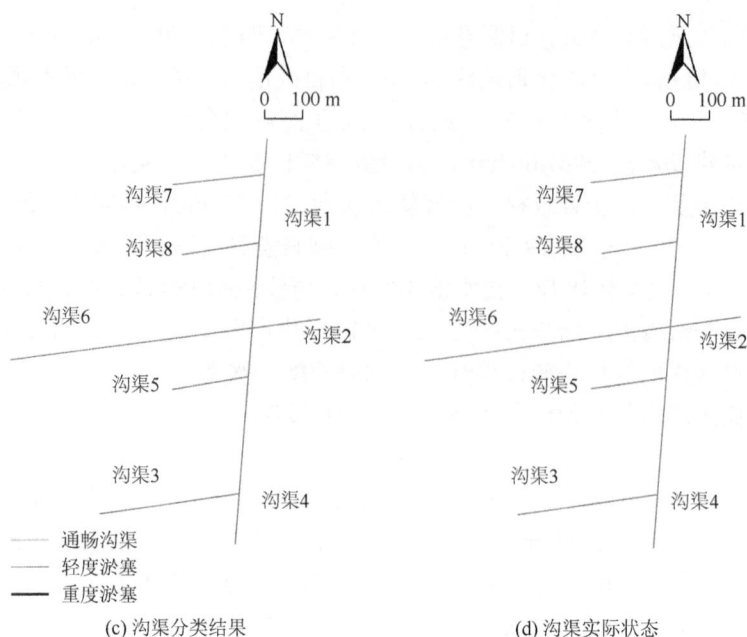

图 6-12 研究区线状地物状态识别结果

占比 18.72%；重度淤塞沟渠 143 m，占比 8.04%。结果显示，项目区沟渠通畅情况总体良好，但存在轻度淤塞问题。在空间分布上，淤塞部分主要集中在水流较慢的沟渠末端部分及涵洞附近。

2）分类精度

以目视解译结合实地勘察所得实际结果作为实测值对结果精度进行检验，根据实地勘察数据得到模型分类结果的总体精度，然后通过混淆矩阵计算道路、沟渠分类结果的交叉验证精度，对分类结果进行精度评价。结果表明项目区田间道路利用状态的总体分类精度为 80%，沟渠使用状态的分类精度为 69%，对田间道路利用状态的判断的准确性优于对沟渠的判断。总体来看，研究区自动解译与目视解译的结果在整体分布趋势上较为一致，两者之间也存在着不一致的情况。其中较为明显的是道路 SVM 分类中道路完好的比例小于实际勘察中道路完好的比例，道路坑洼的比例高于实际踏勘中坑洼的比例；沟渠 SVM 分类中轻度淤塞的比例高于实际勘察中的比例，重度淤塞的比例小于实际踏勘中的比例。这些问题的出现可能是两者所依据的原理不同造成的，本研究中 SVM 分类主要从每个像元的图像特征出发，针对各像元分析其与训练样本之间的关系，从而对图像进行类型划分。实地勘察类似目视解译，更多的是结合地表覆盖与纹理特征进行评价，不可避免地掺杂了研究者的主观判断。假定实际勘察结果正确，统计自动分类结果的平均误分率，如表 6-13 所示。

　　从表 6-13 结果可以看出，在道路分类中，通行不畅的误分率最高，为 21.29%，其中，9.81%误分为道路坑洼，5.87%误分为路面完好，5.61%误分为路面裂缝。主要是因为在设定特征分类规则时，将其设定为道路两侧不规则纹理特征过多，导致通行不畅的分类与道路坑洼的光谱、纹理特征比较接近。光谱与纹理特征的相似性同样导致了路面裂缝与道路坑洼的误分率较高，均超过了 10%。在沟渠分类中，轻度淤塞的误分率最高，为 29.26%，15.62%误分为重度淤塞，13.64%误分为通畅沟渠；其次是重度淤塞，误分率为 28.70%，其中 21.11%误分为轻度淤塞，7.59%误分为通畅沟渠。

表 6-13　道路、沟渠分类结果误分率统计　　　　（单位：%）

道路	路面完好	路面裂缝	通行不畅	道路坑洼	平均
路面完好		5.45	6.23	6.00	17.68
路面裂缝	0.00		7.89	11.72	19.61
通行不畅	5.87	5.61		9.81	21.29
道路坑洼	0.63	10.01	6.58		17.22
沟渠	通畅沟渠	轻度淤塞	重度淤塞		平均
通畅沟渠		15.18	10.26		25.44
轻度淤塞	13.64		15.62		29.26
重度淤塞	7.59	21.11			28.70

　　为验证不同空间分辨率、整治工程等级对分类结果的影响，进一步对空间分辨率为 0.1 m 的研究区影像（航线 2a 获取）和 2 m 及以下宽度的线状工程（航线 2b 获取）利用状况进行分类识别。基于同样方法进行要素特征分类，导入模型得到分类结果并结合实地勘察数据进行精度验证（表 6-14）。结果显示，在空间分辨率提升的情况下（航线 2a），田间道路利用状况分类精度有所提升但不显著，沟渠通畅状况分类精度无明显变化；而模型对宽度在 2 m 及以下道路、沟渠利用状态识别结果较差（航线 2b）。

表 6-14　分类结果精度

类别		实际宽度/m	实际长度/m	航线 1		航线 2a		航线 2b	
				总体精度/%	交叉验证精度/%	总体精度/%	交叉验证精度/%	总体精度/%	交叉验证精度/%
道路	分段 1	3	450	80.2	79.3	81.5	80.1	—	—
	分段 2	3	300	81.7	83.1	—	—	—	—
	分段 3	3	255	79.5	77.2	—	—	—	—

续表

类别		实际宽度/m	实际长度/m	航线 1		航线 2a		航线 2b	
				总体精度/%	交叉验证精度/%	总体精度/%	交叉验证精度/%	总体精度/%	交叉验证精度/%
道路	分段 4	3	480	82.2	74.4	—	—	—	—
	分段 5	3	435	78.8	73.2	—	—	—	—
	分段 6	3	600	77.6	73.0	78.1	73.4	—	—
	分段 7	3	300	76.8	74.5	—	—	—	—
	分段 8	3	240	79.1	75.5	—	—	—	—
	分段 9	2	374	—	—	—	—	66.3	—
沟渠	分段 1	3	521	76.1	71.1	76.6	72.2	—	—
	分段 2	2	200	72.6	70.8	—	—	—	—
	分段 3	2	250	70.3	68.0	—	—	—	—
	分段 4	3	258	70.7	68.8	70.4	69.5	—	—
	分段 5	2	186	74.2	71.9	—	—	—	—
	分段 6	2	555	72.0	69.4	72.1	70.0	—	—
	分段 7	1.5	163	—	—	—	—	46.1	—
	分段 8	1.5	184	—	—	—	—	45.9	—

本研究针对高标准农田项目区建设形成的骨干线状工程，在获取项目区无人机航拍影像的基础上，分析了基于遥感影像局部纹理特征结合监督分类方法识别建设项目基础设施利用状况的可行性，并进行了精度检验。结果表明：无人机遥感方法可以初步识别研究区基础设施建后利用情况；研究区田间道和骨干沟渠的病害识别准确率分别达到 80% 和 69%；田间道路分类误差主要来自通行不畅与路面裂缝，骨干沟渠分类误差主要来自轻度淤塞；在提高影像精度情况下，田间道路利用状况识别精度有所提升但不显著，骨干沟渠通畅状况识别精度无明显变化，模型对宽度 2 m 以下沟渠识别结果精度较差。

根据研究区田间道路和骨干沟渠特征分析和识别结果，通过通用无人机平台自带的彩色数码相机可用于高标准农田建设基础设施建后利用监测。与高分卫星遥感相比，无人机平台成本低且受天气影响较小且不受访问周期的限制，具有实时性的优点；本研究使用的小型电动无人机在使用过程中无需跑道或起落架，在大田地物调查中尤具优势，具有较高的适用性；同时，无人机航拍影像通过构建智能算法结合先验样本进行田间道路、沟渠状态识别，与实地勘察及目视解译相比，在监测成本和效率上具有优势。

由于遥感影像自身具有高度的复杂性和随机性，项目区建设工程线状地物由于其光谱及纹理特征各异而显现出不同的特征。本研究方法对于无人机遥感在农田监测中的应用具有一定的参考价值，但本研究中无人机航拍数据源较为单一，仅针对一景的可见光影像，缺乏多数据源的融合，而且目前分类仅能识别出某一影像单元内的使用状态，并将结果作定性输出，缺乏对基础设施使用状况的定量判断，还存在一些待改进之处。分析误差产生原因，主要包括以下几个方面：一是由于训练样本是研究者人为选取，会存在经验、知识限制和盲区，从而造成所选择分类样本代表性可能尚不充分。二是影像本身造成的"异物同谱"现象，如在骨干沟渠分类中，水面与水面上植被光谱特征过于相似，同时沟渠水面上漂浮的其他杂物也可能干扰模型判别。针对以上误差来源，研究认为，在识别方法上，未来可以引入深度学习算法对训练样本纹理特征进行深度挖掘；在影像识别上，可以通过使用更高分辨率的相机和降低飞行高度，结合影像光谱信息，进一步提升分类精度。

6.4　高标准农田建后管护评价

6.4.1　建后管护内涵解析

高标准农田建设具有工程类型复杂、工程等级较低、实施风险多元、投资回报周期长、绩效显化滞后等特点，且公共物品属性显著，其建后管护要素如图 6-13 所示。结合建设项目特征与相关政策要求，研究将高标准农田建后管护界定为在项目竣工验收后，围绕工程长效使用和土地持续利用总体目标，通过创造有利管护环境，包括组织人力、物力、财力等要素，采用巡查、沟通、保养、维修等手段，以实现设计功能、发挥持续效益为目的，实现管理、调控项目区工程设施、土地权属和农户生产关系等客体的管理实践活动。在实践中应以管护对象为内容，管护目标为主线，管护模式为支撑，管护标准为约束，构建资金、技术、人员等多要素保障下的综合管护体系，实现建设效益最大化。研究通过识别建后管护系统要素，将管护的系统要素归纳为管护主体、管护客体与管护环境。其中管护主体是建后管护的实践者，按权力特征可以分为产权、监督、运行；按组织形式，又可以分为政府、基层组织、管护机构、农户等。管护客体是通过建后管护所期望解决的问题对象，包括建设工程和土地利用管理。管护环境是指影响建后管护的外部条件集合，主要有自然、经济、政治、文化及操作等环境。在建后管护体系内，各要素间通过信息交流与物质交换实现系统的均衡。因此，从要素角度出发，建后管护的效益取决于主体、客体与环境间的有效传导，即主体积极度、客体配合度与环境支持度。本研究拟围绕高标准农田建后管护的内涵构建其体系，分析体系中关键要素及其状态、行为特征、动机偏好及作用传导机制，在此基础上归纳不同建后管护模式特征，建立管护模式适用性评价体系，并结合具体案例进行分析，以期为地方高标准农田建后管护模式选取提供参考。

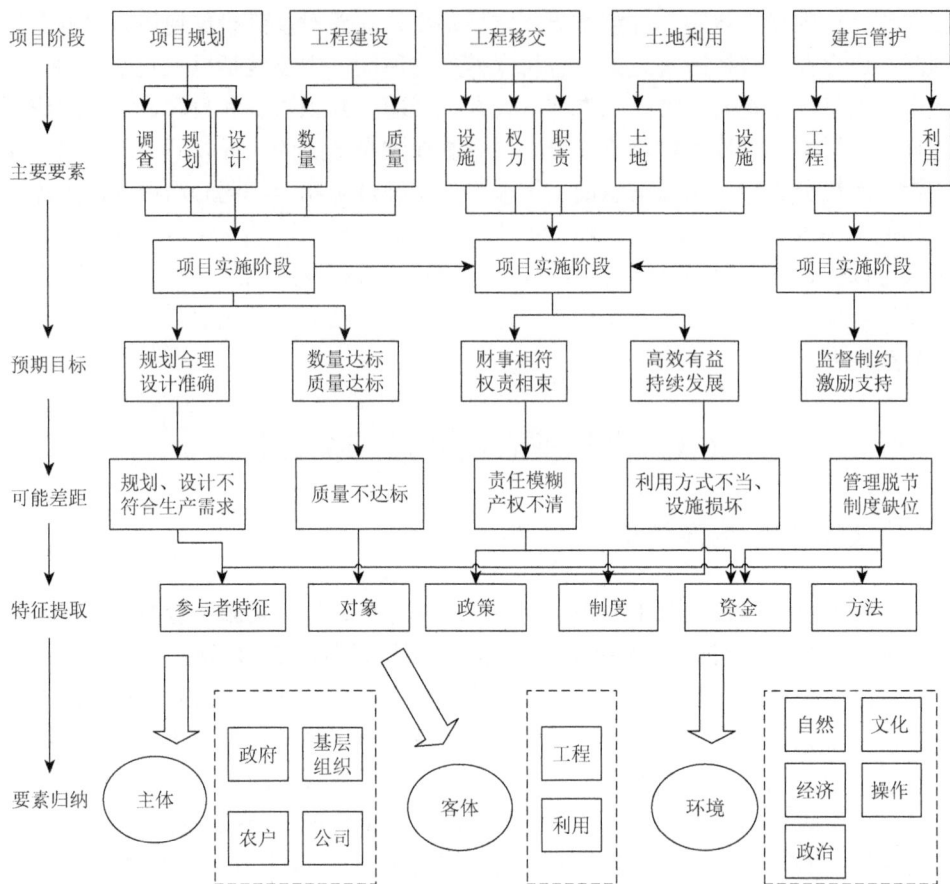

图 6-13 高标准农田建后管护要素图

6.4.2 建后管护要素与模式

建后管护模式是管护要素的排列与组合，是以管护主体为基本特征、要素集合为组合方式、效益发挥为主要目的，具体表现为管护主体、内容、资金、方式等为特征的管护要素集合形式。按照各模式管护主体的基本特征，可分为政府管护模式、集体管护模式和个体管护模式（图 6-14）。政府管护模式有基层政府与分部门管护模式；集体管护模式有村集体、农业协会与专业机构管护模式；个体管护模式即为受益农户管护模式。

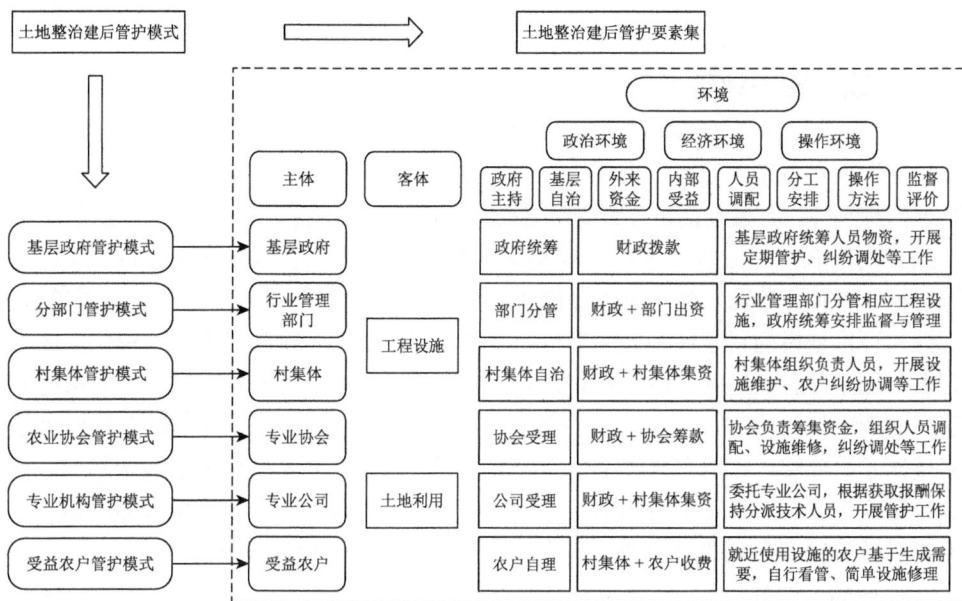

图 6-14　建后管护要素——模式图

具体而言，政府管护模式可以分为基层政府与分部门管护模式，基层政府管护模式是政府统筹人员调配、财政拨款、监督实施、效益评价等工作。分部门管护模式是在基层政府管护模式的基础上，地方行业管理部门分工管理不同类型的工程设施，专业性和责任明确性相较于基层政府管护模式有所提高，它具有主体公信力高、执行力强、资金来源稳定等优势，也受制于基层财力和决策能力等因素。集体管护模式是基层群众发挥自治精神实现管理目的的管护模式。村集体管护模式是由有一定经济实力，组织能力的村委会带头组织群众开展日常管护工作，资金来源为财政补贴与集体集资等，其优势在于参与者可以根据实际需求更好开展相应工作，也易受制于农户意愿、经济实力、技术能力等因素。个体管护模式是项目区农户基于自身需求，对耕作单元内或附近的工程设施进行管护，该模式主体是小规模经营农户，这种管护模式受限于技术能力和资金水平，具有较大局限性，适用工程类型简单、工程等级较低、权属明晰的情况。

上述模式都有其适用特征与不足之处，应根据不同区域、不同项目特征选取适用的管护模式。从区域特点来看，经济发展较好的地区市场机制较健全，可优先考虑发挥市场对于资源的配置作用，引进专业机构管护模式；劳动力充足、农户文化程度较高的地区可选取农业协会管护模式；粮食主产区由于农业设施保障要求较高，受益农户管护等模式受制于技术水平、专业能力而面临限制。从项目区特点来看，工程类型较复杂的项目区，可选取资金保障程度与决策执行力较高的基层政府管护模式或专业性较强的分部门管护模式。

6.4.3　建后管护评价方法

高标准农田建后管护作为复杂、多元的大系统，是集资源、工程与行政管理等特征的综合体，其效益的产生受诸多因素影响，要素间协同作用被放大，从信息传递到行动采取再到效益反馈的过程符合一般稳定到不稳定再趋于稳定的动态有机体特征。因此研究引入突变级数评价法分析基本农田建后管护体系，提高权重的客观性与评价结果的科学性。突变理论是法国数学家 R.Thom 创立的由一种稳定性态到另一稳定性态跃进的系统或过程，用于描述和预测由于系统状态变化的联系性发生中断而产生的质变。突变级数评价法基于此理论，通过对系统评价的总目标进行多层次矛盾分解，利用突变理论与模糊数学相结合产生的突变模糊隶属函数，进行综合量化运算。该方法可淡化指标权重，减少人为主观性，评价结果较为科学，从而可有效解决多准则决策问题，被广泛应用于状态评价和趋势分析。

为明确不同建后管护模式在不同项目区的适用性，结合模式特征与项目区实际情况，综合考虑资源、社会、经济等多方面条件，坚持科学性、代表性和可操作性等原则，将不同管护模式的效益优选作为目标层，各模式的特征因素作为准则层，综合管护主体、管护客体与管护环境三大要素，从相应区域条件（环境）、工程条件（客体）、参与者条件（主体）三方面构建评价体系（表 6-15）。依据级数突变评价法，各分指标数量不宜超过 4 个，指标间依照重要程度排列，建立基本农田建后管护模式适用性评价体系。

表 6-15　建后管护模式适用性评价体系

目标层（A）	准则层（B）	指标层（C）	指标说明	优（0.8, 1.0]	良（0.6, 0.8]	中（0.4, 0.6]	差（0, 0.4]
基本农田建后管护模式适用性评价	区域条件 B1	政策支持度 C1	反映支付政策支持性	具有转型支持政策和操作细则	具有一定可操作性的专项支持政策	具有指导性的管理政策	缺少专项管理政策
		经济发展度 C2	反映区域经济发展水平	经济发达、市场化程度高	经济较发达，市场发育较好	经济发展和市场发育程度一般	经济不发达
		资金支持度 C3	反映财政支持力度	具有长期稳定、专项资金支持	具有专项资金支持	具有临时性资金支持	缺乏有效资金支持
		农业依赖度 C4	反映区域农业发展状况	非农收入占家庭总收入比重较高		非农收入占家庭总收入比重较低	
	工程条件 B2	工程建设复杂度 C5	反映工程类型和工程等级状况	工程类型复杂，具有一定较高等级工程实施，需要一定的专业技术人员		工程类型简单、工程等级较低，不需要专业技术人员	

续表

目标层 （A）	准则层 （B）	指标层 （C）	指标说明	优 （0.8，1.0]	良 （0.6，0.8]	中 （0.4，0.6]	差 （0，0.4]
基本农田建后管护模式适用性评价	工程条件 B2	工程权属明晰度 C6	反映权属移交和管护职责落实情况	设施移交顺畅，权责清晰，有专项管理规定	设施移交顺畅，权责清晰，有相关管理规定	进行设施移交，但缺乏明确权责划分	未有效落实设施移交
	参与者条件 B3	部门协调能力 C7	反映各部门协同配合能力	建立政府负责的土地整治管理体制与部门联动的工作机制	建立国土主管、相关部门配合的土地整治工作机制	国土部门独立开展土地整治工作，相关部门临时配合工作	国土部门独立开展土地整治工作
		基础组织管理能力 C8	反映基础组织管理能力	村集体经济实力强，领导能力和管理水平较高	村集体经济实力、领导力和管理水平均一般	村集体经济基础薄弱，领导力和管理能力较差	
		劳动力条件 C9	反映农村人口数量质量	劳动力较为充足，文化水平和农业技能较高	具有一定劳动力，文化水平和农业技能一般	劳动力缺乏，农民文化水平和农业技能较低	

突变模型（表 6-16）中状态变量（系统的行为状态）即指标体系的准则层（工程条件、参与者条件、区域条件），控制变量即各分指标，控制变量是影响状态变量的因素。各状态变量中控制变量的个数，即分指标维数依次为 2、3、4，与各突变种类控制变量维数相对应。因此 3 个状态变量分别采样尖点突变、燕尾突变和蝴蝶突变系统模型。

表 6-16　突变类型与归一公式表

突变种类	势函数	控制变量维数	归一公式
尖点突变	$f_x = x^4 + ax^2 + bx$	2	$X_a = \sqrt[2]{a},\ X_b = \sqrt[3]{b}$
燕尾突变	$f_x = 1/5x^5 + 1/3ax^3 + 1/2bx^2 + cx$	3	$X_a = \sqrt[2]{a},\ X_b = \sqrt[3]{b}$ $X_c = \sqrt[4]{c}$
蝴蝶突变	$f_x = 1/6x^6 + 1/4ax^4 + 1/3bx^3 + 1/2cx^2 + dx$	4	$X_a = \sqrt[2]{a},\ X_b = \sqrt[3]{b}$ $X_c = \sqrt[4]{c},\ X_d = \sqrt[5]{d}$

f_x 表示一个系统的一个状态变量的势函数，状态变量 x 的系数 a、b、c、d 表示该状态变量的控制变量（按重要程度由大到小排列）。通过对势函数求取一阶、二阶导数，联立方程组得出归一公式，即多目标评价决策的基本运算公式。依据指标间的互补原则（陈晓红和杨立，2013），计算各模式的指标得分和综合得分（表 6-17）。

表 6-17　建后管护模式适用性评价结果

管护模式类型	区域条件 B1				工程条件 B2		参与者条件 B3			综合得分
	C1	C2	C3	C4	C5	C6	C7	C8	C9	
基层政府管护	0.548	0.585	0.88	0.786	0.447	0.669	0.707	0.888	0.841	0.87
分部门管护	0.632	0.585	0.88	0.833	0.707	0.737	0.837	0.928	0.841	0.906
村集体管护	0.447	0.669	0.88	0.786	0.632	0.737	0.632	0.794	0.915	0.885
农业协会管护	0.837	0.794	0.915	0.931	0.632	0.737	0.632	0.888	0.915	0.921
专业机构管护	0.837	0.888	0.946	0.903	0.837	0.794	0.632	0.843	0.841	0.939
受益农户管护	0.447	0.669	0.841	0.725	0.316	0.794	0.632	0.794	0.88	0.859

6.4.4　建后管护案例分析

研究选择江苏省常州市新北区某高标准基本农田建设项目作为案例区，项目区属平原圩区，地势平坦，平均高程 5.5～6.5 m；土壤类型主要为乌栅土，有机质含量 3%，肥力较高；气候类型属中亚热带北缘和北亚热带南缘的过渡地带，气候温暖、雨水充沛，无霜期长，日照充足；农业生产有较大的适应性，属于粮食主产区，宜于稻、麦、油菜等作物的高产。整治前农业生产以水稻、小麦等粮食作物为主，少量种植蔬菜、水果等经济作物；区内从事农业生产的人口比例约为 40%，其他居民多在附近企业工作或从事自主经营等非农活动。项目建设规模 637.81 hm²，总投资 3927.78 万元。建设完成后，平均耕地质量提高 1 个利用等，形成高标准基本农田 513.25 hm²，实现新增耕地 6.29 hm²，提高了项目区灌溉排水能力，增强了农田抗灾能力，以乡村公路为主导的交通网络进一步健全，适用于规模经营的优质耕地比例显著提升。

根据项目区实际情况，通过设计调查问卷，选取专家咨询法打分并计算各模式的指标得分和综合得分（表 6-17）。综合评价结果显示，研究区内专业机构管护模式得分最高。结合实际，常州市农业产业化水平位列江苏省前列，农业发展模式较成熟，政府重视程度较高，区位优越，经济较为发达，常州市高新区管委会享有相当于省辖市一级的经济管理权限，宽松的政策环境和高效的管理体制对于引进社会资本进行建后管护具有较大优势。此外，该工程类型复杂、数量较多、部分工程等级较高，专业机构管护模式能够提供专业的管护服务与有力的技术保障。同时得分较高的农业协会与分部门管护模式也具有较强可行性。项目所在区现已成立区农业企业协会、镇农业协会，协会的管理制度与运行模式较成熟，在此基础上引入协会管护模式进行建后管护，人员、资金、责任等分配较其他地区有明显优势。此外，该项目区行业管理部门之间联系紧密，也为分部门管护模式的运行提供了较强可能性。

　　研究通过建立项目区建后管护体系框架，在此基础上分析各管护模式及其适用特征，并依据要素特征建立建后管护模式适用性评价指标体系，引入级数突变模型实现对案例区适用模式的定性评价。高标准农田建后管护是对土地资源、工程设施和土地利用的综合管理，是保障效益长效发挥的关键，具体实践中应基于实际情况，选取适宜的管护模式，以推进建后管护工作。

本章主要参考文献

陈晓红，杨立. 2013. 基于突变级数法的障碍诊断模型及其在中小企业中的应用. 系统工程理论与实践，33（6）：1479-1485.

陈洋波，张涛，窦鹏，等. 2017. 基于 SVM 的东莞市土地利用/覆被自动分类误差来源与后处理. 遥感技术与应用，32（5）：893-903.

崔勇，刘志伟. 2014. 基于 GIS 的北京市怀柔区高标准基本农田建设适宜性评价研究. 中国土地科学，28（9）：76-81，94，97.

顾铮鸣，金晓斌，杨晓艳，等. 2018. 基于无人机遥感影像监测土地整治项目道路沟渠利用情况. 农业工程学报，34（23）：85-93.

郭贝贝，金晓斌，林忆南，等. 2015. 基于生态流方法的土地整治项目对农田生态系统的影响研究. 生态学报，35（23）：7669-7681.

韩博，金晓斌，孙瑞，等. 2019. 新时期国土综合整治分类体系初探. 中国土地科学，33（8）：79-88.

洪长桥，金晓斌，陈昌春，等. 2017. 基于多源遥感数据融合的土地整治区产能动态监测：方法与案例. 地理研究，36（9）：1787-1800.

洪长桥，金晓斌，陈昌春，等. 2017. 集成遥感数据的陆地净初级生产力估算模型研究综述. 地理科学进展，36（8）：924-939.

胡同喜，牛雪峰，谭洋，等. 2015. 基于 SURF 算法的无人机遥感影像拼接技术. 测绘通报，（1）：55-58.

黄玉娇，陈美球，刘志鹏. 2013. 高标准基本农田建设面临困境与对策初探. 中国国土资源经济，26（11）：28-30，39.

李冰清，王占岐，金贵. 2015. 新农村建设背景下的土地整治项目绩效评价. 中国土地科学，29（3）：68-74，96.

李培鹏. 2014. 基于空间词袋模型的图像分类. 长春：吉林大学.

李少帅，郧文聚. 2012. 高标准基本农田建设存在的问题及对策. 资源与产业，14（3）：189-193.

梁伟峰，刘娜. 2012. 高标准基本农田建设中应注意几个要点. 中国集体经济，16：3-4.

孟宪素，李少帅. 2009. 遥感技术在土地整理复垦开发项目监管工作中的应用实践. 资源与产业，11（2）：66-70.

钱凤魁，张琳琳，边振兴，等. 2015. 高标准基本农田建设中的耕地质量与立地条件评价研究. 土壤通报，46（5）：1049-1055.

单薇，金晓斌，孟宪素，等. 2019. 基于多源遥感数据的土地整治生态环境质量动态监测. 农业工程学报，35（1）：234-242.

宋戈，李丹，王越，等. 2014. 松嫩高平原黑土区耕地利用系统安全格局及其空间演变. 农业工程学报，30（4）：212-221.

孙东琪，张京祥，朱传耿，等. 2012. 中国生态环境质量变化态势及其空间分异分析. 地理学报，67（12）：1599-1610.

汪文雄，李敏，余利红，等. 2015. 农地整治项目农民有效参与的实证研究. 中国人口·资源与环境，25（7）：128-137.

王军，钟莉娜. 2017. 土地整治工作中生态建设问题及发展建议. 农业工程学报，33（5）：308-314.

王陆. 2009. 典型的社会网络分析软件工具及分析方法. 中国电化教育，4：95-100.

王温鑫，金晓斌，杨晓艳，等. 2018a. 基于社会网络视角的土地整治重大项目实施风险识别与评价方法. 资源科学，40（6）：1138-1149.

王温鑫，金晓斌，赵庆利，等. 2018b. 农用地整治建后管护体系解析与模式选取. 中国土地科学，32（4）：74-81.

徐涵秋. 2013. 城市遥感生态指数的创建及其应用. 生态学报，33（24）：7853-7862.

徐霄枭. 2016. 建设项目施工阶段工期风险分析. 深圳：深圳大学.

徐秀云，陈向，刘宝梅. 2017. 微型无人机助力土地整治项目监管. 测绘通报，3：86-90.

曾吉彬. 2016. 重庆市基本农田建设与效应评价研究. 重庆：西南大学.

张庶，金晓斌，徐霄枭，等. 2014. 基于 SD 和模糊综合评价的土地整治项目社会影响评价. 中国农学通报，30（34）：81-88.

赵素霞. 2018. 高标准农田建设空间适宜性与稳定性评价及其时空布局研究. 焦作：河南理工大学.

赵微，周惠，杨钢桥，等. 2016. 农民参与农地整理项目建后管护的意愿与行为转化研究：以河南邓州的调查为例. 中国土地科学，30（3）：55-62.

朱文泉，潘耀忠，张锦水. 2007. 中国陆地植被净初级生产力遥感估算. 植物生态学报，3：413-424.

Baig M H，Zhang L F，Shuai T，et al. 2014. Derivation of a tasseled cap transformation based on Landsat 8 at satellite reflectance. Remote Sensing Letters，5（5）：423-431.

Crist E P. 1985. A TM tasseled cap equivalent transformation for reflectance factor data. Remote Sensing of Environment，17（3）：301-306.

Steward D V. 1981. The design structure system：a method for managing the design of complex systems. IEEE Trans Eng Manage，28（3）：71.

Zhu X L，Chen J，Gao F，et al. 2010. An enhanced spatial land spatial and temporal adaptive reflectance fusion model for complex heterogeneous regions. Remote Sensing of Environment，114：2610-2623.

第7章　江苏省高标准农田建设示范案例

7.1　常州市金坛区生态型高标准农田建设项目示范

7.1.1　项目区概况

本研究所选案例区位于江苏省金坛区直溪镇某高标准农田建设项目，地理位置为 119°25′55.743″E～119°26′40.781″E，31°51′53.068″N～31°52′10.153″N，位置示意见图 7-1。案例区所在直溪镇距市中心约 20 km，处于苏锡常都市圈内，又位于沪宁城镇聚合轴、宁常城镇聚合轴交会处，具有较好的区位优势。《金坛市直溪镇总体规划（2008～2020）》确定直溪镇以发展优质粮油生产、都市观光农业为主要定位。

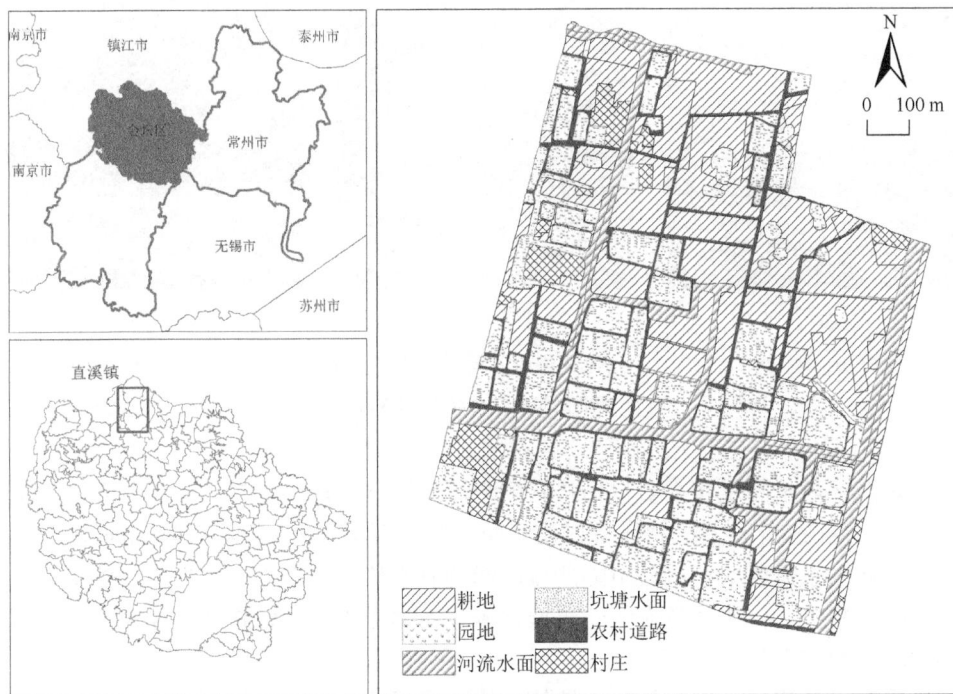

图 7-1　金坛示范区建设项目核心区边界（建设前）

项目核心区位于江苏省金坛区西北部的直溪镇，涉及溪滨村 1 个行政村，核心区东至耿庄河，西至后西桥河，北至前西桥河与大耿庄村，南至荣登公路。地理位置为 119°26′40.781″E，31°51′53.068″N，项目区范围如图 7-1 所示。核心区为平原地貌，平均高程 5.5～8.0 m，地势相对平坦，局部略有起伏。在土壤类型上，以乌栅土、沙底乌栅土等水稻土土属为主，湖积物母质，渗育型发育好。

项目核心区土地总面积 107.8150 hm²。示范区地势低洼，大部分在海拔 6 m以下，湖荡众多，河道纵横，易遭洪涝灾害。项目区内有一条约 20 m 宽的河流，流向从北向南，经过村庄、农田、境内主干道、灌溉区，在一些区域河流经过人为改造，造成断流。项目区内鱼塘面积大小不一，高低不整。

整治前项目核心区情况如图 7-2 所示。核心区内农田斑块破碎程度及斑块边界的复杂弯曲程度较高，田块大小不一，田块长边日照方向有误，农作物种植方式单一，土地利用效率较低，不利于机械化耕作，农业集约化生产程度较低。核心区内农田以水田为主，分布零散且种植结构较为单一，利用率不高。

(a) 土质排沟   (b) 土质道路   (c) 建筑物

图 7-2　整治前项目核心区情况

拍摄时间为 2015 年 10 月 9 日

示范区内水面现状主要包括线状的河流和面状的坑塘。其中河流水系缺乏调蓄能力，存在安全隐患、村庄受洪涝威胁，生活污染、农业污染影响到河流水质，同时线状水系被鱼塘、道路阻隔严重，影响到水体的流动性。坑塘方面渔业开发模式偏于粗犷、传统且私人经营鱼塘过多、布局零碎，导致核心区生态环境遭到一定程度的破坏。

居民区建筑样式、色彩、山墙等风格各异导致整体景观缺乏、观赏性差。同时村庄内部道路绿化缺失，缺乏层次且水域垃圾较多，缺乏亲水性。公共设施也不够完善，导致便民性差。

工业用地方面，核心区西南角现有一化肥厂，空气与水体污染较大，严重影响周边鱼塘及农田生产，村民反响强烈。

7.1.2　项目区建设规划设计思路

1. 项目区建设障碍诊断

根据核心区土地利用及高标准农田建设的特点，考虑当前土地利用细碎化程度较高，将核心区建设要素依次转换成水田、旱地、坑塘水面三类斑块景观，河流水面、沟渠和农村道路三类则定义为廊道景观，其余要素按照各自功能，进一步划分为农业景观、村庄景观和水系景观，作为核心区景观基质的构成。其中，农业景观以水田为主，包括旱地、其他园地、设施农用地、田坎、农村道路、沟渠等地类，是本区生产空间的重要体现，高标准农田建设以适度规模经营的生态良田建设为目标导向；村庄景观以溪滨村居民点为主，包括村庄、风景名胜及特殊用地等地类，是本区生活空间的重要体现，农田建设以景观田园型的宜居乡村建设为目标导向；水系景观以河流水面为主，包括可调整改造为人工湿地的坑塘水面和养殖水面，是本区生态空间的重要体现，同时以污染防控优先的生态系统修复为目标导向。结合现有研究，从"斑块-廊道-基质"三个方面，选取相应的景观指数，借助 ArcGIS 软件和 Fragstats 软件，测度核心区农田、水系、道路、村庄等主要整治要素的景观特征和障碍所在。依据核心区景观格局评价结果（表 7-1），结合实地调研情况，认为核心区整治要素存在以下特征。

（1）农业景观占总面积的 46.07%，其中耕地占比为 36.81%，是整治建设的主要对象。就斑块特征而言，水田斑块数量最多，斑块密度相对高，集中分布于核心区中部，小部分错落于河塘周边，形状相对规整；但受自发性经营养殖水面的分割，耕地的破碎化和分离度较高，平均规模较小，适宜规模化生产耕地（斑块面积≥3 亩）占比仅为 10.77%，边界形态复杂。土地利用方式上，结合廊道特征分析，现有沟渠、道路等农田基础设施在结构和功能上均未达到配套要求，廊道密度和网络环通性相对低，实际有效灌溉面积占比仅为 11.99%，土地利用效率较低，耕地产能潜力尚未发挥。同时，农用地作物种植方式单一，以一年两熟水稻为主，均匀度指数偏高，经济作物种植缺乏，水产养殖和粮食生产空间分离且相互干扰，农业生产效益较低，设施农业和观光农业有待提升。

（2）水系景观占总面积的 49.25%，其中坑塘水面占比为 39.51%，是水系生态整治的主要对象。就斑块特征而言，坑塘水面斑块数量较多，平均规模较大，以养殖水面为主，形状单一、高低不整、封闭性强，缺乏生态防护和缓冲区设置，粗放型经营下水质污染日趋严重，与农田、河流等要素之间存在明显的功能冲突和生态干扰。此外，受灌排渠系不完善的影响，农业生产中人工截流取水、填埋造塘现象较多，致使以河流为主的自然水面生态连通性较差，耿庄河缺乏必要的生态驳岸和污染防控措施，生产性和生活性水体污染并存，水系的景观营建不足。

（3）村庄景观占总面积的 4.68%，其中农村居民点占比为 4.62%，是美丽乡村整治的主要对象。就斑块特征而言，零散分布有 3 个生活组团，其中以东北部巨村组团为主，建筑样式、色彩、山墙等风格各异导致整体景观缺乏层次，植被树木与林带缺乏，水乡地域特征不强。公共设施配套有待加强，外围道路环通性较低，道路等级无法满足现阶段行车需求，连接农田的生产道路密度较低，而村内前后空闲地较多，道路缺乏绿化带；同时，多数村民反映西南部以工业油料生产为主的化工厂，历史悠久，是本村重要的乡镇企业之一，但生产较为粗放，工业"三废"（废水、废气和固体废弃物）污染严重，此外村内生活垃圾回收站、水桥、文化中心等设施亟待建设，以改善乡村生活水平和生态环境，满足居民亲水、游憩等需求。

表 7-1　核心区高标准农田建设要素特征分析

景观结构	土地整治要素景观特征指数						
	类型	斑块个数	平均规模/m²	斑块密度	形状指数	规整度	破碎度	分离度
斑块	水田	155.00	1168.94	0.0009	28.99	1.38	0.25	0.05
	旱田	14.00	1547.03	0.0006	8.99	0.35	0.02	0.30
	坑塘水面	48.00	4131.93	0.0002	16.40	1.05	0.02	0.02
	类型	长度/m	形态	性质	廊道密度	网络环通度	连接田块占比/%	利用状态
廊道	河流	4384.19	线状	自然垫面	0.0041	0.11	0.25	水面污染
	沟渠	1263.84	线状	人工垫面	0.0012	0.00	0.23	损毁较多
	道路	4800.22	线状	人工垫面	0.0045	0.36	0.33	等级较低
	防护林	0.00	—	—	0.00	0.00	0.00	—
	类型	地类	面积占比/%	PD	LPI	LSI	CONTAG	SHEI
基质	农业景观	7.00	46.07	417.83	18.36	68.68	0.96	0.50
	水系景观	2.00	49.25	81.22	14.46	62.84	0.50	0.72
	村庄景观	2.00	4.68	318.37	4.62	94.89	0.07	0.10

2. 项目区建设规划设计思路

在实现传统整治目标前提下，本研究以生态理念为指导，将生态方法、生态技术融入现有规划方法以实现生态保护、生态修复、生态提升等目标的土地整治模式。本研究基于传统土地整治项目规划流程，结合研究区江南水乡特征，形成以下技术路线（图 7-3）。

（1）现状分析。采用景观格局分析方法，从景观尺度和类型尺度分析研究区斑块、基质、廊道总体格局，从图斑尺度分析各类型图斑形状、位置、聚集性等特征，结合现场踏勘、农户访谈，分析项目区现状限制因素，确定整治方向。

（2）整治分区。根据图斑尺度景观格局分析结果，采用空间聚类算法，选择景观类型、形状指数、周长面积比、聚集度等景观生态指标对研究区图斑进行聚类，划分不同土地整治功能分区，确定各区重点整治方向、目标和原则。

（3）规划布局。①廊道优化。使用最小阻力模型进行道路、沟渠、防护林等廊道布设，根据廊道格局分析结果及各功能区整治原则进行筛选、修正，形成廊道优化布局。②斑块基质优化。针对耕地基质、坑塘基质/斑块进行适宜性评价，确定土地平整等工程在不同功能区中布局；③生态设计。针对项目区点源、面源污染，布设生态组合净化系统。

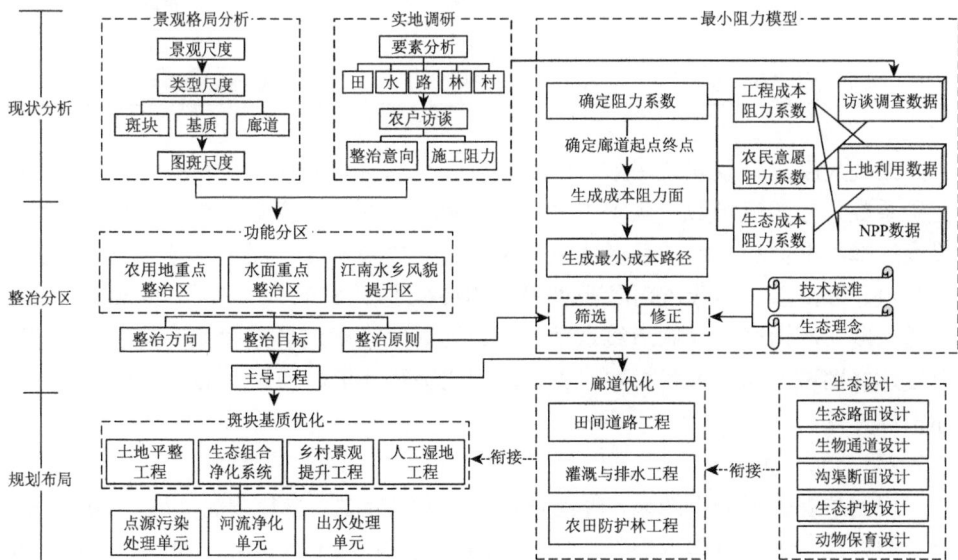

图 7-3　项目区整治技术路线

3. 技术方案

1) 景观格局分析

根据项目区土地利用状况和土地整治工程特点,将原土地利用类型进行适当归并,转换成耕地、坑塘两类基质类景观,建设用地、林地两类斑块类景观,以及道路、河流、沟渠三类廊道类景观(表 7-2)。其中,原土地类型中,路面宽 1 m以上的硬质化农村道路定义为道路廊道,其他道路归并至邻近其他景观。将矢量土地利用类型图转换为栅格格式景观格局分布图。

表 7-2　土地利用类型与景观类型转换表

原土地利用类型	景观分类	景观定义
水田	耕地	基质
旱地	耕地	基质
田坎	耕地	基质
坑塘水面	坑塘	基质
河流水面	河流	廊道
沟渠	沟渠	廊道
农村道路(部分)	道路	廊道
村庄	建设用地	斑块
设施农用地	建设用地	斑块
园地	林地	斑块
风景名胜及特殊用地	林地	斑块

景观尺度选择景观斑块数、斑块密度、平均斑块面积、边界密度、斑块面积变异系数、分离度指数、景观丰富度指数及香农多样性指数反映景观特征;类型尺度选择类型面积、占项目区比例、斑块数、斑块密度、面积变异系数、形状变异系数、分离度及聚集度对各类型景观的特征进行评价;针对项目区廊道,选择廊道长度、廊道密度、廊道线点率、廊道连通度、廊道环通度评价其现状;图斑尺度选择图斑面积、形状指数、周长面积比进行评价。使用 Fragstats 软件进行上述指标计算。

2) 功能分类

根据景观格局分析结果,因地制宜布置工程类型,选择景观类型、图斑面积、周长面积比及聚集度作为聚类条件,使用 k 近邻(k-nearest-neighbor,KNN)空间聚类算法将研究区划分为景观类型相似、图斑形状接近、聚集程度较高的三个类型区。考虑到分区的完整性,结合研究区功能定位,对空间聚类分区结果进行修正得到土地整治功能分区 [图 7-4(f)],即农田整治区、水面整治区及水乡风貌提升区，确定各分区整治目标、原则和主导工程类型：其中农田整治区，景观类型以耕地为主。以高标准农田建设为整治目标；水面整治区，景观类型以坑塘、河流为主。以生态源地建设和水产养殖基地建设为整治目标；水乡风貌提升区，以乡村景观建设为整治目标。

3）规划布局优化

廊道格局优化：研究区河流、道路、沟渠廊道连通度和环通度较低，功能覆盖范围小，亟须进行结构优化。通过新建道路、沟渠、农田防护林，满足交通、灌溉需要，改善农田生态环境，优化水系结构。本研究采用最小阻力模型生成新廊道，根据各整治分区的整治原则对廊道进行修正筛选，得到廊道优化结果。因沟渠、防护林随田间道路进行布设，因此按照"田间道—生产路—斗渠斗沟—农渠农沟—防护林"的顺序进行廊道布局。

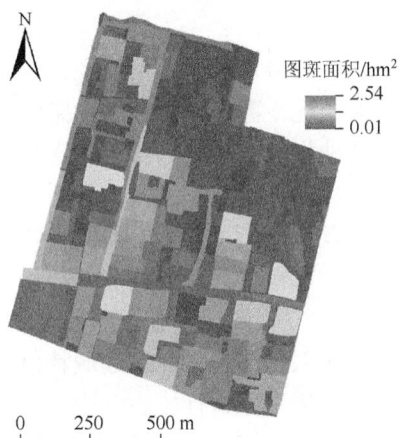

(a) 图斑面积分布

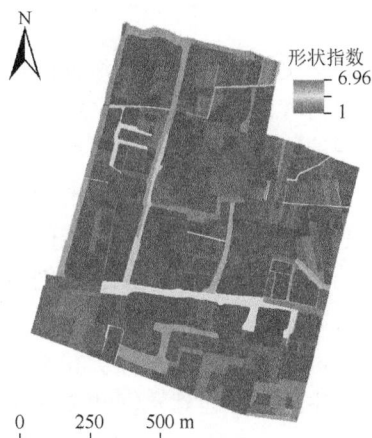

(b) 图斑形状指数分布

(c) 图斑周长面积比分布

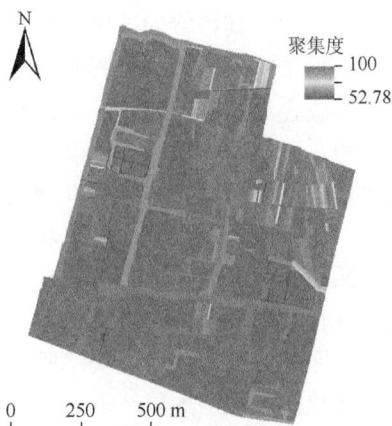

(d) 图斑聚集度分布

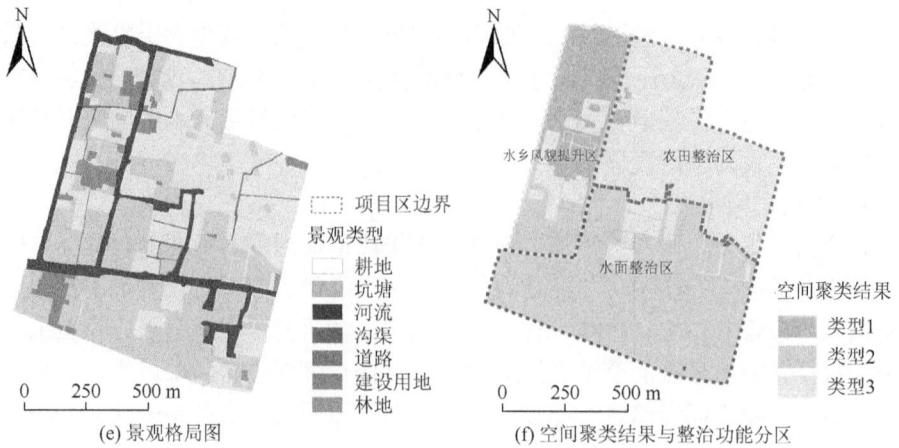

图 7-4 项目区景观指数计算与聚类分布图

斑块基质优化：在各整治分区，分别确定适宜的斑块基质优化途径。例如，在农田整治区以提高农业生产能力为目标，开展土地平整工程；在水面整治区采用"河岸植被缓冲带—生物池接触氧化单元—湿地拦截系统—入河口生态拦截—植物净化集成技术"五级负荷消减治理模式，形成串联的生态组合净化系统；在水乡风貌提升区，以土地整治基础设施建设引导发展体验农业、采摘农业等新业态，为拓展乡村旅游和农事体验创造条件。通过廊道格局优化及斑块基质优化，形成项目区生态型整治规划方案。

综上，基于整治要素评价和生态网络构建，融入"江南水乡"地域特色，充分尊重原生地貌、自然水网和文化传统，以"水"为主题进行核心区土地整治功能分区。核心区具备苏南水网地区典型的地域特征，大小不一且功能各异的河流、湖泊、坑塘水面相互串联，村庄临水而筑，沿河发展，农田受水环境制约规模较小且布局分散，其独特的地域环境对整个区域的经济发展、土地利用、生态保护等方面提出了特殊的要求。同时，水体作为重要的造景要素，其形态、风韵、气势、声音蕴含着无穷的诗意、画意和情意，丰富了空间环境，给人美的享受和无限的联想。因此，核心区土地利用功能分区，以"水"这一核心要素作为脉络，关联"农田、村庄、设施"等其他要素，在保证生态格局稳定的前提下，彰显文化特色，营造"人水相亲，田水相衬、河塘相通，饮水观鱼、宜居宜游"的江南水乡田园。人地和谐理念下，土地整治的福祉最终指向特定地域中人的各类需求实现。核心区水域面积占总面积的 49.37%，水系在景观形态具备沉稳、活跃、柔美和静谧四种特征，结合人类"听水、闻水、戏水、品水"的四种本能需求，利用视觉体验江南水乡人居环境。如图 7-5 所示，遵循景观"起、承、转、合"的序列构造和"生产-生活-生态"空间的功能统筹，以"水"为文化基调，形成高效农业区、宜居生活区、水产养殖区和复合型生产区四大主题功能区，依次承载现代农业发展、美丽乡村建设、生态腹地维育、景观游憩服务四大主导功能，形成"一村、两水、四区""一村"即溪滨村，"两水"即示范区周遭河流坑塘，"四区"即主题功能区的总体布局，从而提高耕地产能、改善村庄设施、减少面源污染、体现水乡特色。

图 7-5　核心区土地利用功能分区

7.1.3　项目区建设规划设计方案

结合金坛区"江南水乡"的独特资源特点及建设条件，围绕高标准农田建设和生态环境改善的核心目标，按照"资源要素诊断—规划目标设定—整治方式综合—方案评价反馈"的总体思路，通过功能空间优化、生态网络构建和绿色基础设施营造等生态化土地整治技术的联合应用，对核心区农田、水面、居民点、道路、林网等整治要素进行全域规划、综合整治，重点实现农地的适宜规模集中、水系的生态连通修复、景观格局重构与乡村污染控制，打造"生产-生活-生态"空间有序、设施完善、功能复合、景观融合的江南水乡田园综合体（图 7-6）。

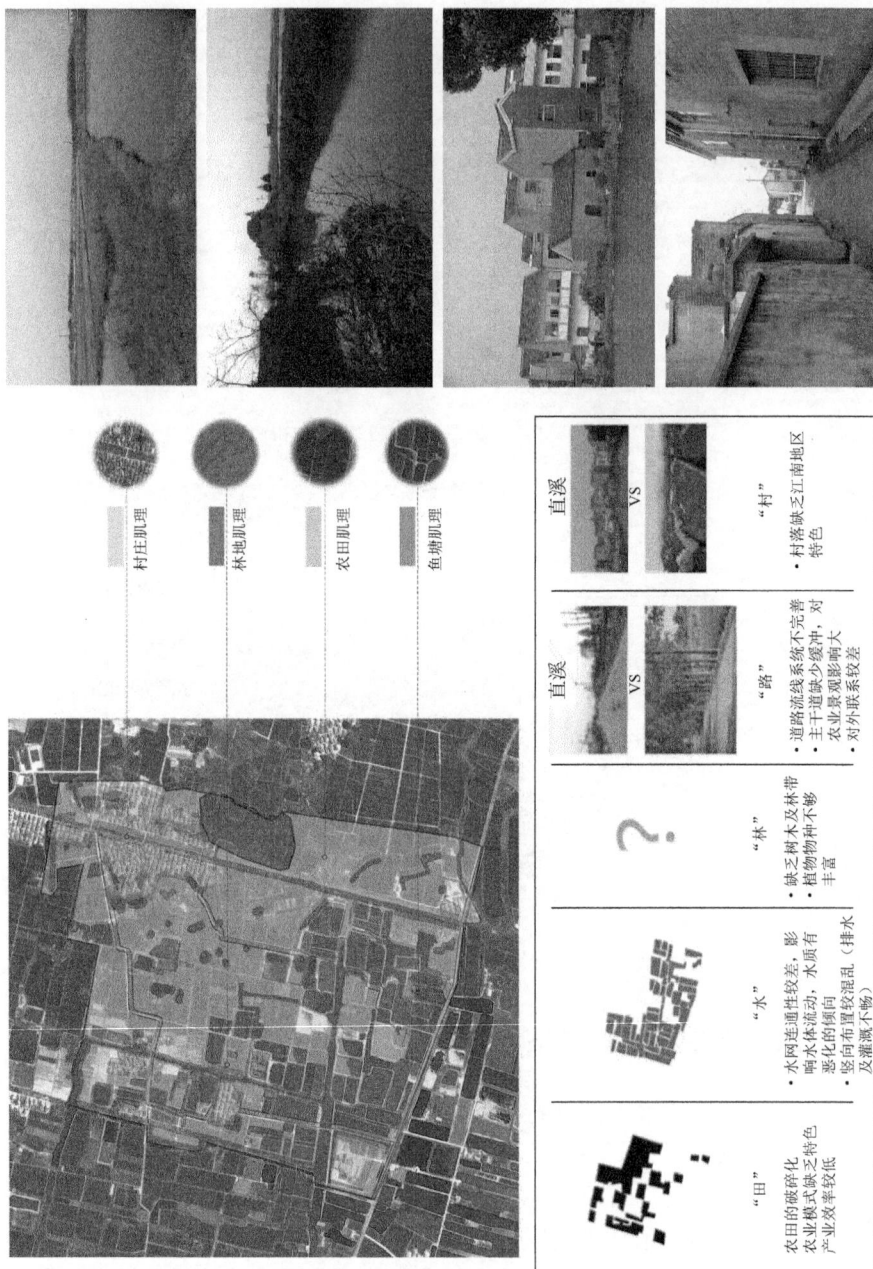

图 7-6 示范区 "田水林路村" 景观要素重构

其一，进行生态网络构建。按照"斑块-廊道-基质"的生态规划设计思路，通过敏感性分析、要素条件评价和准则控制规划，构建合理的生态网络格局，为农田、水系、沟渠、道路、林网等关键要素、骨干设施的配置提供布局控制。依托生态本底条件构建大面积中心控制点，结合密集河网建立良好的连接通道，利用小型场地形成生态节点。

其二，进行主体功能分区。根据可行性研究土地利用适宜性分析结果和既定的规划标准，结合当地农民的种植习惯进行项目核心区内各项工程的布局。

1. 农田整治区

该区域基质景观为耕地，零星分布坑塘斑块，导致耕地破碎化程度较高。以提高农业生产能力为目标，开展土地平整工程。根据《高标准农田建设标准》（NY/T 2148—2012），东南区平原河湖类型区高标准农田田块面积应≥6 hm²，田面高程差应≤2.5 cm。以新建田间道、原有道路、坑塘水面等为边界将耕地划分为耕作田块，按照田块规模和田面高差两项指标进行筛选，共确定 4 个土地平整区。

针对区域内坑塘，为解决农田渍水氮磷含量较高导致的富营养化问题，将与沟渠邻接的原有坑塘改造为人工湿地，种植具有吸收水中的氨氮和磷作为自身营养物质、耐污能力强、去污效果好的水生植物（如石菖蒲、芦苇、千屈菜等），形成人工湿地-稻田生态系统。区内除保留两处较大坑塘作为养殖水面外，其余坑塘通过土地平整工程进行填埋，用于补充由于修建道路、沟渠、防护林等占用的耕地（图 7-7）。

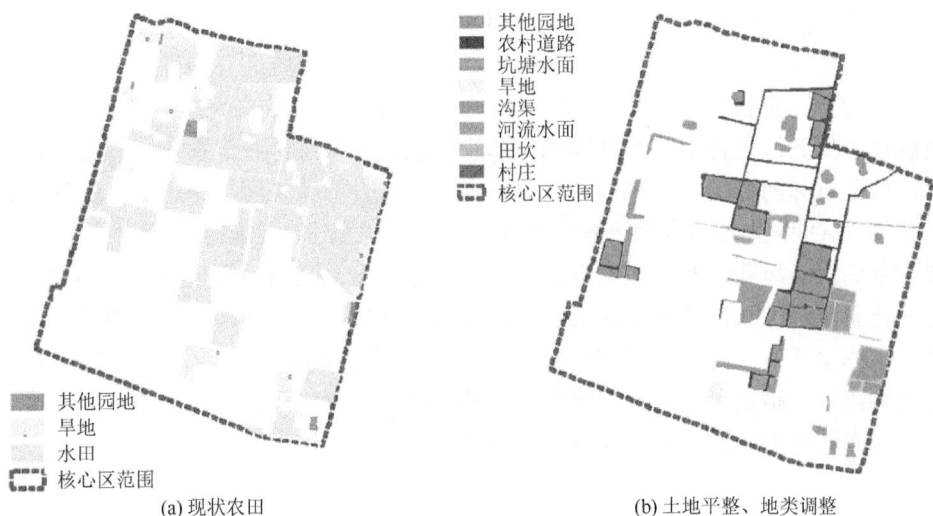

图例：
其他园地
农村道路
坑塘水面
旱地
沟渠
河流水面
田坎
村庄
核心区范围

其他园地
旱地
水田
核心区范围

(a) 现状农田　　　　　　　　　(b) 土地平整、地类调整

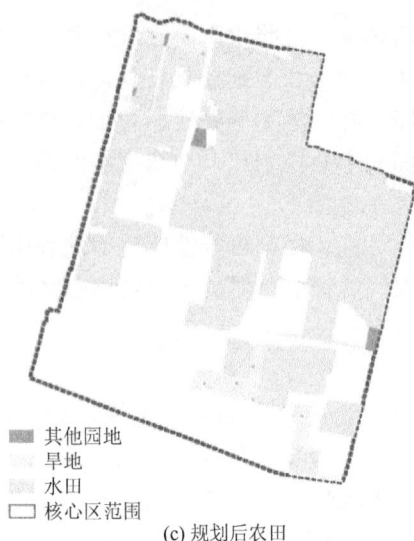

■ 其他园地
□ 旱地
▨ 水田
□ 核心区范围
(c) 规划后农田

图 7-7 整治前后核心区农田布局

2. 水面整治区

该区域基质景观为坑塘且多为权属明晰的养殖水面。区域西南角为工业企业斑块，为环境污染重点防治对象。区域内养殖水面根据实际情况，可将部分适宜坑塘调整池底深至 3 m，水深控制在 2.5 m 以内，池底设置生物通道，池边留有乡土灌草缓冲带，在保证养殖效率的同时，可确保水生动植物的栖息，提升鱼塘水质和生态系统环境。

为防治点源污染，同时一定程度消解农业生产带来的面源污染，基于项目区水系流向勘测数据，根据农业浅层排水系统的氮磷污染物迁移原理，采用"河岸植被缓冲带—生物池接触氧化单元—湿地拦截系统—入河口生态拦截—植物净化集成技术"五级负荷消减治理模式，形成串联的生态组合净化系统。如图 7-8 所示，西段以邻河圩堤为基础，通过"乔灌草"结合的植被缓冲带建设（缓冲带类型：乔木层间隔种植柳树和香樟，灌木层种植红花檵木，地被层种植沿阶草），隔离工业高污染风险区和水系景观，同时在一定程度上吸附污染气体；中部通过接触氧化单元和生物净化池单元对农田渍水进行逐级净化，利用生物措施（水生植物、生物填料等）、微生物代谢进行表流和潜流净化，吸纳生产带来的面源污染；东段利用浮水植物单元，经过水生植物的吸收、分解作用，净化汇集水面，维护水系生态系统的稳定，提升区域生态服务功能。

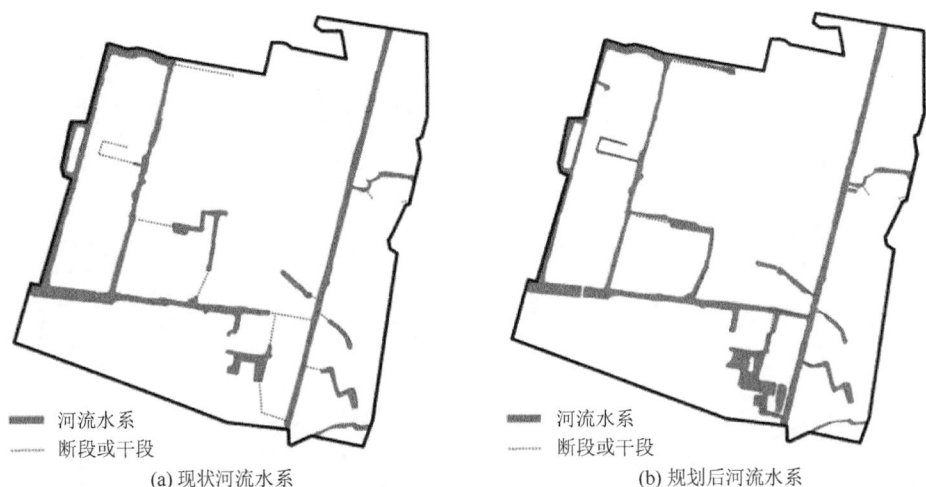

(a) 现状河流水系　　　　　　　　　　　　(b) 规划后河流水系

图 7-8　整治前后河流水系布局

3. 基础设施布局

针对原有土渠、水泥渠灌溉效率低下、年久失修的特点，通过廊道空间布局优化，沟渠形成斗、农两级灌排完整体系，满足农业生产需求。如图 7-9 所示，其中，新建斗沟 1 条（长 304 m），新建农沟 7 条（长 2000 m），新建斗渠 I 类 3 条（长 684 m），斗渠 II 类 4 条（长 818 m），新建农渠 10 条（长 3078 m）。此外，针对原有农田道路分布杂乱、连通不畅、难以进行机械化作业的特点，综合各级道路的重要性及现有道路的通达度，对原有农村道路进行布局调整和优化。规划后，

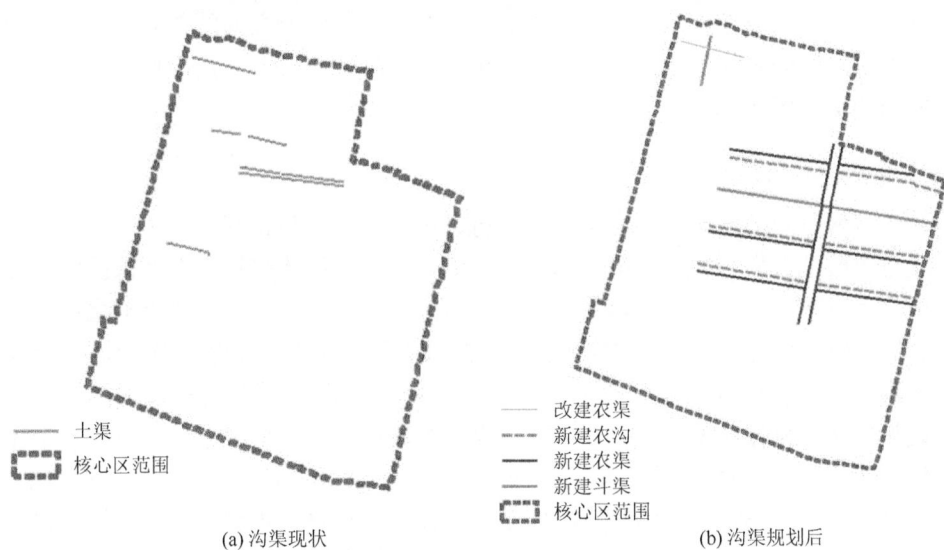

(a) 沟渠现状　　　　　　　　　　　　　(b) 沟渠规划后

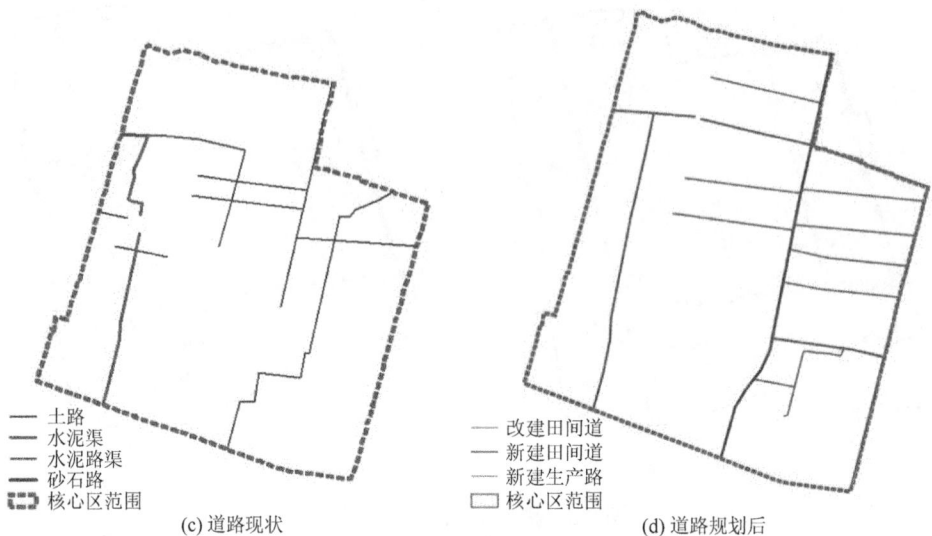

土路
水泥渠
水泥路渠
砂石路
核心区范围

(c) 道路现状

改建田间道
新建田间道
新建生产路
核心区范围

(d) 道路规划后

图 7-9　整治前后核心区农田设施布局

核心区新建田间道 3 条（长 2268 m），改建田间道 4 条（长 1938 m），新建生产路 7 条（长 2929 m），形成完善的道路网络，满足生产需求的同时，便于居民出行，同时为农业现代化、乡村旅游的发展创造了基础条件。

4. 村庄规划布局

考虑核心区范围较小，村镇建设用地又以农村居民点为主，结合土地权属调整的难度，在不影响生产和生活空间优化的前提下，村庄建设用地格局总体保持不变。在空间布局上，主要对现状零散分布在农田、坑塘之间的独立房舍，使用率较低且年久失修的建筑，进行集中拆并（面积为 0.10 hm^2），提高核心区土地利用的集约度（图 7-10）。

5. 水乡风貌提升

该区域景观类型丰富，四面环水，村、田、林等景观相互交错。但由于村庄斑块分布散乱且生活垃圾污染严重，整体风貌较差，亟待整治。根据该区域提升江南水乡风貌、维护生态环境、引导乡村休闲旅游的整治目标，重点围绕设施完善、村庄绿化和村容美化，实施乡村景观提升工程。针对区域内耕地、林地斑块，应保留原始景观格局，与村庄景观协调形成多层次的乡村景观体验。以土地整治基础设施建设引导发展体验农业、采摘农业等新业态，为拓展乡村旅游和农事体验创造条件。工程设计方面，进行绿色设施营造。引入生态衬砌技术、生物通道、缓冲带建设、污染物集中纳管等不同生态化技术，对农田防护、沟渠配型、道路绿化、河道修复等方面进行工程设计及施工技术的升级或改造。

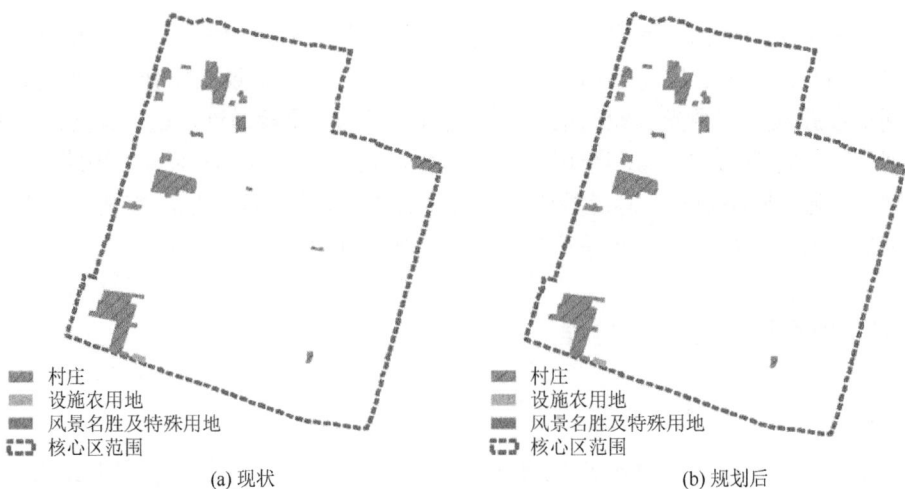

　　(a) 现状　　　　　　　　　　　　　　　　　　　(b) 规划后

图 7-10　整治前后核心区建设用地布局

　　综上，通过要素优化，核心区的农田、村庄、道路、水网构成一个较为完整的乡村生态景观单元；景观生态过程以农业土地利用为主，兼有人居和自然环境的土地利用影响。如图 7-11 所示，基于核心区生态网络结构，对"斑块-廊道-基

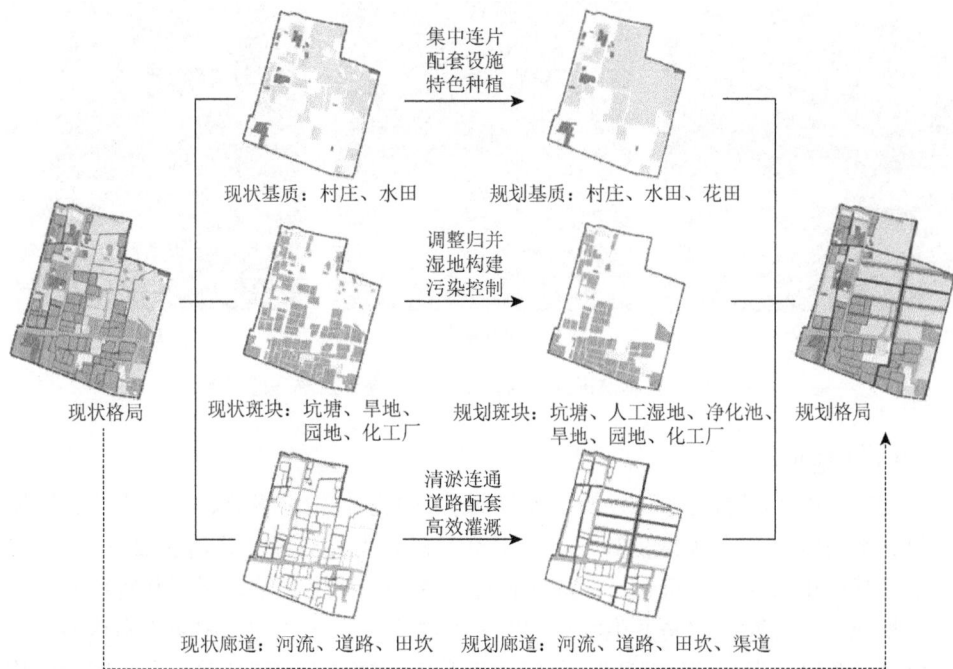

图 7-11　项目区基本农田建设规划

质"等各类土地整治要素进行空间优化和利用决策，实现"三生"空间的优化和土地利用功能的复合：①农田、村庄等要素集中、归并，设施配套，特色种植，有利于设施农业和观光农业的推进；②坑塘、园地等要素通过筛选，调整、填埋，景观营造，污染防控，有利于田园文化和乡村旅游的发展；③河流、道路等要素清淤、连通、网络建设、廊道绿化，有利于水乡风貌和生态环境的重塑。总体上，规划后核心区农田景观、水系景观和村庄景观空间有序，功能协调。

7.1.4　项目区工程实施过程

1. 高标准农田建设

示范区高标准农田建设于 2016 年底开始，2017 年 5 月结束，主要完成的工程包括土地平整、田间道路、灌溉与排水等。通过实施整治，对项目区内田、水、林、路、村进行统一规划，形成旱涝保收的高标准基本农田。实现新增耕地 7.44 hm^2。通过项目实施，使土地资源得到高效、合理、充分利用，建立良性循环的农业生态系统，增强农田抵御自然灾害的能力，基本农田建设前、中、后的农田高分辨率遥感影像如图 7-12 所示。

(a) 建设前　　　　　　　　(b) 建设中　　　　　　　　(c) 建设后

图 7-12　基本农田建设前、中、后的高分辨率遥感影像

1）土地平整工程

土地平整工程的生态化设计主要包括景观生态化田块设计、田块平整、田埂修筑、土地复垦和土壤修复等。土地平整工程的主要措施及其功能效应如表 7-3 所示，其中田块设计在符合一般规划设计要求的基础上，注意保留和重新归整出一些景观要素，建立起与各生物类群之间的共生关系，如构建田块生态边界，包括树篱、草皮（带）、墙、篱笆、作物边界及生物梗、埂坝绿化等，在巩固田土坎稳定性的同时保护生物多样性。同时，在土地平整过程中要尽量减少重型机械的

使用，研究使用精细化平整的铲土机和推土机，采用精细化土地平整的流程与方法，促进农田保土、节水、保肥和增产；推广耕作层的剥离与回填，优化土壤剖面重建技术与工艺。

表 7-3　土地平整工程主要措施及其功能效应

土地平整工程 主要措施	生态化设计要点	功能效应
田块归并、田面平整	包括田块横向归并和纵向归并，将细碎、小块、不规则的田块合并成相对规则的、适于机械耕作的、平整的田块	可增加有效耕地面积，增强田坎稳定
表土剥离及保护、耕作层土壤回填	剥离下来的表层土要覆盖妥善保存，防止土壤养分流失；对区域内水毁地进行客土复垦，进行耕作层剥离，对剥离的表土加以覆盖保存，在运输过程中尽量保持土壤剖面的完整性，客土区设计回填耕作土层厚度 15 cm	增加土壤有机质含量，提高土壤肥力
田块表土培育及客土改良	要通过生物改良等措施，提高土壤的熟化程度。增施绿肥、有机肥，秸秆还田等，种植固氮植物，以农家肥和种植绿肥为主	增加土壤有机质含量，提高土壤肥力
生态化田坎设计	在土地平整工程的田土坎归并及分布中，优先采用土质坎，对田土坎和石坎进行生态化工程处理，在梯坎外侧种植灌丛植被。综合考虑水土保持、景观效果、稳固性及就地取材等因素，整形修筑萱草生物田坎，保证农田斑块的完整性	增强农田生态系统的多样性；避免工程对地表的扰动及其造成新的土壤流失；提高田坎稳定性和透水性，保护水土资源，美化景观

2）农田水利工程

农田水利工程的生态化设计主要包括沟渠断面设计、灌排网络、渠岸改善、生态材料与施工工艺改良、动物保育设计、缓坡设计等内容。农田水利工程的主要措施及其功能效应如表 7-4 所示，其中沟渠设计在符合一般规划设计要求的基础上，尽量增加沟渠的蜿蜒性及断面的多样性，尽量减少硬质沟渠，有条件的地区可采用连锁块、土质沟渠等能增加水土交换的生态沟渠形态；引导绿色生态材料和生态混凝土的使用，渠底部可采用块石堆砌或者设计纵横相连的生态带。为保障水生物栖息环境，还应进行生态孔洞、深槽和复式断面的设计，为生物提供栖息藏匿场所，保证水流量的稳定，维持水生生物的生存环境。

表 7-4　农田水利工程主要措施及其功能效应

农田水利工程 主要措施	生态化设计要点	功能效应
沟渠断面设计	考虑沟渠内壁、纵横断面构造、水路底及侧坡面的凹凸、水深流速、和缓的侧边坡度；将沟底设计成凹凸起伏变化的底面；复式断面、改良型植生型防渗砌块渠道的设置	提供多样化的沟底栖息环境，减缓雨水对沟道土壤的冲刷力度，提高沟渠的生态功能
灌排网络	对总体灌排网络、水系进行布局；考虑当地土地利用结构，采用低压输水管道灌溉系统，即在田间设置固定不动的低压地埋暗管	尽量保留原有生态景观，减少工程实施影响

续表

农田水利工程 主要措施	生态化设计要点	功能效应
渠岸改善	渠道边坡设计与植物配置，营造多样化的水流环境、增加水路两侧绿化率，并与周围自然景观配合；沟边两侧预留植物生长用地，铺植适生草本植物	保障田间生物自由通行不受阻碍，增加透水性，涵养地下水，减小对生态环境的影响
生态材料与施工工艺改良	采用格宾石笼修筑渠体，铺设引水 PVC 管、DN400 涵管、桥涵等。在流域集水区构建汇流的人工沟渠，沟渠分污水径流入口和干渠，入口处有物理隔栅、小生物球和沉淀池，干渠的两侧壁镶嵌大生物球，渠内种植水生植物，污水中接种附生藻类和浮游藻类	创造缝隙利于植物生长，最大程度与周围生物环境融为一体；减少对原生植被的破坏及地貌景观的切割，有效净化水质，减少土壤污染
动物保育设计	排水沟和灌溉渠结构设计，设置生态逃离步梯，沟渠底回填夯实土并随机放置卵石；在渠道中间隔 20～30 m 距离沿渠道纵向设置一段单侧的动物脱逃生态斜坡；设置生态孔洞、生态阶梯、深槽	卵石凹凸不平的表面及细缝能够生长苔类植物，为生物提供饵料、栖息生长环境，同时起到一定的防渗效果；保护生物多样性
缓坡设计	渠道护岸在占用耕地面积允许的情况下，设计成缓坡可形成连续的环境，尽量少用混凝土，多采用天然材料	便于两栖类或哺乳类动物在水陆两侧间来回或迁移，减少渠道内水位变化带来的生态冲击

3）田间道路工程

田间道路工程的生态化设计主要包括生态路面设计、生态绿化设计、路旁缓冲带设计、生物通道设计等内容。田间道路工程的主要措施及其功能效应如表 7-5 所示，其中道路设计在符合一般规划设计要求的基础上，进行"多孔质"道路设计，尽量减少混凝土、沥青等硬质材料的使用，村道等低等级的道路尽量使用碎石或土路；高等级道路设计时可结合经济草种和绿篱等植物的种植，帮助水分渗透，引导道路多孔结构。同时，针对陆生生物，依照各地不同需求，可为大型哺乳类动物规划大型通道（如绿桥等），也可在生产路、田间道路基部分设计"生态涵洞"和"生态管涵"等小型通道，加强绿廊类生物多样性保障设计，提供可通行的生物通道。

表 7-5　田间道路工程主要措施及其功能效应

主要措施		生态化设计要点	功能效应
生态路面设计	路面材料生态化改良	生产路采用素土路基，分层压实，田间路采用泥结石路面，以碎石为骨料、泥土为填充料和黏结料，经压实修筑而成；经生态改良的混凝土材料及其构件铺面；路面材料以粗骨渣土为主，辅以石块铺面，或采用粒料加固土、砂碎石路面等	利于花草生长，为小型动物和微生物提供栖息场所，最大限度地保证土壤生态功能的发挥，便于不同斑块内动物的活动或迁移，融入原生态环境
	其他	设计重点在于路面结构层的透水透气性，根据道路等级、车流量确定硬化方法；田间道设计要提高景观的连通性和连接度，生产道设计以青石板、卵石路为主，因地制宜地设计过水路面	增加路面结构层的透水和透气性，减少因道路分隔农田斑块造成的景观生态影响；提高景观的连通性，维护生态平衡

主要措施	生态化设计要点	功能效应
生态绿化设计	田间道两侧种植侧柏，边坡两侧 0.5 m 内种植适宜当地生长的草本植物，起到廊道作用；充分利用乡土植物，在路肩上进行植栽，保护道路的地标树和乡土林；绿化应注意合理搭配乔、灌、草，保护种多样性	降低田块和道路间缓冲带农田景观格局破碎程度，增强景观观赏性，为动物提供栖息场所及通行廊道；形成绿化隔离带，保护生物多样性，美化景观
路旁缓冲带设计	避免没有硬化或是过度硬化的情况，重视道路两侧护坡、缓冲带建设；在道路两侧栽植植物，在沟渠与道路之间留设绿化带，植栽应尽量使用原生物种；在路面来水一侧挖设土质边沟，防止坡面径流破坏道路	降低道路对环境的切割及对沿线地景的冲击，美化道路景观，给沟渠环境提供荫蔽，缓和水温变化
生物通道设计	避免穿越生态敏感区，在适当地点设置动物专用的涵管式通道、生态桥和涵洞；道路两旁预留一定宽度的生态廊道，在沟渠与道路交叉处配套设置涵洞（生态孔）；根据动物习性，合理选择涵管材质和孔径，置于适当位置，通过覆盖植被等措施诱导动物进入	防止生境破碎化；方便灌溉和排水；作为田间动物的通道，保障动物的流动性及生态系统的稳定性

4）生态防护与污染防控工程

生态防护与污染防控工程主要包括农田生态防护工程、水系生态防护工程、水体净化工程、乡村污染治理等内容（图 7-13）。其中，①农田生态防护工程。其设计在于结合生态化和景观化两个过程进行防护林带景观空间结构和植物景观配置的综合设计，主要从林带乔灌木结构配置、林带间距及林带宽度的合理性、防护林带优势景观空间、景观节点、轴线及功能区景观建设的需求等方面进行考量；此外，可以利用生态材料与植物相结合建成生态带护坡，混凝土与植被相结合的网格生态护坡等。②水系生态防护工程。可依照各个地区河道的不同类型，采用生态混凝土护岸和生物护岸两种方式。生态混凝土护岸可通过混凝土和石块结合在常水位以上设计形成表面不填缝浆砌块石护岸，营造表面粗糙的多孔质空间，在常水位以下采用半混凝土半浆砌块石护岸或造型板混凝土方式，保证渠道输水效率；对于水流速度和边坡坡度较小的河道沟渠可采用植生挡土墙、原生植被护岸和木桩工法护岸等生物护岸方式，不仅能够防止水土流失，还能保证护岸的自然性。③水体净化工程。在农田灌溉和农田渍水排放之前可分别设置生态净化池，以阻止农田水系污染的扩散；对于已经污染的水面（包括河流、坑塘、渠道等），可人为创造条件，利用动物、植物和微生物的吸收与降解作用来加强水系的自净能力，如通过渠底或坑塘沉水植物和岸坡挺水植物构建水生生物微系统的水生植被恢复技术，利用天然填料与生物膜相结合的生物填料技术，利用植物根系与水生植物、微生物之间寄养关系形成的生物浮岛技术，以及通过沉床载体调节沉水植物水下位置的生物沉床技术。④乡村污染治理。针对许多村庄污水直排河道、生活垃圾、工业"三废"未能及时处理所产生的乡村污染问题，在强化乡村生态监测的基础上，增加农村生活污水和垃圾生态处理系统，利用厌氧、人工湿地、微生物等生态化环节对污水进行处理，采用生物工艺对农村生活垃圾进行分类处理；并针对工业"三废"、汽车尾气、噪声等不同污染源来确定绿色隔离带（缓冲区）的建设位置、规模及种类，保证农田生态系统的稳定。

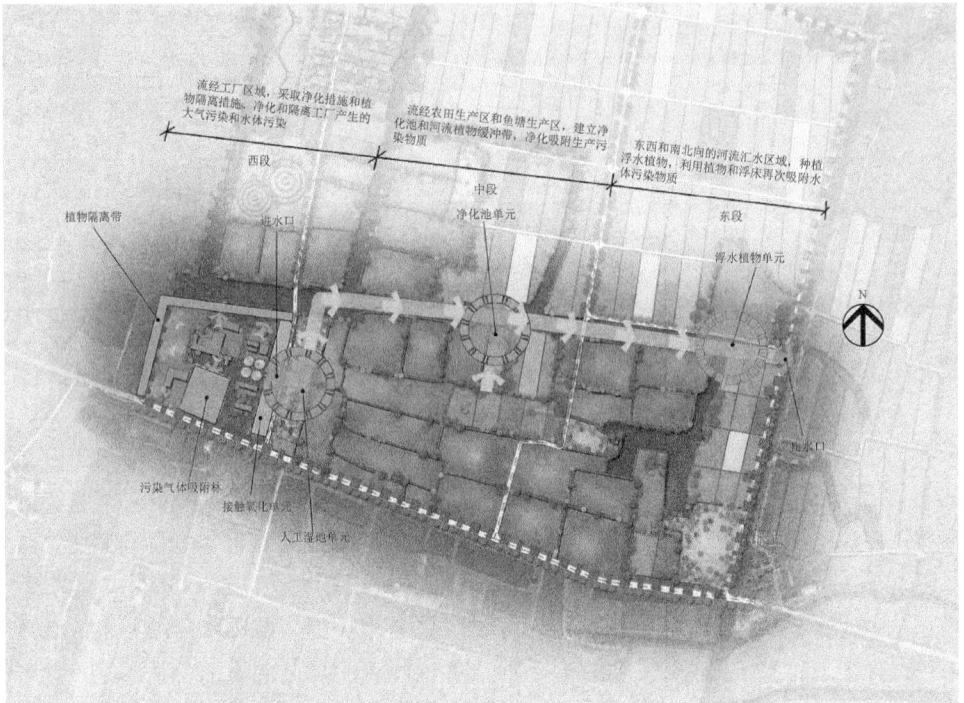

图 7-13　生态组合净化系统示意图

5）乡村景观生态工程

当前，农村高标准农田建设过程中往往缺少田间生物休憩林、树篱等半自然生境的规划设计，居民点普遍存在绿化不足、公共设施缺乏等问题。因此，根据区域发展定位和项目区整治目标，因地制宜进行植被景观生态设计和人工生态营建。充分理解和尊重乡村的景观环境格局、聚落机理、庭院空间和当地风土人情，利用廊道规划来进行景观引导和塑造，加强田缘、路缘和水缘生态建设，同时结合村庄绿化与建筑物美化设计、农业主题公园设计、名胜古迹的保护规划等景观生态规划等，在土地整治中增加生态景观节点。如图 7-14 所示，乡村绿化方面，采用树池、竹篱笆或水泥砌筑等不同方式进行道路绿化，增加宅间、庭院、墙角绿化，对居民点水池、现状空地等节点进行绿化，改善村庄生态环境。设施完善方面，增加垃圾收集点，并按照 50~80 m 的服务半径，设置村内垃圾箱，进行

①道路绿化:
　　沿车行道路种植行道树,局部设置低矮灌木;同时沿河堤游步道设置绿化缓冲带

②增加宅间、庭院、墙角绿化:
　　在现状居住建筑的宅间、庭院、墙角增加绿化用地,可种植色彩丰富的低矮灌木、小乔木

③重要节点绿化:
　　根据规划,在居住区内部结合现状空地或水池设置节点绿地空间,调节局部小气候并为居民提供休憩地

④细部节点绿化:
　　结合居民区现有树木设置树池,树池可采用自然块石,竹篱笆或水泥砌筑,为居民提供乘凉之处

(a) 乡村绿化示意

🚻 公共厕所

🗑 垃圾收集点

🪧 村口指示牌

🏠 小卖部

🏋 健身活动场

🌳 绿化休憩广场

效果图展示

公共厕所

垃圾收集点

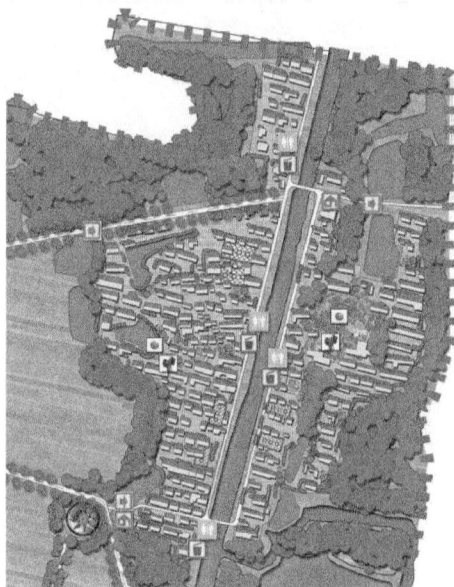

(b) 设施完善示意

村口指示牌

小卖部

健身活动场

绿化休憩广场

图 7-14　乡村景观提升

生活、生产垃圾的分类收集和循环使用；按照 300 m 的服务半径，设置村庄公共厕所，实行高密度低建筑面积布置，规划公厕单体建筑面积为 25 m², 满足居民对卫生设施的实际需要。同时，根据具体情况，逐步推进健身活动广场、小卖部等生活设施的完善，在主要路段设置水乡特色显著、经久耐用的路灯，以满足乡村旅游发展的设施要求。此外，改造江南水乡特色的住宅和菜园，建议将居民住宅外墙主色调定为白色，房顶主色调定为黑色，通过屋顶、围墙和简易辅助用房的生态化工程改造，以及户前屋后空闲地的绿化美化，还原"粉墙黛瓦"的视觉风格。另外，适当增加休闲观光设施，修建水桥、石拱桥、木质八角凉亭，以及亲水平台、生态驳岸和鹅卵石小路等，为居民提供纳凉、休憩之地，构建环境优美的生活空间的同时，突出江南水乡的独有韵味，促进乡村旅游的发展。

通过工程建设，在金坛区直溪镇共完成土地平整 28.37 hm², 坑塘、沟渠、河道填埋 8.1 万 m³, 改建、新建渠道 13 条，新建排水沟 18 条。对 5 座年久失修的泵站进行了翻修。完成核心区道路（素土路面）的修建，工程建设内容如表 7-6 所示。

表 7-6 核心区工程建设内容

工程类型	单位	数量	备注
1. 土地平整工程			
（1）田面平整	万 m³	1.67	土地平整面积 28.37 hm²
（2）表土剥离	万 m³	3.31	表土剥离与回填 11.04 hm²
（3）田埂修筑	万 m³	—	
（4）坑塘、沟渠、河流填埋	万 m³	8.10	河道清淤土方 8.1 万 m³, 填埋面积 7.47 hm²
（5）河道清淤	万 m³	—	
（6）土地翻耕	hm²	—	
2. 灌溉与排水工程			
（1）输水工程			
改建斗渠	m	—	
新建斗渠	m	1913	7 条
改建农渠	m	—	—
新建农渠	m	1011	6 条
生态渠	m	—	
暗渠	m	—	

续表

工程类型	单位	数量	备注
（2）排水工程			
新建斗沟	m	407	3 条
新建农沟	m	2378	13 条
生态排水沟	m	122	2 条
（3）建筑物			
涵洞	座	—	
防洪闸	座	—	
闸门	座	—	
跨渠桥	座	—	
渡槽	座	—	
放水口	座	—	
农桥	座	—	
泵站	座	5	重建
低压线	km	—	
3. 田间道路工程			
规划生产路	m	5049	17 条，包括新增改建田间道
4. 农田防护工程			
生态护坡	m	6400	

核心区高标准农田建设不同时期现场实景如图 7-15 所示。

经过农田建设，项目区水面率从 49.79% 变为 38.40%，河流长度从 4384.19 m

(a) 建设前

(b) 建设中

(c) 建设后（水稻苗期）　　　　　　　　　　　(d) 建设后（水稻成熟期）

图 7-15　核心区高标准农田建设不同时期现场实景

变为 4113.95 m。河流水面整治前后各景观指数变化如下：单位面积斑块数（PD）从 1.89 变为 2.41，最大斑块的面积与区域总面积的比值（LPI）从 19.76 变为 24.24，斑块形状与同样大小的正方形或者圆差异程度（LSI）从 7.98 变为 7.64，以上说明河流水面岸线曲折改造，导致河流水面破碎度略有增大。坑塘水面整治前后各景观指数变化如下：PD 从 79.33 变为 53.08，LPI 从 27.45 变为 21.60，LSI 从 12.40 变为 9.20，说明坑塘水面破碎化程度变小，实现了整合，规则度、聚集度和延展性都有增加。

2. 生态基础设施工程

基于农田基础设施设计和建设方案，金坛区直溪镇溪滨村已建设完成生态沟渠 250 m（图 7-16），并请相关专家进行现场指导与论证。

3. 土壤肥力提升工程

在溪滨村组织实施的土壤肥力提升工程见图 7-17。

7.1.5　建设工程实施效果

为验证方案可行性和实施效果，从工程建设、景观生态安全两方面对生态型高标准农田建设规划方案进行评价。

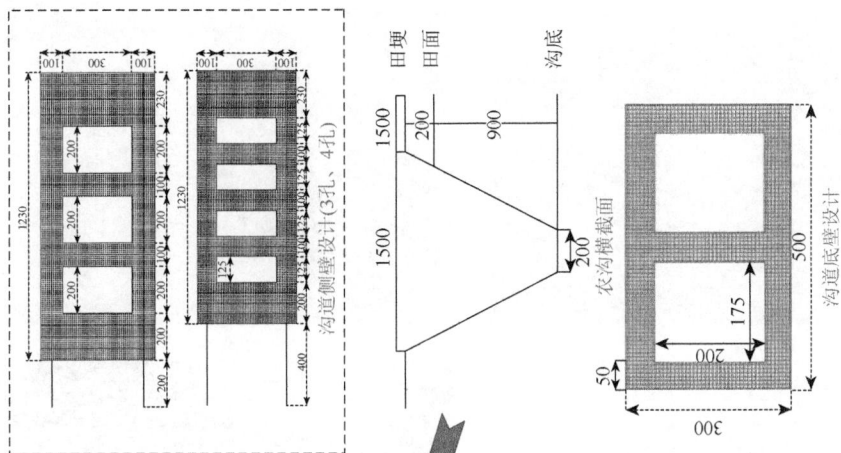

生态拦截排水农沟

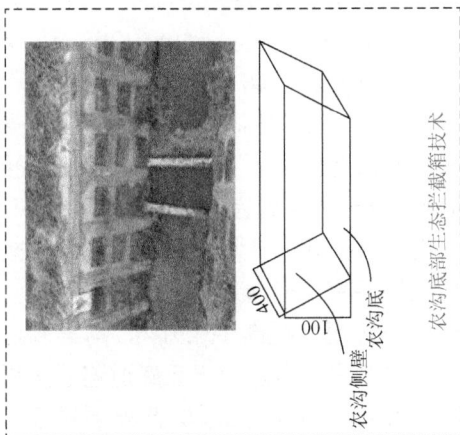

农沟底部生态拦截箱技术

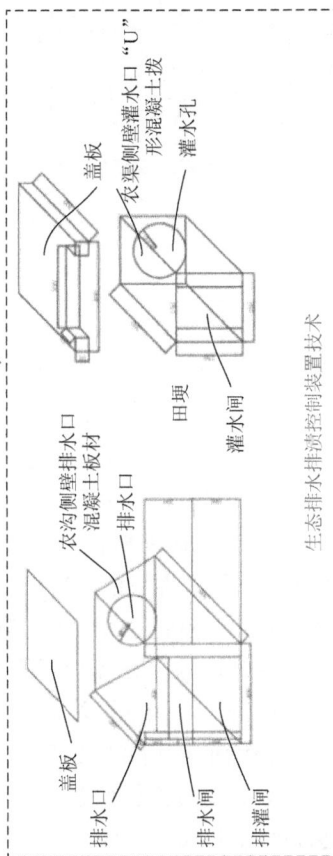

生态排水排涝控制装置技术

图 7-16 景观生态型基本农田基础设施建设过程

图中尺寸除注明外，均以 mm 计

图 7-17　示范区土壤肥力提升工程实施过程

1. 工程建设

通过项目规划，新建田间道 4 条，总长 3102 m；新建生产路 13 条，总长 3403 m；新建游玩步道 8 条，总长 2693 m；新建斗沟 2 条，总长 717 m；新建斗渠 3 条，总长 1479 m；新建农沟 5 条，总长 1116 m；新建农渠 8 条，总长 1398 m；新建防护林 3743 m；实施土地平整 4 个区域，总面积为 25.26 hm²，占耕地总面积的 64.57%；新建人工湿地 1.24 hm²，占坑塘总面积的 2.91%。整治后项目区沟渠功能覆盖面积占项目区总面积的 54.02%，相比整治前提高了 40.79%；道路功能覆盖面积占比 88.84%，提高了 60.06%，项目区基础设施得到完善。

通过项目规划，项目区廊道网络格局有较大变化。计算结果显示，由于规划方案未涉及河道变化，因此河流廊道结构保持不变。但通过生态沟渠的建设，沟渠廊道密度较整治前提高 447.31%，沟渠廊道环通度提高 114.91%，沟渠廊道网络结构明显改善。通过沟渠修建，实现了项目区水系贯通，水系廊道连通度提高 55.43%，水系环通度提高 454.95%，项目区水系结构得到优化。此外项目区道路廊道格局也有明显改善（表 7-7）。

表 7-7　整治后项目区廊道网络景观指数计算结果

廊道类型	廊道长度/m	变化/m	廊道密度	变化/%	廊道线点率	变化/%	廊道连通度	变化/%	廊道环通度	变化/%
河流	5944.34	0	55.14	0.00	1.06	0.00	0.40	0.00	0.07	0.00
沟渠	5273.51	4309.97	48.91	447.31	1.00	37.50	0.36	20.26	0.02	114.91
水系	11217.85	4309.97	104.05	62.39	1.38	60.42	0.48	55.43	0.21	454.95
道路	11203.30	9197.6	103.92	458.57	1.53	155.32	0.53	113.33	0.29	246.07

以《江苏省土地综合整治项目预算定额标准》、《美丽乡村建设指南》（GB/T 32000—2015）、《江苏省建设工程费用定额》、《江苏省仿古建筑与园林工程费用定额》等为依据，参考其他土地整治工程投资情况，估算该项目施工费投资为 1067.61 万元。其中土地平整工程 59.47 万元，灌溉与排水工程 79.63 万元，田间道路工程 164.81 万元，农田防护林工程 10.11 万元，乡村景观提升工程 576.58 万元，生态组合净化系统工程 177.01 万元。单位投资强度为 9.89 万元/hm^2（6593.33 元/亩）。作为比较，项目区临近的省级投资土地整治项目单位投资强度为 6.16 万元/hm^2（4106.67 元/亩），生态型土地整治较该项目投资强度高 60.55%，在国土综合整治即将广泛开展的背景下，方案实施具有可行性。

2. 景观生态安全

构建生态安全格局、维护生态环境稳定性是生态型高标准农田建设规划的重要目标，结合景观生态学原理，以项目区各类景观为评价单元，选择景观生态安全指数对项目区整治前后进行生态安全评价。计算方法如下：

$$\mathrm{LES} = \sum_{i=1}^{n} \mathrm{LES}_i \times P_i \tag{7-1}$$

$$\mathrm{LES}_i = 1 - 10 \times U_i \times Q_i \tag{7-2}$$

$$\begin{cases} U_i = a \times C_i + b \times F_i + c \times D_i \\ C_i = N_i / A_i \\ F_i = \sqrt{S_i} / 2P_i \\ D_i = d \times L_i + e \times P_i \\ S_i = N_i / A \\ P_i = A_i / A \\ L_i = N_i / N \end{cases} \tag{7-3}$$

式中，LES 为景观生态安全指数；LES_i 为景观类型 i 的生态安全指数；U_i 为景观干扰度指数；Q_i 为景观脆弱度指数；C_i 为景观类型破碎度；F_i 为景观类型分离度；D_i 为景观类型优势度；S_i 为景观类型距离指数；P_i 为景观类型相对盖度；L_i 为景观类型相对密度；a、b、c、d、e 为权重，该研究确定各权重值分别为 0.5、0.3、0.2、0.4、0.6；N_i 为景观类型斑块数量；N 为景观斑块总数量；A_i 为景观类型斑块面积；A 为景观总面积。

使用 Fragstats 软件计算各项指标（表 7-8），结果显示整治前后景观生态安全指数 LES$_i$ 最大的景观类型均为耕地，最小的为林地。除河流景观生态安全指数下降 9.84% 外，其余各类型景观生态安全均提升，其中提升幅度最大的为道路（121.29%），其次为林地（43.10%）。根据式（7-1）和式（7-2）计算的整治前项目区景观安全指数 LES 为 0.45，整治后为 0.61，增加 35.56%，表明通过生态型高标准农田建设，项目区总体景观生态安全状况得到提升，但应加强河流景观优化。

表 7-8　景观生态安全指标计算结果

景观类型	时期	P_i	S_i	L_i	D_i	F_i	C_i	U_i	U_i 标准化	Q_i	LES$_i$
耕地	整治前	0.38	0.27	0.28	0.34	0.68	0.70	0.62	0.07	0.56	0.63
	整治后	0.38	0.27	0.25	0.33	0.68	0.71	0.62	0.04	0.56	0.77
坑塘	整治前	0.44	0.31	0.32	0.39	0.63	0.70	0.62	0.06	0.85	0.45
	整治后	0.43	0.36	0.34	0.39	0.70	0.85	0.71	0.05	0.85	0.60
河流	整治前	0.11	0.03	0.03	0.08	0.77	0.26	0.38	0.04	0.99	0.61
	整治后	0.11	0.06	0.06	0.09	1.20	0.61	0.68	0.05	0.99	0.55
沟渠	整治前	0.00	0.03	0.03	0.01	19.59	6.54	9.15	0.96	0.42	−3.07
	整治后	0.00	0.05	0.04	0.02	27.71	11.94	14.29	0.95	0.42	−3.02
道路	整治前	0.01	0.08	0.08	0.04	14.59	8.44	8.60	0.91	0.28	−1.55
	整治后	0.02	0.08	0.08	0.05	6.07	3.51	3.58	0.24	0.28	0.33
村庄	整治前	0.05	0.15	0.16	0.09	4.09	3.15	2.82	0.30	0.14	0.58
	整治后	0.05	0.15	0.14	0.08	4.10	3.16	2.83	0.19	0.14	0.73
林地	整治前	0.01	0.08	0.09	0.04	14.54	8.41	8.58	0.90	0.70	−5.36
	整治后	0.01	0.08	0.08	0.04	14.65	8.47	8.64	0.58	0.70	−3.05

7.2　扬州市宝应县规模型土地整治项目示范

7.2.1　项目区概况

本研究选择江苏省宝应县小官庄镇某高标准基本农田整治项目作为技术应用案例（图 7-18）。项目区位于宝应县小官庄镇南部，地处 119°25′52″E～119°29′57″E，33°8′40″N～33°11′13″N，东与鲁垛镇接壤，南与柳堡镇相连，西与氾水镇交界，北至向阳河，项目区位置见图 7-18。项目区属亚热带湿润性季风气候区，气候温和，四季分明，日照充足，雨水适中，无霜期长；区内地势平坦，高程在 2.20～3.32 m；农业生产以粮食作物为主，以稻麦两熟为优势。项目建设规模 1354.43 hm²，涉及诚忠、范沟、祖全和南场 4 个行政村，共 38 个村民小组；项目区内共有农户 2534 户，人口 10283 人。项目区内耕地面积 1155.61 hm²，通过整治新增耕地41.22 hm²，项目实施期为 2014～2016 年。整治前项目区已具有较好的耕作条件，田块基本集中连片，具有一定的交通及灌排设施基础，但也存在地块布置不合理、田间道路不贯通、配套设施不完善等问题。

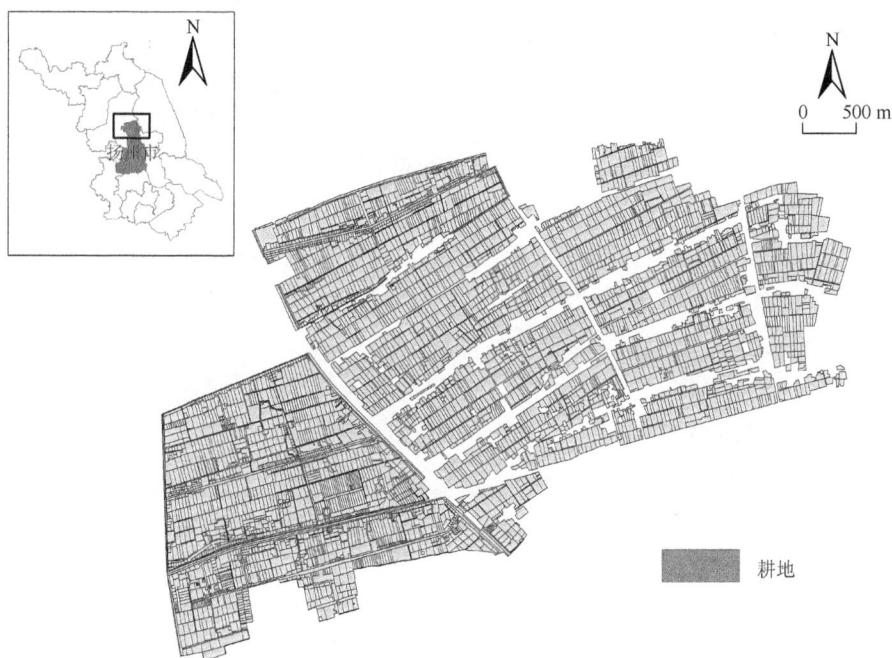

图 7-18　宝应项目区区位图

7.2.2　地块优化方法应用

根据项目规划图，项目区共划分为 416 个耕作田块，其中诚忠村 128 个，祖全村 128 个，南场村 126 个，范沟村 34 个。田块划分情况见图 7-19。

采用多边形拟合矩形算法将项目区田块进行拟合（图 7-20）。以行政村为计算单元，从项目现状图、项目规划图及项目区田块拟合图中提取所需数据，采用多目标线性规划模型（详见 3.4.2 节），根据项目区实际并参考相关研究，取 $\alpha_1 =$ 0.49 GU/100 m，$\alpha_2 = 4.19$ GU/100 m，$\alpha_3 = 0.75$ GU/100 m·hm²，取 $\beta_1 = 0.20$ GU/

100m，$\beta_2 = 0.22\,\text{GU}/100\,\text{m}$，$\beta_3 = 0.09\,\text{GU}/100\,\text{m}$，取 $\omega_1 = 0.5$，$\omega_2 = 0.5$。使用 LINGO 12.0 软件分别对 4 个计算单元（行政村）进行计算。模型运行的基本参数如表 7-9 所示。

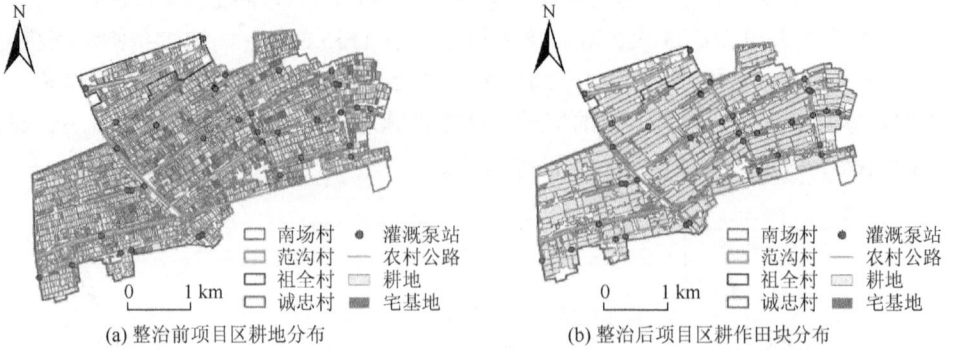

(a) 整治前项目区耕地分布　　　　　(b) 整治后项目区耕作田块分布

图 7-19　项目区耕作田块分布图

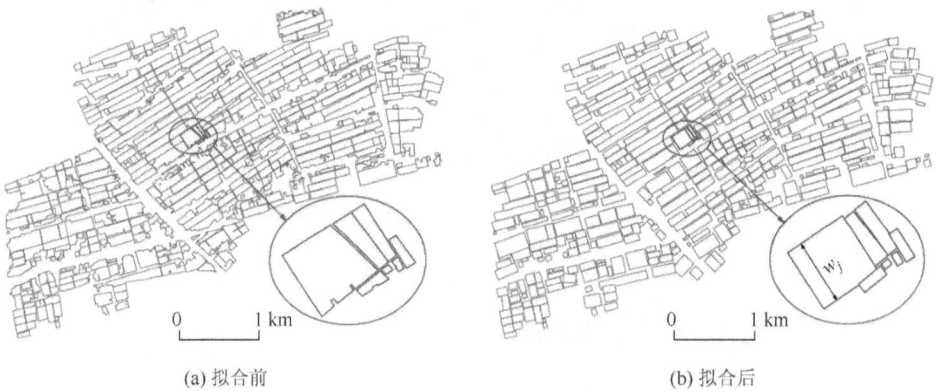

(a) 拟合前　　　　　　　　　　(b) 拟合后

图 7-20　项目区田块拟合示意图

w_j 表示图斑 j 的宽

表 7-9　多目标线性规划模型参数表

运行参数	诚忠村	祖全村	南场村	范沟村
农户个数 m/户	744	863	634	276
田块个数 n/个	128	129	126	34
决策变量数/个	95232	111327	79884	9384
约束条件数/个	1616	1855	1394	586
迭代次数/次	8372506	10248749	8554171	13912027
运行时间/h	81	97	82	104

根据多目标线性规划模型计算结果，使用地块自动分配算法完成各村地块分配，整合后得到项目区耕地资源配置结果，见图 7-21。

图 7-21　地块空间配置优化结果图

7.2.3　应用结果

1. 农业生产消耗比较

分别计算整治前、整治后和模型优化后项目区地块形状要素和距离要素产生的农业生产消耗，以及农业生产总消耗，计算结果见表 7-10。

表 7-10　农业生产消耗对比分析

对象	土地整治			模型优化	
	整治前	整治后	变化率	整治后	变化率
形状要素消耗/GU	7212.54	6253.78	−13.29%	6082.06	−15.67%
平均形状要素消耗/(GU/hm²)	6.47	5.41	−16.38%	5.26	−18.70%
距离要素消耗/GU	1512.20	1562.87	3.35%	861.73	−43.01%
平均距离要素消耗/(GU/hm²)	1.36	1.35	−0.74%	0.75	−44.85%
总消耗/GU	8724.74	7816.65	−10.41%	6943.79	−20.41%
平均消耗/(GU/hm²)	7.83	7.02	−10.34%	6.23	−20.43%

由表 7-10 可知，土地整治后，经过土地平整和地块优化，单位面积耕地的形状要素消耗降低了 16.38%，距离要素消耗降低了 0.74%，农业生产总消耗降低了 10.41%。由于项目实施中未开展土地权属调整，地块位置基本不发生变化，因此整治后距离要素产生的农业生产消耗并未明显降低。单位面积耕地产生的形状要素消耗降低了 18.70%，距离要素消耗降低了 44.85%，农业生产总消耗降低了 20.41%。经模型优化后，地块形状要素和距离要素的提升均优于实际土地整治效果，特别是通过权属调整后，地块距离要素产生的农业生产消耗可大幅降低。

结果分析表明，土地整治或模型优化后地块形状要素优化效果不甚明显，且形状要素消耗在总消耗中占有更大比重。模型中地块的长度取决于地块所在的田块，而田块划分受制于各类线性地物及宅基地、林地、坑塘水面等，由于模型未考虑宅基地等地类的整治，因此分散的宅基地、坑塘水面等导致田块划分不规则，从而造成地块形状不规则；模型中地块的宽度取决于地块的面积，而地块的面积受农户权属面积的约束，因此地块数量越少，总形状要素消耗也越小。研究区人多地少的耕地资源现状，更多的地块数导致了较大的形状要素消耗。

2. 资源层面比较分析

从资源层面来看，整治前项目区耕地破碎化程度较为严重，经过整治和模型优化后，项目区地块数量、规模和形态等方面均得到改善，对比结果见表 7-11。

表 7-11　资源层面整治前后变化对比

对象	原项目建设			模型优化	
	整治前	整治后	变化率	整治后	变化率
地块个数/个	4264	2998	−29.69%	2775	−34.92%
地块平均规模/m²	2539.99	3642.84	43.42%	3904.49	53.72%
规模地块数/个	1202	1406	16.97%	1484	23.46%
规模地块比例/%	28.19	46.90	66.37%	53.48	89.71%
平均地块形状指数	1.59	1.17	−26.42%	1.30	−18.24%
平均地块周长/m	225.11	265.28	17.84%	247.34	9.88%
平均地块长度/m	82.95	91.38	10.16%	98.73	19.02%
平均地块宽度/m	29.61	41.26	39.34%	34.94	18.00%
平均地块长宽比	4.41	2.77	−37.19%	5.21	18.14%

注：平均地块长度、平均地块宽度、平均地块长宽比将田块拟合为矩形后计算得到。

经整治，项目区地块个数减少了 29.69%，平均地块规模增加了 43.42%；而经模型优化后，地块个数可减少 34.92%，地块平均规模可增加 53.72%。根据区域实际，将面积大于 5 亩（约 3333 m²）的地块定义为规模地块。整治前规模地块数占地块个数的 28.19%，经土地整治后，规模地块占比为 46.90%，而经模型优化后规模地块占比可达 53.48%。地块形状指数表示地块形状与正方形的接近程度（值为 1 时表示正方形），一定程度上可以反映地块形状的规则性。整治前项目区平均地块形状指数为 1.59，土地整治后为 1.17，经过模型优化后平均地块形状指数为 1.30。

为便于机械作业，有效的农业生产要求地块具有合理的长宽比，根据实际生产经验及相关研究，长宽比为 2∶1～8∶1 较为合理。为比较整治前后地块长宽比的变化情况，将整治前后和模型优化后的地块拟合为矩形。整治前项目区平均地块长宽比为 4.41∶1，整治后为 2.77∶1，模型优化后为 5.21∶1。

3. 耕地权属状况比较

整治前后项目区内农户数量未发生改变，均为 2571 户。经过土地整治，户均地块数由 1.66 块降低为 1.17 块，而经模型优化后为 1.08 块。由此可知，整治前项目区地块权属分割程度较轻，但通过整治仍可进一步挖掘地块集中潜力。若定义家庭仅有 1 块耕作地块的农户为集中经营农户，则整治前集中经营农户占总户数的比例为 54.18%，整治后提高至 64.88%，而经模型优化后可进一步提高至 78.84%。

定义地块到权属人宅基地的距离为耕作距离，则所有地块耕作距离的平均值为平均耕作距离，所有地块的耕作距离之和为累计耕作距离。平均耕作距离可反映耕作的便利性，累计耕作距离既可反映耕作便利性，也能体现地块的分散程度。整治前项目区的平均耕作距离为 446.57 m，累计耕作距离为 1.90×10^5 m；整治后平均耕作距离增加了 3.48%，累计耕作距离则下降了 27.24%；经模型优化后，平均耕作距离可下降 68.17%，累计耕作距离可下降 77.62%。

4. 设施状况比较分析

设施配套程度是农民极为关心的问题之一。与当地农民交流得知，很多农民宁愿离家远一些，也希望地块临近公路，以方便粮食运输和收割机械进入。定义地块到最近农村公路的距离为运输距离，地块到最近灌溉泵站的距离为灌溉距离，与农村公路相邻接的地块为临路地块。通过土地整治及模型优化，平均运输距离和平均灌溉距离都未发生显著变化，但整治后临路地块比例由 43.57% 下降到了 40.13%，而经模型优化后临路地块比例可升至 52.58%（表 7-12）。

表 7-12　设施层面整治前后变化比较

对象	实际土地整治			模型优化	
	整治前	整治后	变化率	整治后	变化率
平均运输距离/m	79.53	82.31	3.50%	78.46	−1.35%
平均灌溉距离/m	364.59	374.63	2.75%	369.05	1.22%
临路地块数/个	1858	1203	−35.25%	1459	−21.47%
临路地块比例/%	43.57	40.13	−7.90%	52.58	20.68%

附　　录

附录 1　高标准农田项目建设条件调查方法

表 1　高标准农田建设条件调查内容汇总表

调查内容		规划设计阶段
		调查要求
自然资源调查	地形地貌	通过资料收集，有条件地区宜结合遥感调查，获取项目区比例尺不低于 1∶10000 的地形图及近期遥感影像资料，绘制项目区现状图，比例尺不低于 1∶5000
	气象	通过资料收集，获取项目区（所在区域）近 20 年的气象统计资料
	土壤	通过资料收集，获取项目区土壤普查资料，并结合采样测试，按照 NY/T 1121 的规定进行补充完善
	水文与水文地质	通过资料收集，获取项目区综合水文地质、水利普查、水土资源规划与开发利用、地下水动态观测等资料。结合实地调查（按照 SL/T 196）和采样测试，查清与项目区灌排相联系的主要河流、湖泊、水库的水文与水文地质状况。必要时，可进行补充勘探，地质勘探应符合 GB 50487 的规定
	工程地质	通过资料收集，获取项目区综合工程地质资料，结合实地调查（按照 DZ/T 0097），对滑坡、塌陷等地质灾害情况进行重点调查
	生态	通过资料收集，有条件地区宜结合遥感调查，获取项目区动植物的种类、数量、分布，以及重要生态廊道、湿地等自然景观与生态环境状况资料。结合实地调查（按照 GB/T 26424、LY/T 1814），对重点区域进行生物多样性调查，获取相关生态信息
	自然灾害	通过资料收集，获取项目区历史气象资料及近 20 年的自然灾害情况。结合实地调查，查清自然灾害易发区的主要自然灾害类型、发生频率及危害程度等
	其他	通过资料收集，获取项目区天然建筑材料的种类、数量及其分布资料等。结合实地调查（按照 SL 251—2015），对重点地区进行补充调查
社会经济调查	行政区划	通过资料收集，获取涉及项目区位置及行政区划的资料。结合实地调查、问询调查，对涉及行政区划调整的重点区域进行补充调查。调查成果应能满足项目区行政区划现状分析的要求
	人口情况	通过资料收集，获取项目区所在村镇人口数量与结构资料。结合实地调查，对外来人口或外出务工人口较多等重点区域进行补充调查。调查成果应能满足项目区人口现状与预测分析
	经济发展情况	通过资料收集，获取项目区经济、财政、产业、农民收入等方面的资料。结合实地调查，对贫困村镇、有特色产业的村镇等重点区域进行补充调查。调查成果应能满足项目区经济发展现状与预测分析
	村镇发展情况	通过资料收集，获取项目区村镇在现代化、社会保障等方面的资料。结合实地调查，对新农村示范村等典型村镇进行补充调查。调查成果应能满足项目区城镇发展情况与预测分析

续表

调查内容		规划设计阶段
		调查要求
社会经济调查	农业发展情况	通过资料收集,获取项目区农业效益、结构、现代化等方面的资料。结合实地调查,对发展特色农业、养殖业、种植业等重点领域进行补充调查。调查成果应能满足项目区农业发展情况与预测分析
	农村环境与社会风貌情况	通过资料收集,获取项目区自然环境与人文景观方面的资料。结合实地调查、问询调查,对文化古镇、古村等重点村镇进行补充调查。调查成果应能满足项目区农村环境与社会风貌发展情况与预测分析
土地利用现状调查	土地利用现状调查	通过资料收集,获取最新年度土地变更数据、基本农田划定成果,有条件地区宜结合遥感调查(按照 GB/T 21010、TD/T 1014、TD/T 1010),统计各类用地现状面积。以行政村为基本单位,结合实地调查(按照 TD/T 1017),查清项目区内基本农田的数量和分布,并编制土地利用现状表
	耕地质量现状调查	通过资料收集,获取耕地质量等别调查评价成果、土地质量地球化学调查成果、农用地产能核算成果等基础资料。结合实地调查和采样测试,对现有资料缺乏或数据无法满足应用要求的耕地图斑进行补充调查(按照 GB/T 28405、GB/T 28407、TD/T 1007)。调查成果应能满足耕地质量评价的要求
	耕地利用状况调查	通过资料收集,获取项目区耕地利用状况资料。结合实地调查和问询调查,对耕地利用存在问题的重点区域进行补充调查。调查成果应能满足进行耕地利用效益分析与改良潜力评价的要求
基础设施调查	水利设施	通过资料收集,有条件地区宜结合遥感调查,充分利用水利设施现有统计、规划和技术资料,对项目区及其周边主要水利设施情况进行调查。结合实地调查,对骨干设施等重点区域应进行补充调查。调查成果应能满足项目区工程布局及灌溉与排水工程规划设计综合分析的要求
	交通设施	通过资料收集,有条件地区宜结合遥感调查,充分利用交通设施现有统计、规划和技术资料,对项目区及其周边主要交通设施情况进行调查。结合实地调查,对骨干设施等重点区域应进行补充调查。调查成果应能满足项目区田间道路工程规划设计综合分析的要求
	电力设施	通过资料收集,结合电力设施现有统计、规划和技术资料,对项目区及其周边主要电力设施情况进行调查。结合实地调查,对骨干设施等重点区域应进行补充调查。调查成果应能满足项目区农田输配电工程规划设计综合分析的要求
	农田防护与生态环境保持设施	通过资料收集,有条件地区宜结合遥感调查,充分利用农田防护与生态环境保持设施现有统计、规划和技术资料,对项目区及其周边主要农田防护与生态环境保持设施情况进行调查。结合实地调查,对骨干设施等重点区域应进行补充调查。调查成果应能满足项目区农田防护与生态环境保持工程规划设计综合分析的要求
土地权属调查	土地权属现状调查	通过资料收集,获取最新年度土地调查、土地确权登记等地籍资料。有条件地区宜结合遥感调查,查清项目区内各地类的权属状况。通过实地调查和问询调查,对存在权属不清的重点区域,宜以行政村为单位,根据地籍数据和权属证明材料,核实相应宗地的土地权属性质、权利状况和宗地范围。调查结果应满足制定土地权属调整方案的要求
	土地流转意愿调查	通过问询调查,以行政村为单位,对项目区农民整治后土地流转意愿进行调查
	土地权属调整意愿调查	通过问询调查,以行政村为单位,对项目区农民整治后土地权属调整意愿进行调查。调查结果应满足制定土地权属调整方案的要求
公众参与调查		通过问询调查,查清相关利益主体参与项目的意愿、对生产生活的实际需求及项目建设的要求等。调查过程应符合项目管理程序中对公众参与环节的要求

附录 2　　高标准农田水土资源供需平衡计算表

表 2　　水土资源供需平衡计算表

水平年：基准年　　规划水平年　　　　　　　　　　　　　　　　　　单位：万 m³

分区	需水量						可供水量				供需差额	
	生活用水	灌溉需水	工业需水	生态需水	其他需水	小计	可利用地表水	可开采地下水	其他可供水量	小计	余/+	缺/−
分区 1												
分区 2												
分区 3												
分区 4												
⋮												
合计												

注：应根据基准年和规划水平年按灌溉设计保证率分别进行供需平衡计算。

附录 3　　常用景观格局评价体系

根据景观格局指标选用情况，对表达意思相近的景观格局指标进行取舍，具体从类型、面积、形状、空间分布和景观多样性等角度选取代表性的常见指标进行分析。利用 Fragstats 4.2 软件的景观格局分析功能进行相关指标计算，所选取指标及类型释义见表 3。

表 3　　景观格局指标体系表

分类	指标	尺度	含义
面积边缘指数	斑块类型面积（CA）	类型	某一斑块类型中所有斑块的面积之和，除以 10000 后转化为公顷，即单位为 hm²
	整体景观面积（TA）	景观	景观总面积除以 10000 后转化为公顷，即单位为 hm²。决定了景观的范围和研究的最大尺度，是计算其他指标的基础
	最大斑块占景观面积比例（LPI）	类型/景观	某一斑块类型中的最大斑块占据整个景观面积的比例，一定程度上反映人类活动强度
	某一斑块类型所占景观面积比例（PLAND）	类型	某一斑块类型的总面积占整个景观面积的百分比
	斑块密度（PD）	类型/景观	每一种类型的斑块数量与景观总面积的比值，其单位为斑块数/100 hm²，表达的是单位面积上的斑块数，有利于不同大小景观间的比较
	边缘密度（ED）	类型/景观	景观内斑块的边缘总长度除以景观总面积，单位为 m/hm²

续表

分类	指标	尺度	含义
密度大小差异指数	斑块数量（NP）	类型/景观	景观内斑块数量，为正整数
	平均斑块面积（AREA_MN）	类型/景观	总景观面积除以总斑块数量，结合 NP 变化进一步印证景观破碎化程度
形状复杂度指数	面积加权平均形状指数（SHAPE_AM）	类型/景观	各斑块类型的平均形状因子乘以类型斑块面积占景观面积的权重之后的和
	面积加权平均斑块分形指数（FRAC_AM）	类型/景观	与 SHAPE_AM 类似，运用分维理论计算斑块和景观形状的复杂性。FRAC_AM＝1 代表形状为最简单的正方形或圆形，FRAC_AM＝2 代表周长最复杂的类型
邻近度指数	欧氏平均最邻近距离（ENN_MN）	类型/景观	一般来说 ENN_MN 越大，反映出同类型斑块间相隔距离远，分布较离散；反之，说明同类型斑块间相距较近，呈团聚分布
聚散性指数	聚集度指数（CONTAG）	景观	描述景观中不同类型斑块的团聚程度或延展趋势。CONTAG 值越小表明景观内斑块越细碎；其值越大表明存在越多连通度极高的优势斑块类型
	斑块结合度指数（COHESION）	类型/景观	COHESION 值越高，说明景观内的斑块在空间分布上变得越来越聚合，相应的结合度也越来越高
多样性指数	香农多样性指数（SHDI）	景观	SHDI 值越大，表明斑块类型增加或各斑块类型越呈均衡化空间分布
	香农均度指数（SHEI）	景观	SHEI 值较小，表明景观内存在一种或几种优势斑块类型；当值趋近 1，表明景观中各斑块类型均匀分布

附录 4　绿色基础设施规划方法

1. 生态网络识别方法

（1）生态源地提取。从景观类型数据提取并导出林地、草地、水域纳入生境斑块，作为生态源地。

（2）生态廊道的识别。首先，构建累积阻力面。生物迁移主要受地形条件、土地利用方式、人类活动等阻力影响，结合区域实际情况，选择土地利用、景观格局、基础设施、道路交通等阻力类型。按照物种生境适宜度、人类活动干扰度及土地利用方式，对不同类型阻力因子进行打分（1～1000）。其中打分值最低为1，代表生境适宜性最高，打分值最高为1000，代表生境适宜性最低，详见表4。依托 ArcGIS 进行标准化处理，得到不同类型下的阻力值，范围为[0, 1]。综合权重赋值，得到累积阻力面。然后，基于 MCR 模型计算资源型战略点斑块、结构型战略点斑块到其他景观单元的累积距离，利用 Linkage Mapper 工具生成生态廊道。最后利用 GIS 空间分析中的水文分析模块，提取阻隔生态流和物种扩散的最大阈值，然后对得到的栅格数据矢量化，经平滑处理后，最终获取阻力面的"山脊线"。利用 GIS 空间分析中的相交工具，提取"山脊线"与生态廊道的交点，即薄弱型生态节点。

表 4　不同类型阻力系数和权重赋值表

影响因子	类型分级	阻力	权重
土地利用类型 （土地利用阻力）	林地	1	0.3
	草地	4	
	其他用地	120	
	耕地	400	
	水域	400	
	道路用地	800	
	建设用地	1000	
植被覆盖度 （景观格局阻力）	>0.8	1	0.25
	0.6～0.8	20	
	0.3～0.6	200	
	0.1～0.3	500	
	<0.1	1000	
基础设施数量 （基础设施阻力）	<40	1	0.25
	40～145	200	
	145～390	700	
	>390	1000	
距道路中心线距离 （道路阻力）	100～200 m	200	0.2
	50～100 m	500	
	<50 m	1000	

2. 生态网络评价方法

（1）连通性评价。利用图论中表示连接度的相关指数，即二进制连接度指数

H（Harary 指数）、整体连接度指数 IIC 及概率连接度指数 PC，对生态网络景观连通性进行评价。利用景观连接度分析软件 Conefor Sensinode 2.6 进行相应指数计算（表 5）。

表 5　景观连接度指数表征与解释表

指标	公式	解释
Harary 指数（H）	$H = \dfrac{1}{2}\sum\limits_{i=1}^{n}\sum\limits_{j=1,i\neq j}^{n}\dfrac{1}{nl_{ij}}$	n：研究区域内斑块个数；nl_{ij}：斑块 i 和斑块 j 存在的最小连接数，斑块间 nl_{ij} 无穷大时，斑块间连接不存在；p_{ij}^{*}：斑块 i 和斑块 j 之间各个扩散途径最大概率；$a_i \times a_j$：斑块 i 与斑块 j 属性值相乘，一般为斑块面积；A_L^2：研究区域总属性值，一般为研究区域总面积；H、IIC、PC 的值越大，研究区域连接度越高
整体连接度指数（IIC）	$IIC = \dfrac{\sum\limits_{i=1}^{n}\sum\limits_{j=1}^{n}\dfrac{a_i \times a_j}{1+nl_{ij}}}{A_L^2}$	
概率连接度指数（PC）	$PC = \dfrac{\sum\limits_{i=1}^{n}\sum\limits_{j=1}^{n} a_i \times a_j \times p_{ij}^{*}}{A_L^2}$	

（2）生态源地斑块重要程度评价，对生态网络修复具有重要意义。斑块重要程度不仅体现在斑块在生态网络中拓扑位置中心性和连接度重要性，还体现在斑块自身所具备的生态功能上，而斑块面积大小在很大程度上代表生境斑块的功能。因此，将斑块重要性指数（dI）和斑块中心度（BC）运用 Z-score 标准化处理，采用熵权法确定各节点的相应权重，计算节点综合重要程度并排序。将节点重要程度与优化后生态源地斑块进行关联，按自然断点法将重要程度分级，分为极重要斑块、较重要斑块、重要斑块、一般重要斑块四类。利用景观连接度分析软件 Conefor Sensinode 2.6 进行斑块重要性指数（dI）、斑块中心度（BC）指数计算（表 6）。

表 6　斑块重要性指数表征与解释表

指标	公式	解释
斑块重要性指数（dI）	$dI_k = 100 \times \dfrac{I - I_{remove,k}}{I}$	dI_k：连接度指数 I 对应斑块 k 的重要性指数；I：研究区原先的连接度指数；$I_{remove,k}$：去除斑块 k 后研究区的连接性指数值
斑块中心度（BC）	$BC_k = \sum\limits_{1}^{i}\sum\limits_{1}^{j}\dfrac{g_{ij}(k)}{g_{ij}}$	$g_{ij}(k)$：通过斑块 k 的所有最短路径数的和；g_{ij}：整个景观中每一组可能连通的斑块间存在的最短路径的数之和，其中 i，$j \neq k$。斑块中心度是从拓扑关系位置角度出发，反映了通过节点所有最短路径数与整个网络的所有可连通的节点间的最短路径数的关系

附录5　农田建设与生态环境保护工程技术参数及相关指标

表7　生物通道工程技术要求参数表

沟渠深度 h/cm	沟渠边坡比	工程措施						
		垂直边坡	带坡度边坡			阶梯式生态板	土质斜坡	盖板生物通道
			光滑抹面	混凝土粗糙处理	锯齿式防滑生态板			
h≤30		√	√	√				√
30<h≤60	≤1∶0.9		√	√				√
	(1∶0.9, 1∶0.7)			√				√
	(1∶0.7, 1∶0.3)				√			√
	>1∶0.3					√	√	√
h>60	≤1∶0.95			√				√
	(1∶0.95, 1∶0.85)			√				√
	(1∶0.85, 1∶0.4)				√			√
	>1∶0.4					√	√	√

表8　江南水乡地区常见净化植物特征及筛选标准

序号	植物名称	植物分类	净化对象	适用区域	净化效果	栽种方法	栽种时间	种植密度/(株/m²)	收割周期
1	芦苇	挺水	氮磷	净化池、坑塘	强	地上茎与根状茎繁殖	5~7月	16	11月下旬
2	香蒲	挺水	氮磷、重金属	净化池、坑塘、拦截沟	强	地下根茎挖出，截成每丛带6~7个芽的新株	3~4月	9	10月下旬或11月
3	石菖蒲	挺水	氨氮	净化池、坑塘、拦截沟	强	生长期分栽，植株挖起洗净分成块状，分株时保护嫩芽及新生根	9~10月	30	6月
4	美人蕉	挺水	氮磷	净化池、坑塘、拦截沟	较强	用分割块茎的方法栽植	3~4月	10	6月
5	千屈菜	挺水	悬浮物、重金属	净化池	强	扦插或分株栽植	6~8月	12~16	秋季
6	狐尾藻	沉水	氮磷、重金属	净化池、坑塘	强	选择长度7~9 cm的茎尖插穗或分株种植	4~8月	5~9	每4~8周
7	梭鱼草	挺水	氮磷	净化池、坑塘、拦截沟	较强	夏秋季分株，自植株基部切开	春夏季	16	10月
8	野茭白	挺水	氮磷、重金属	净化池、坑塘、拦截沟	较强	分株繁殖，幼苗生长至40 cm左右时连株挖起，切成数株分别种植	春季	9	10月

续表

序号	植物名称	植物分类	净化对象	适用区域	净化效果	栽种方法	栽种时间	种植密度/(株/m²)	收割周期
9	荆三棱	挺水	氮磷	净化池、坑塘、拦截沟	较强	用块茎繁殖，按30 cm开穴，深10 cm，每穴放2~3个	3月	12	5月
10	铜钱草	挺水	氮磷	净化池、坑塘、拦截沟	较强	以分株法或扦插法种植为主	3~5月	36	5月
11	水芹菜	挺水	氮磷、重金属	净化池、坑塘、拦截沟	较强	用花茎和匍匐茎繁殖	11月	25	11月底
12	水浮莲	浮叶	悬浮物、氮磷	净化池、坑塘、拦截沟	较强	分株繁殖，将子株与母株分离投入水中	春季	20~30	10月
13	紫背浮萍	浮叶	氮磷	净化池、坑塘	较强	分株繁殖，捞取部分母株，分散投入水面	夏季	20~30	秋季

附录6　生态型基础设施设计方案

1. 生态渠

设计斗渠道包括Ⅰ型和Ⅱ型。Ⅰ型斗渠横断面设计为梯形，上口宽度1.5 m，渠深0.6 m，设计水深0.45 m，渠道采用0.08 m厚卡扣式生态护坡，衬砌至设计水位，设计水位以上采用草皮护坡，护坡坡度为1∶1。渠底每隔100 m设置1个生物池，生物池全长0.4 m，宽0.4 m，深0.06 m，生物池的设计为各种水生动物提供有利的栖息场所。如图1（a）所示，Ⅱ型斗渠横断面设计为U形，断面半径0.4 m，上口宽度0.94 m，渠深0.8 m，设计水深0.65 m，添加生态孔洞渠段（每隔10~20 m设置一段，在原有混凝土渠道护岸表面打设孔洞，并回填碎石与土壤，以提供生物生长所需环境及栖息藏匿场所）。农渠10条，总长3078 m，横断面设计为U形，断面半径0.3 m，上口宽度0.74 m，渠深0.6 m，设计水深0.45 m，每隔20 m添加一段生态板，提升渠道生态服务价值。

2. 生态沟

设计沟道包括斗沟和农沟两级。设计斗沟Ⅰ型断面为梯形，沟底宽度1.7 m，深2.0 m，上口宽5.7 m，采用0.15 m厚卡扣式生态护坡，边坡系数1∶0.75，沟底比降1/5000。各卡扣块都被相邻的卡扣块锁住，保证每一块的位置准确并避免发生侧向移动，为沟渠提供一个稳定、柔性和透水性的坡面保护层；同时，卡扣块的砖孔和接缝种植草皮，为水生植物提供栖息地，保护生态系统平衡。如

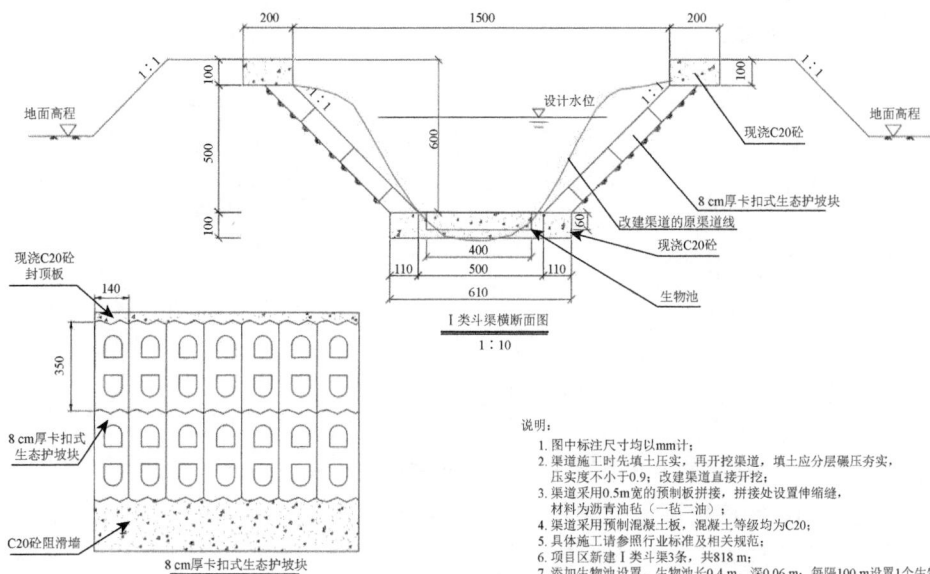

说明:
1. 图中标注尺寸均以mm计;
2. 渠道施工时先填土压实, 再开挖渠道, 填土应分层碾压夯实, 压实度不小于0.9; 改建渠道直接开挖;
3. 渠道采用0.5m宽的预制板拼接, 拼接处设置伸缩缝, 材料为沥青油毡 (一毡二油);
4. 渠道采用预制混凝土板, 混凝土等级均为C20;
5. 具体施工请参照行业标准及相关规范;
6. 项目区新建 I 类斗渠3条, 共818 m;
7. 添加生物池设置, 生物池长0.4 m, 深0.06 m; 每隔100 m设置1个生物池

(a) I 型斗渠截面

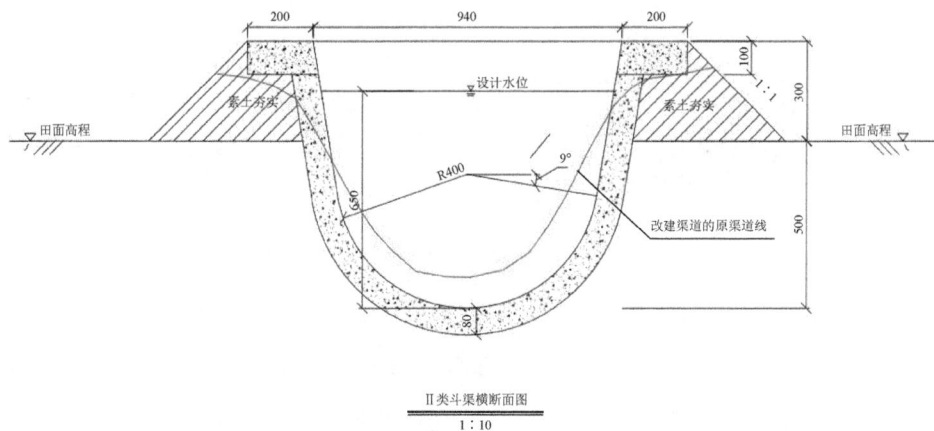

说明:
1. 图中标注尺寸均以mm计;
2. 渠道施工时先填土压实, 再开挖渠道, 填土应分层碾压夯实, 压实度不小于0.9; 改建渠道直接开挖;
3. 渠道采用0.5m宽的预制板拼接, 拼接处设置伸缩缝, 材料为沥青油毡 (一毡二油);
4. 渠道采用预制混凝土板, 混凝土等级均为C20;
5. 具体施工请参照行业标准及相关规范;
6. 添加生态孔洞设置, 孔洞直径$D = 10$ cm, 深度 $= 0.7D$, 纵向间距 $= 7.5D$; 生态孔洞渠段可间距10~20 m设置一段;
7. 项目区新建 II 类斗渠4条, 共684 m

(b) II 型斗渠截面

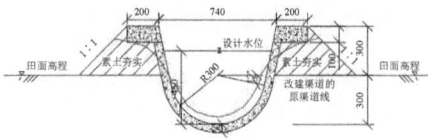

农渠横断面图 1：20

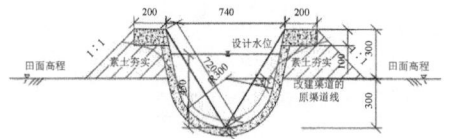

渠道生态板示意图 1：20

渠道生态板结构图 1：20

说明：
1. 图中标注尺寸均以 mm 计；
2. 渠道施工时先填土压实，再开挖渠道，填土应分层碾压夯实，压实度不小于 0.9；改建渠道直接开挖；
3. 渠道采用 0.5 m 宽的预制板拼接，拼接处设置伸缩缝，材料为沥青油毡（一毡二油）；
4. 生态渠每隔 20 m 设置一道生态板；
5. 渠道采用预制混凝土板，混凝土等级均为 C20；
6. 具体施工请参照行业标准及相关规范；
7. 项目区新建农渠 2 条，共 249 m；新建生态农渠 8 条，共 2829 m

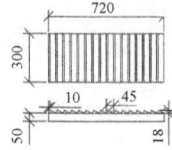

(c) 农渠截面

图 1　渠道生态设计

图 2（a）所示，设计农沟 II 断面为梯形，沟底宽度 0.5 m，深 0.8 m，上口宽 1.6 m，边坡系数 1：1，沟底比降 1/5000。农沟采用 C20 混凝土硬化，沟壁和沟底的混凝土板采用镂空式混凝土板，每隔 50 m 设置一道节制闸，增加水在沟道中的滞留时间，涵养水源；每隔 50 m 排水沟上铺设两块生态板，板呈阶梯状，沿着沟底和沟顶斜对角放置，之间间隔 1～2 m，保护生物多样性。

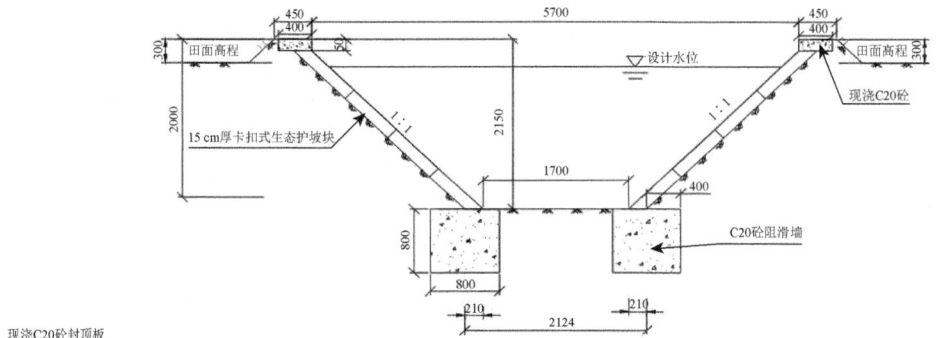

斗沟横断面图 1：20

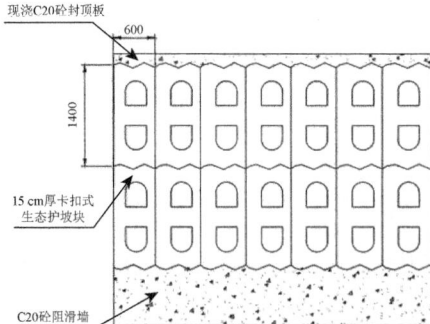

说明：
1. 图中标注尺寸均以 mm 计；
2. 斗沟采用全挖方土质沟渠，沟壁以 1：1 边坡与田面线相接；
3. 沟堤沟缝填土人工夯实，压实度需达到 85% 以上；
4. 整修沟顶，削修外坡，土方开挖时严禁超挖；
5. 具体施工请参照行业标准及相关规范；
6. 项目区新建斗沟 1 条，共 304 m

(a) I 型斗渠截面

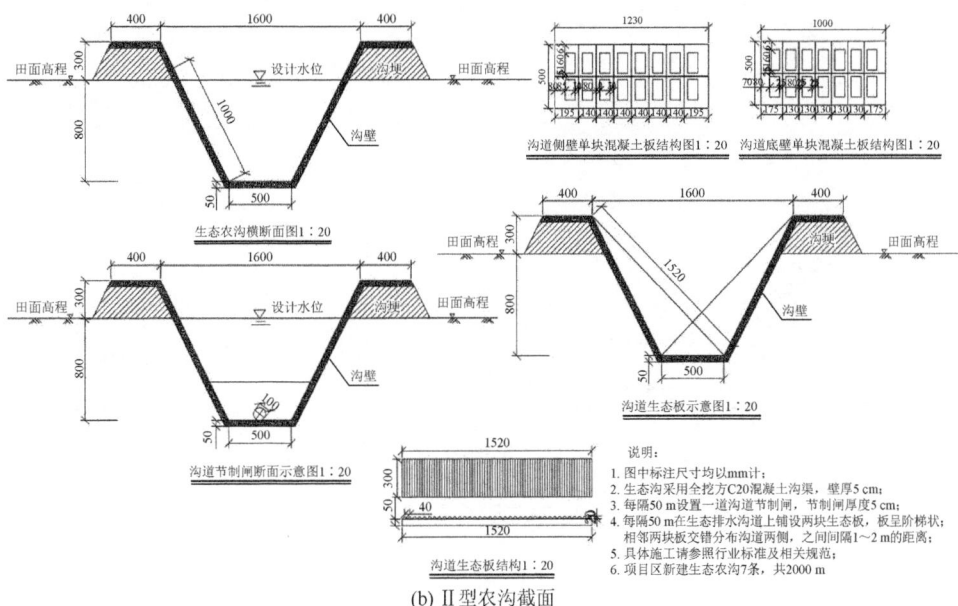

图 2　沟道生态设计

3. 田间路

设计 3 种类型的田间路，满足农业生产、居民出行、景观营造等不同需求。其中，Ⅰ型田间道设计为 5 m 宽沥青混凝土路面，采用石灰石填筑路基，路肩边坡 1:1.5；每隔 20 m 设一处生物通行管道，管式通道采用预制水泥材料构筑，在涵管的入口处，覆盖或种植乡土灌木、花草或者树叶，以诱导动物进入，涵管内部则铺设小型卵石或砂石营造粗糙表面；沿道路两侧 0.5 m 种植香樟，植株间距 5 m，作为与农田的绿化缓冲带，减少生态干扰的同时，提升农田景观多样性。Ⅱ型田间道设计为 5 m 宽 C30 混凝土道路，采用石灰土填筑路基，透气性好且耐磨损，能防止土壤分散等，路肩边坡 1:1.5；道路两侧 0.5 m 种植香樟、搭配灌草，植株间距 5 m，与周围环境协调，在满足居民出行需求的同时，提升审美情趣。Ⅲ型田间道路设计为 4 m 宽 C30 混凝土道路，路基采用 15 cm 厚石灰土路基，路面采用 18 cm 厚 C30 混凝土路面，高出地面 0.5 m，路肩边坡 1:2，满足机械生产的同时，尽可能降低对农田生态系统的干扰。

生产路。生产路是联系田块之间、通往田间的道路，主要发挥田间货物运输，为人工田间作业和收获农产品服务。生产路的路面宽度为 2.5 m，路面高出田面 0.3 m，采用 30 cm 厚素土路面，最大限度降低人工干扰，维护生境稳定，满足田间作业及保护生态环境的要求。

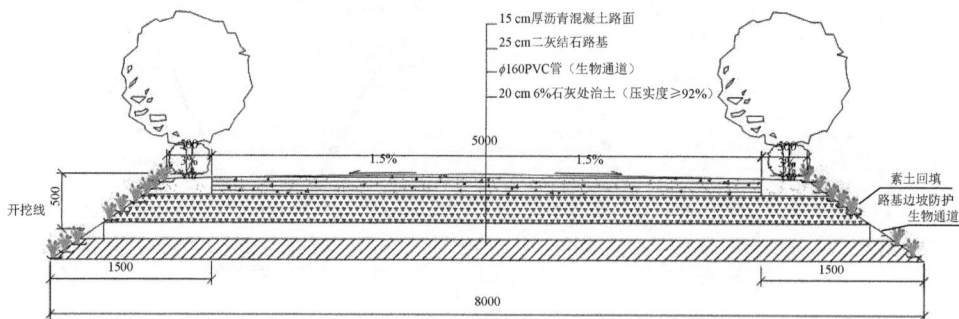

15 cm厚沥青混凝土路面
25 cm二灰结石路基
φ160PVC管（生物通道）
20 cm 6%石灰处治土（压实度≥92%）

5000
1.5%   1.5%
500
开挖线
素土回填
路基边坡防护
生物通道
1500   1500
8000

新建5 m宽沥青路横断面图1：25

说明：
1. 图中尺寸单位除注明外，均以mm计；
2. 本道路为5 m宽沥青混凝土道路，采用石灰土填筑路基，清表后向下开挖至路面以下10 cm处；先填筑20 cm厚6%石灰处治土，压实度≥92%；再施工25 cm二灰结石路基及15 cm厚沥青混凝土路面；
3. 每隔20 m设一处生物通行管道；
4. 沿田间道两侧0.5 m处种植香樟，株间距5 m；
5. 本项目规划此型田间道1条，长度为1252 m；
6. 具体施工请参照行业标准相关规范

(a) Ⅰ型田间道截面

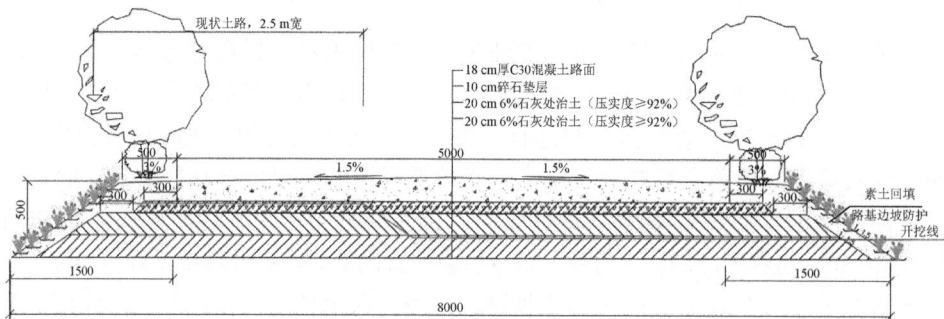

现状土路，2.5 m宽

18 cm厚C30混凝土路面
10 cm碎石垫层
20 cm 6%石灰处治土（压实度≥92%）
20 cm 6%石灰处治土（压实度≥92%）

5000
1.5%   1.5%
500   500
300   300
素土回填
路基边坡防护
开挖线
1500   1500
8000

新建/改建5 m宽水泥路横断面图1：25

说明：
1. 图中尺寸单位除注明外，均以mm计；
2. 本道路为新建/改建5 m宽C30混凝土道路，采用石灰土填筑路基，清表后向下开挖至路面以下68 cm处（田面以下18 cm处）；先填筑20 cm厚6%石灰处治土，压实度≥92%；然后分两层填筑20 cm厚6%石灰处治土至路床顶面，压实度≥92%。再施工10 cm碎石垫层及18 cm水泥混凝土路面；
3. 每隔15 m设一道沥青木板伸缩缝；
4. 沿田间道两侧0.5 m处种植香樟，株间距5 m；
5. 本项目规划此类型田间道2条，长度为904 m

(b) Ⅱ型田间道截面

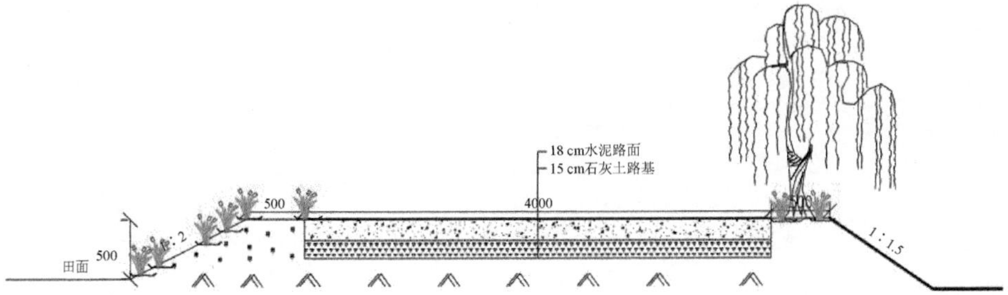

改建4 m宽水泥路横断面图1：40

说明：
1. 图中标注尺寸均以mm计；
2. 4 m宽水泥路采用18 cm厚水泥路面，宽4 m，路面高出田面0.5 m；
3. 每隔5 m设一道沥青木板伸缩缝；
4. 沿河道田间道一侧0.5 m处种植垂柳，株间距5 m；其他三条田间道两侧0.5 m处种植大叶女贞；
5. 项目区共规划4 m宽水泥路3条，总长1167 m；
6. 具体施工请参照行业标准及相关规范

(c) Ⅲ型田间道截面

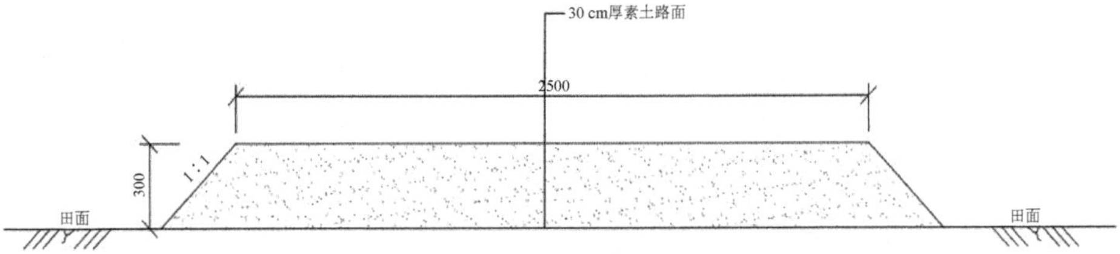

新建生产路横断面图1：20

说明：
1. 图中标注尺寸均以mm计；
2. 新建生产路采用30 cm厚素土路面，宽2.5 m，路面高出田面0.3 m；
3. 本项目规划生产路7条，总长2929 m；
4. 具体施工请参照行业标准及相关规范

(d) 生产路截面

图3　田间道路工程生态设计